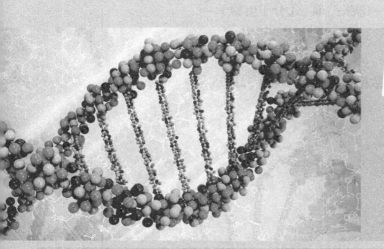

Molecular
Biology
Technology

分子生物学技术

主　编　武瑞兵　张建宇

中国出版集团

世界图书出版公司

广州·上海·西安·北京

图书在版编目（CIP）数据

分子生物学技术 / 武瑞兵，张建宇主编 . -- 广州：
世界图书出版广东有限公司，2025.1重印
ISBN 978-7-5192-0615-4

Ⅰ . ①分… Ⅱ . ①武… ②张… Ⅲ . ①分子生物学—
研究 Ⅳ . ① Q7

中国版本图书馆 CIP 数据核字（2015）第 321196 号

分子生物学技术

责任编辑	钟加萍
封面设计	汤 丽
出版发行	世界图书出版广东有限公司
地　　址	广州市新港西路大江冲 25 号
印　　刷	悦读天下（山东）印务有限公司
规　　格	787mm×1092mm　1/16
印　　张	18.125
字　　数	250 千字
版　　次	2015 年 12 月第 1 版　2025 年 1 月第 2 次印刷
ISBN 978-7-5192-0615-4/Q・0056	
定　　价	88.00 元

编　委　会

前 言

　　分子生物技术的发展日新月异，在医学研究、医药的研发中已愈来愈广泛地采用了分子生物技术。然而，与国外医学界相比，我国分子生物技术在医学研究、医药研发中的应用还存在很大差距，突出表现为知识普及不够、研发投入不足和技术使用不当。为此，我们编写了《医学分子生物技术》。鉴于近年来分子生物技术又有了长足的发展，而医学研究、医药研发工作对该技术的需求日益增加，我们对分子生物技术进行了调整与充实。

　　本著包括九个章节部分：

　　第一章绪论，重点介绍分子生物技术在医学研究、医药研发中应用的现状，以及本著各章节的结构与关系。第二章核酸技术，详细介绍了核酸的提取与分离、PCR 技术、核酸的电泳技术等基本工作原理。第三章蛋白质技术，详细介绍了蛋白质的提取、分离与纯化的工作原理及应用技术。第四章分子杂交与印迹技术，介绍了核酸杂交中常用的印记杂交等方法的原理及应用。第五章重组 DNA 技术，介绍了重组 DNA 技术基本过程中涉及的工具酶、载体等的工作原理及应用。第六章细胞培养技术，从系统的角度详细介绍了细胞培养的一般过程及常见的组织细胞培养方法等。第七章基因组学技术，介绍了基因组作图、新基因的分离、基因组测序以及基因定位等技术。第八章蛋白质组学技术，详细介绍了蛋白质分离、鉴定技术，蛋白质相互作用分析及部分生物信息学。第九章测序及人工合成技术，详细介绍了 DNA 测序技术中 Sanger 双脱氧链终止法、Maxam-Gilber 化学降解法等方法。

　　本著分别由八位从事分子生物学教学与研究工作的教师撰写完成。本书在编写过程中，邓秀玲老师主要做一些审核、修改工作。李存保、王海生等老师对本书进行了仔细的审阅，并提出了大量的宝贵意见，在此表示深深的谢意。

　　由于编者水平有限，加之编写时间仓促，书中难免会有错误和不足之处，敬请使用者批评指正，以便今后修订。

编　者

2015 年 8 月于呼和浩特

目 录

第一章　绪　论

　　近年来，分子生物学技术已渗透到医学学科的各个领域。掌握分子生物学技术，为进一步学习免疫学机制、微生物作用机制、药物在体内的代谢及作用机理、遗传学、病理学等基础医学打下良好的基础。当前，医学研究均深入到分子水平，并应用分子生物学理论与技术解决各学科的问题。随着新知识不断涌现，科学间的相互渗透，逐步出现一批交叉学科，由此产生了"分子免疫学"、"分子遗传学"、"分子药理学"、"分子病理学"等新学科。同样，分子生物学与临床医学的关系也很密切，现代医学的发展经常运用分子生物学技术诊断、治疗和预防疾病，而且许多疾病的发病机制也需要从分子水平加以探讨。例如：近年来，由于分子生物学的迅速发展，极大加深了人们对恶性肿瘤、心血管疾病、神经系统疾病、免疫性疾病等重大疾病本质的认识，并出现了新的诊治方法。基因探针、PCR技术等应用于临床，使疾病的诊断达到了前所未有的高特异性、高灵敏度和高简便快捷。基因工程疫苗的产生为解决免疫学难题提供了新的手段。相信应用分子生物学技术，尤其是疾病相关基因克隆、基因诊断、基因治疗等研究，将会使医学进展发生新的突破。

第一节　疾病的分子机理

　　分子生物学迅猛发展及向医学广泛渗透首先是在基础研究方面，搞清了一些调节细胞行为的分子系统，如细胞信号传导的分子基础，一些重要的酶和生物分子的结构功能及其编码基因，癌蛋白、抑癌蛋白及其基因，细胞信息分子如细胞因子、神经肽等。这些知识的积累使我们对疾病发生的分子机理有了更深入的了解。

早在 1898 年，加罗德的一个小男孩患了尿黑酸症（alkaptonuria）。这种病人的尿一接触空气就变成黑色。接着，人们又发现了使尿变黑的化学物质是由食物中所含的一种氨基酸（酪氨酸）转变而成的。现在已明了，尿黑酸症是一种常染色体隐性遗传疾病，由于患者体内先天性缺乏尿黑酸症氧化酶基因的表达，致酪氨酸代谢过程中的中间产物——尿黑酸不能被分解氧化而堆积增多并大量随尿排出而形成。

1949 年波林（L.C. Pauling）发现镰刀型细胞贫血症（病人的红血细胞为镰刀形）与血红蛋白结构异常相关。病人的血红蛋白所带的电荷不同于正常人的血红蛋白。而且在氧气压力低的时候，这种异常蛋白的溶解性更低。在这种情况之下，"镰刀型细胞"的血红蛋白会沉淀形成长针状结构，进而使血红细胞变形成典型的镰刀状。这些血红细胞将不能有效通过病人的毛细血管，因此倾向了阻碍组织器官获得氧气。因为比正常血红细胞更脆弱，所以它们将导致病人贫血。而在此同时密西根大学的遗传学专家詹姆斯·尼尔（J.Neel）发现镰刀型细胞贫血症是一种遗传异常，表现出孟德尔遗传现象。接下来英国科学家弗农·英格拉姆（V.Ingram）等人发现引起该贫血症的突变是发生在一条单一肽链上的一个变化，这条肽链上的一个氨基酸被另一个氨基酸替换了。是由于基因序列上一个碱基的改变导致了遗传密码的改变，最终导致了相应多肽链上一个氨基酸的变化。

1975~1985 年间，一系列的实验表明，癌症，不管其产生的直接原因是什么，都是一个高度保守的被称为癌基因（oncogene）的基因家族通过修饰或过量表达被激活的结果。这些基因参与了细胞分裂的控制；它们的产物为一个调节网络的组成部分，该网络将细胞外面的信号分程传递到细胞核中，使得细胞能够调整它们的分裂速度来适应有机体的需要。这些发现便构成了所谓的"癌基因模式"。在接受癌基因模式时，大多数生物学家都承认研究这个基因小家族是理解癌症转化的最佳途径。这些基因结构及功能的改变被认为是癌症发生的起因。这样，癌基因模式就是一个对象的集合（细胞癌基因和它们的产物）和鉴定这些癌基因及其产物的结构和功能的方法的集合。

一、疾病的基因诊断

基因诊断的对象大致分为四类：①病原生物的侵入：一般侵入体内的病原生物可通过显微镜检查并使用各免疫学方法进行诊断。但是，直接检测病原生物的遗传物质可以大大提高诊断的敏感性。而肝在无法得到商业化抗体时，基因诊断就成为检测病原微生物感染，尤其是病毒感染的唯一手段。此外，由于基于碱基配对原理的基因诊断可直接检测病原微生物的遗传物质，所以诊断的特异性也大为提高。目前，基因诊断已在病毒性肝炎，艾滋病等传染病的诊断中发挥了不可代替的作用。②先天遗传性疾患：已有多种传统的遗传性疾患的发病原因被确定为特定基因的突变。例如：苯丙氨酸羟化酶基因突变可引起苯丙酮尿症；腺苷脱胺酶基因突变可引起重症联合免疫缺陷症（SCID）；而淋巴细胞表面分子CD40或其配体（CD40L）基因突变则可引起无丙种球蛋白血症。这类疾病的诊断除了仔细分析临床症状及生化检查结果外，从病因角度作出诊断则需要用基因诊断的方法检测其基因突变的发生。此外，有些病因尚不清楚的疾病，如高血压、自身免疫性疾病等，都可能与某个或某些遗传位点的持有或改变有关。用基因诊断的方法检测这些位点的改变，不仅对临床诊断，而且对疾病的病因和发病机理的研究都具有重要的意义。③后天基因突变引起的疾病：这方面最典型的例子就是肿瘤。虽然肿瘤的发病机理尚未完全明了，但人们可以初步认为肿瘤的发生是由于个别细胞基因突变而引起的细胞无限增殖。无论是抑癌基因发生突变还是癌基因发生突变，如果确定这些改变的发生，都必须进行基因诊断。美国前副总统汉弗莱（Humphrey）在1967年发现膀胱内有一肿物，病理切片未发现癌细胞，于是诊断为良性"慢性增生性囊肿"，未进行手术治疗。九年后，再次住院检查时，他被诊断为患有"膀胱癌"，两年后他便死于该病。1994 年，研究者用灵敏的 PCR 技术对上述汉弗莱 1967 年的病理切片进行了 TP53 抑癌基因检查，发现那时的组织细胞虽然在形态上还没有表现出恶性变化，但其 TP53 基因的第 227 个密码子已经发生了一个核苷酸的突变。就是这个基因的微小变化，使其抑癌功能受损，导致九年后细胞癌变的发生。这说明，在典型症状出现之前的很长时间，细胞癌变的信息已经在基因上表现出来了。④其他：如 DNA 指纹、个体识别，亲子关系识别，法医物证等。

基因诊断的方法目前主要采用探测与疾病相关的遗传背景的改变。这种改变主要有两类，一是遗传物质，即 DNA 或 RNA 的水平的变化。例如病毒感染量，病毒基因及其转录产物在人体内的从无到有，某些肿瘤中癌基因表达水平的从低到高。二是遗传物质的结构变化，即基因突变，如点突变引起的基因失活，及染色体转位引起的基因激活或灭活等等。所以从理论上说所有检测基因水平或结构的方法都可用于基因诊断。但如考虑其临床适用性、灵敏度等问题，核酸杂交与 PCR 可看作是最有应用前景的基因诊断的方法。

现在确认与遗传有相关性的疾病越来越多，如高血压、冠心病、关节炎、糖尿病、精神病等都具有明显的遗传性。从广义上讲，大多数疾病都可以从遗传物质的变化中寻找出原因。而从技术上看，只要找到了与疾病相关的基因，基因诊断便立即可以实现。目前正在实施的"人类基因组计划"是一个宏大的工程，它将破译人体生命的密码，从而大大加快疾病相关基因的发现与克隆。可以预料，到下个世纪，基因诊断将成为疾病诊断的常规方法。

二、疾病的基因治疗

许多疾病，如遗传性疾病、肿瘤等与人体的基因异常有密切的因果关系。早在 DNA 重组技术之前就有人提出将正常基因顺序导入病人体内进行基因水平治疗的设想。到目前为止，已报道的基因治疗方案已超过百种。有 300 多个病人接受了这种新的治疗方式。基因治疗的对象不再局限于遗传病，而被扩展到肿瘤和传染病等多种疾病。其发展相当迅速，前景十分看好，我国学者也在用基因治疗方式治疗血友病方面做了一定工作。目前已积累了一定的经验和教训，有了一些可遵循的操作程序及可供选择的治疗方式。但这种新的治疗方式仍有许多环节需要不断改进和提高。

基因治疗（gene therapy）就是用正常或野生型（wild type）基因校正或置换致病基因的一种治疗方法。在这种治疗方法中，目的基因被导入到靶细胞（target cells）内，它们或与宿主细胞（host cell）染色体整合成为宿主遗传物质的一部分，或不与染色体整合而位于染色体外，但都能在细胞中得到表达，起到治疗疾病的作用。目前基因治疗的概念有了较大的扩展，凡是采用分子生物学的方法和原理，在核酸水平上开展的疾病治疗方法都可称为基因治疗。随着对疾病本质的深入了解和新的分子生物学方法的不断涌现，基因治疗方法有了较大的发展。根据所采用的方法不同，基因治疗的策略大致可分为以下几种：

基因置换（gene replacement）：基因置换就是用正常的基因原位替换病变细胞内的致病基因，使细胞内的 DNA 完全恢复正常状态。这种治疗方法最为理想，但目前由于技术原因尚难达到。

基因修复（gene correction）：基因修复是指将致病基因的突变碱基序列纠正，而正常部分予以保留。这种基因治疗方式最后也能使致病基因得到完全恢复，操作上要求高，实践中有一定难度。

基因修饰（gene augmentation）：又称基因增补，将目的基因导入病变细胞或其他细胞，目的基因的表达产物能修饰缺陷细胞的功能或使原有的某些功能得以加强。在这种治疗方法中，缺陷基因仍然存在于细胞内，目前基因治疗多采用这种方式。如将组织型纤溶酶原激活剂的基因导入血管内皮细胞并得以表达后，防止经皮冠状动脉成形术诱发的血栓形成。

基因失活（gene inactivation）：利用反义技术能特异地封闭基因表达特性，抑制一些有害基因的表达，已达到治疗疾病的目的。如利用反义RNA、核酶或肽核酸等抑制一些癌基因的表达，抑制肿瘤细胞的增殖，诱导肿瘤细胞的分化。用此技术还可封闭肿瘤细胞的耐药基因的表达，增加化疗效果。

免疫调节（immune adjustment）：将抗体、抗原或细胞因子的基因导入病人体内，改变病人免疫状态，达到预防和治疗疾病的目的。如将白细胞介素 –2 导入肿瘤病人体内，提高病人 IL–2 的水平，激活体内免疫系统的抗肿瘤活性，达到防治肿瘤复发的目的。

总之，基因治疗的策略较多，不同的方法在实践中各具有优缺点。而基因治疗本身也并不局限于遗传病的治疗，现已扩展到肿瘤、病毒性疾病等。基因治疗可用于疾病的治疗，也可用于疾病的预防。应该指出的是基因治疗并不是万能的，尚不能取代现有的治疗方法，作为一种新的方法也还有一些需进一步完善的地方，在实践时应相互结合，取长补短，以取得较好的治疗效果。

基因治疗包括体细胞基因治疗和生殖细胞基因治疗。体细胞基因治疗主要是对病变细胞进行基因修饰或替代，因此一般不会影响后代的遗传性状。经过 20 多年在社会伦理学方面的讨论和技术上的不断改进后，目前已开始在临床实施。从理论上讲，最适合基因治疗的是单基因缺陷的遗传病。如血友病 B 是由于缺乏凝血因子 IX 引起的出血性疾病，将编码因子 IX 的基因导入病人体细胞，并使之表达，即可治疗此病。我国薛京伦教授等已成功地将人凝血因子 IX 的基因经反转录病毒载体导入患者自身的成纤维细胞，将此工程化的细胞经皮下注入患者体内，获得了因子 IX 的成功表达，取得了一定的治疗效果。目前已确认，由于单基因缺陷引起的遗传病就有 3000 多种，因此遗传病是基因治疗的一个主要目标。从目前的实践看，实施基因治疗的病人最多的是肿瘤。据统计，1994 年 6 月，全世界已批准实施的 90 个基因治疗方案中，69% 是治疗肿瘤的，只有 19% 是治疗遗传病的。主要原因是肿瘤基因治疗的目的比较单纯，只要消灭靶细胞（肿瘤），因此不一定需要外源基因的持续表达；此外，肿瘤病人较多，也易于接受基因治疗。目前用于肿瘤基因治疗的基因种类很多，主要有：

细胞因子和造血因子的基因、耐药基因、抑癌基因、黏附分子的基因、组织相容性抗原的基因、脱氧胸苷激酶（TK）基因、抗肿瘤抗体的基因、反义 RNA 等。这些基因导入肿瘤细胞后都不同程度地降低了成瘤性，增强了免疫原性，在动物实验研究中取得了一定的成功，但从临床治疗效果看，人肿瘤基因治疗尚未见有令人印象深刻的成功报道。目前肿瘤基因治疗仍是一种疫苗式的治疗方法，各种基因工程化的肿瘤细胞是否比传统的瘤苗加佐剂的方法优越，目前尚未定论。可以认为，肿瘤的基因治疗若不能超越目前这种疫苗式的模式，其效果可能是极其有限的。

除遗传病和肿瘤外，艾滋病、心血管系统疾病也都是基因治疗可供选择的疾病。随着基础研究的进展和技术的进步，可供基因治疗的疾病范围将进一步扩大，基因治疗的重要性也将日显突出。

生殖细胞的基因治疗以校正生殖细胞中的缺陷基因为目标，因而是一种更彻底的基因治疗。但对生殖细胞进行遗传操作所产生的性状可以世世代代传下去，因而在安全性和伦理问题上一直存在很大的争仪。目前我们对整个人体基因组的结构及其活动规律知之甚少，尤其对胚胎发育过程中的细胞分化、器官形成的调控机制还不很清楚，生殖细胞的基因治疗在基础理论、技术水平，以及社会公众的接受程度上尚不成熟，在近期内还没有进入临床治疗的可能。

基因治疗得以实现，除了在基础理论研究方面的进展以外，在技术上主要得力于：基因克隆技术的发展，使确定和分离与疾病相关的基因成为可能，基因载体系统的完善，尤其是逆转录病毒载体系统的建立，使基因转移的效率大大提高。

三、疾病的基因预防

1990 年沃尔夫（Woff）等发现，将带有外源基因的质粒直接注射到小鼠的肌肉中，可使这种"裸露的 DNA"直接进入肌细胞，并表达出相应的蛋白质。随后的研究进一步发现，将带有甲型流感病毒核蛋白编码基因的质粒注射到小鼠肌肉内，可使小鼠能经受致死剂量的甲型流感病毒的攻击。这种裸露的 DNA 通过滴鼻和肠道也可以进入细胞，并获得成功的保护性免疫。这种具有疫苗作用的裸露 DNA 称之为"基因疫苗"（gene vaccine）。由于传统疫苗的制备是一个耗资费时的复杂过程，基因疫苗显然可以大大地简化这种制作过程，具有很大的社会效益和经济效益。科学家们认为，基因疫苗的出现"极大地改变了传统疫苗的概念"，是"现代疫苗学中最激动人心的事件"，它在艾滋病、肿瘤和多种传染病的预防上都可能有广阔的应用前景。

从广义上讲，疾病的基因预防还应包括对有遗传缺陷的胎儿进行人工流产。目前的技术已能对妊娠 8 周的胎儿进行基因诊断，几千种单基因缺陷的遗传病和更多的多基因缺陷的遗传病，都有可能在胚胎时期获得诊断而被"消灭"在萌芽时期，从而将大大减少家庭和社会的沉重负担。

此外，在肿瘤的预防上，由于某些肿瘤有明显的家族遗传性，最近乳腺癌敏感基因已被分离出来，从理论上讲对这种乳腺癌的后代预先进行基因替代，就可预防乳腺癌的发生。某些高胆固醇血症是由于低密度脂蛋白受体表达低下引起的，用基因导入提高这种受体的表达，就可以降低胆固醇的水平，减少心脏病的发生。随着越来越多的疾病的分子基础被阐明，基因预防将会成为预防医学中的一种重要手段。

第二节　分子生物技术

近十年来，分子生物技术已成为医学领域最有力的研究工具，如 PCR 技术、基因克隆技术、基因转移技术等的发明和改进，使我们可以对基因的分离、切割、重组、转移等进行有效的操作，从而为了解疾病的发生发展机制，诊断和药物研制、开发打下了坚实的基础。

一、基因获取

获取目标基因常常是基因操作的首要步骤。常规方法有 PCR 法，基因文库或 cDNA 文库法以及化学合成法。应根据具体的研究目的和实验条件选用合适的方法。

二、基因检测

对一个基因或一段 DNA 片段进行检测鉴定是分子医学技术中最常用到的手段。包括电泳检测、序列分析等方法。

三、基因工程

基因克隆技术作为分子生物技术中最重要、最基本的技术之一，是许多分子医学实验实施的基础，在基因诊断、治疗和预防中具有举足轻重的意义。基因表达是基因工程中的一个重要步骤，它模拟生物学中心法则的原理，完成从基因到蛋白质的基因信息传递过程。它包括上游的基因操作和下游的蛋白质纯化、鉴定等多种基本技术。如 20 世纪 70 年代末兴起的基因工程制药业已得到了迅速发展。在许多种已获准生产销售的基因工程产品中，最成功的例子如乙型肝炎疫苗和促红细胞生成素等。

四、基因探测

探测基因所依据的最基本的理论就是核酸碱基互补原则，最常用的方法就是核酸分子杂交，它应用一段与目标基因碱基互补的核酸作为探针去探测待测样品。如根据杂交片段的有无判断待测样品中待测基因之有无，探测到了慢性粒细胞白血病病因是 9 号与 22 号染色体在相互易位中，位于 9q34 的原癌基因 ABL 易位至 22q11，与该处的裂点簇区（breakpoint cluster region, BCR）形成 BCR-ABL 融合基因的结果。如将核酸探针直接与斑点在尼龙膜上的变性待测 DNA 样品杂交，称为斑点杂交。用斑点杂交澄清了与宫颈有关的病毒是人乳头瘤病毒而不是单纯疱疹病毒。

五、基因转移

转基因动（植）物将人基因转入动物受精卵或胚胎干细胞，植入雌性动物子宫，能发育成转基因动物。1982 年帕尔米特（R.D. Palmiter）首先成功地建立了转基因"超级小鼠"，其方法是将大鼠生长激素的基因导入小鼠受精卵，所生小鼠不但生长速度加快而且体重增加。这一研究成果可以说是分子生物学的一个里程碑。因为建立转基因小鼠涉及基因的克隆、拼接、向受精卵内的导入以及导入基因的检测等分子生物学技术。现在转基因动物技术已经被广泛用于医学研究的各个领域，其中应用最多的是转基因小鼠。用转基因小鼠的方法建立的人类疾病动物模型使医学研究进入了分子医学的新时期。

转基因动物可用于制备动物模型。例如，含人肾素基因的转基因小鼠高血压动物模型，用于研究肾素在形成高血压过程中的作用机制。转基因动（植）物还可以生产转基因药物，从乳汁中提取人促红细胞生成素的转基因牛培育成功。

六、基因信息技术

生物信息学（bioinformation）是一门伴随着基因组研究而产生的交叉学科。广义地说，它是从事与基因组研究有关的生物信息的获取、加工、储存、分配、分析和解释的一门学科。这个定义包含两层意思，即对海量数据的收集、整理以及对这些数据的应用。

人类基因组计划的成功实施使生命科学进入了信息时代。基因组学、蛋白质组学和生物芯片技术的发展，使得与生命科学相关的数据量呈线性高速增长。对这些数据全面、正确的解读，为阐明生命的本质提供了可能。连接生物数据与医学科学研究的是生物信息学应用生物信息学研究方法分析生物数据，提出与疾病发生、发展相关的基因或基因群，再进行实验验证，是一条高效的研究途径。

第三节　分子生物技术在现代医学发展中的意义

自 20 世纪 60 年代以来，分子生物学的迅速崛起，使医学发展以前所未有的速度向前迈进，短短几十年间，人类医学知识几乎全面翻新，当今的医学工作者所面临的压力和挑战也是前所未有的。如果说分子生物学彻底更新了生物医学的理论和概念，那么分子生物技术则将改变传统医学，尤其是临床医学的模式。

分子生物技术目前尚处于知识积累的早期，仍在不断地汲取其他相关学科，尤其是分子生物学理论和实践的最新成果，来逐步完善自身的体系。目前，推动分子生物技术快速发展的主要是基础医学研究人员，临床医学工作者由于知识更新步伐的滞后还未对此引起足够的重视。这种落后对分子生物技术乃至整个生命科学的发展都起着负面的制约作用，这是一个不容否认的事实和必须引起高度重视的问题。

一、分子生物学技术使临床思维方式不断更新

临床医学教育和医疗管理历来提倡和强调临床医师应在"三个基本功"扎实的基础上，加强临床思维能力的培养，不断提高诊疗水平。然而，今天的临床医师们几乎被各种各样的辅助检查单淹没，看病似乎更简单了。分子生物学如同电脑硬件开发和软件设计，其本身是一门十分复杂和深奥的学问，但利用它的技术来指导临床工作，的确使许多临床问题简单化。例如，PCR 技术一经问世，立即使基因诊断简单化。诊断水平一旦深及基因结构，如发现病原体的特异基因，发现突变的癌基因，发现遗传病的缺陷基因等，疾病的诊断也就随之简单化了。许多疑难病症的诊断，依靠厚实的临床功底，敏锐的思维判断能力，以及博采众长的专家会诊形式，也许不及一滴血标本乃至一个病变细胞的基因扩增结果来得可靠和迅速。用基因扩增技术检测患者血标本或痰标本中的结核杆菌基因，以诊断痰菌阴性的结核病或初步确定肺部阴影的性质就是一个很好的例证。临床经验和传统临床思维方式在临床工作中的重要性是显而易见的，也许现在某些临床医师缺少的正是这些。但我们又不能不承认，一味强调经验，并盲目地去推理，而忽视先进尖端技术的应用也是不明智的。医师在疾病诊断上对辅助检查手段的高度依赖已成为医学发展的必然趋势。

二、分子生物学技术促进实验医学和经验医学的融合

分子生物技术的发展将逐渐改变目前以经验医学为主导的局面。详细地采集病史，认真地视触叩听，密切地观察病情发展，谨慎地行手术、用药，永远是医师的必备素质。但仅具备上述我们称之为经验医学的本领远远不能适应现代医学对临床医师的更高要求。分子生物技术的发展正逐步使基础研究和临床应用更紧密地相互联系，使科研成果更快速地向临床转化，使实验医学和经验医学有机地融合起来。

（武瑞兵）

第二章　核酸技术

核酸是由许多核苷酸聚合成的生物大分子，在生物体内具有重要作用，是分子生物学研究的主要对象之一。核酸广泛存在于所有动植物细胞、微生物体内，生物体内的核酸常与蛋白质结合形成核蛋白。不同的核酸，其化学组成、核苷酸排列顺序等不同。根据化学组成不同，核酸可分为脱氧核糖核酸（DNA）和核糖核酸（RNA）。DNA是储存、复制和传递遗传信息的主要物质基础，RNA通常在蛋白质合成过程中起着重要作用。

第一节　核酸的提取与分离

从生物体中提取与分离特定种类的核酸分子，通常是分子生物学研究的首要任务与工作基础。提取核酸的一般流程是：首先采用适当的溶剂提取样品，使其进入溶液，随后用各种不同方法分离纯化，获得目标组分，最后经各种分析、鉴定方法确定终产物。

一、基因组DNA的提取与纯化

基因组DNA的提取通常用于构建基因组文库、Southern杂交（包括RFLP）及PCR分离基因等。利用基因组DNA较长的特性，可以将其与细胞器或质粒等小分子DNA分离。加入一定量的异丙醇或乙醇，基因组的大分子DNA即沉淀形成纤维状絮团漂浮其中，可用玻棒将其取出，而小分子DNA则只形成颗粒状沉淀附于壁上及底部，从而达到提取的目的。在提取过程中，染色体会发生机械断裂，产生大小不同的片段，因此分离基因组 DNA 时应尽量在温和的条件下操作，如尽量减少酚/氯仿抽提、混匀过程要轻缓，以保证得到较长的 DNA。一般来说，构建基因组文库，初始 DNA 长度必须在 100kb 以上，否则酶切后两边都带合适末端的有效片段很少。而进行 RFLP 和 PCR 分析，DNA 长度可短至 50kb，在该长度以上，可保证酶切后产生 RFLP 片段（20kb 以下），并可保证包含 PCR 所扩增的片段（一般 2kb 以下）。

不同生物（动物、微生物）的基因组 DNA 的提取方法有所不同；不同种类或同一种类的不同组织因其细胞结构及所含的成分不同，分离方法也有差异。在提取某种特殊组织的 DNA 时必须参照文献和经验建立相应的提取方法，以获得可用 DNA 大分子。尤其是组织中的多糖和酶类物质对随后的酶切、PCR 反应等有较强的抑制作用，因此用富含这类物质的材料提取基因组 DNA 时，应考虑除去多糖和酶类物质。

（一）动物组织提取基因组 DNA

1.材料　哺乳动物新鲜组织。

2.设备　移液管、高速冷冻离心机、台式离心机、水浴锅。

3.试剂

（1）分离缓冲液：10mmol/L Tris·Cl pH7.4，10mmol/L NaCl，25mmol/L EDTA。

（2）其他试剂：10% SDS，蛋白酶 K（20mg/mL 或粉剂），乙醚，酚：氯仿：异戊醇（25:24:1），无水乙醇及 70% 乙醇，5mol/L NaCl，3mol/L NaAc，TE。

4.操作步骤

①切取组织 5g 左右，剔除结缔组织，吸水纸吸干血液，剪碎放入研钵（越细越好）。

②倒入液氮，磨成粉末，加 10mL 分离缓冲液。

③加 1mL 10% SDS，混匀，此时样品变得很黏稠。

④加 50μL 或 1mg 蛋白酶 K，37℃保温 1~2h，直到组织完全解体。

⑤ 加 1mL 5mol/L NaCl，混匀，5000rpm 离心数秒钟。

⑥ 取上清液于新离心管，用等体积酚∶氯仿∶异戊醇（25∶24∶1）抽提。待分层后，3000rpm 离心 5min。

⑦ 取上层水相至干净离心管，加 2 倍体积乙醚抽提（在通风情况下操作）。

⑧ 移去上层乙醚，保留下层水相。

⑨ 加 1/10 体积 3mol/L NaAc，及 2 倍体积无水乙醇颠倒混合沉淀 DNA。室温下静止 10~20min，DNA 沉淀形成白色絮状物。

⑩ 用玻棒钩出 DNA 沉淀，70% 乙醇中漂洗后，在吸水纸上吸干，溶解于 1mL TE 中，–20℃保存。

如果 DNA 溶液中有不溶解颗粒，可在 5000rpm 短暂离心，取上清；如要除去其中的 RNA，可加 5μL RNaseA（10μg/μL），37℃保温 30min，用酚抽提后，按步骤 9~10 重新沉淀 DNA。

（二）血液白细胞 DNA 的提取

① 抗凝血室温下 2000g 离心 5~7min，去上清。

② 加 5 倍体积蒸馏水，混匀，室温下放置 5~10min。

③ 3000~4000g 离心 10~20min，去上清。

④ 用等体积生理盐水洗涤白细胞沉淀，按上述方法离心获得白细胞。

⑤ 将所得细胞悬浮于 TE 缓冲液中，加 SDS 至终浓度 0.5%，蛋白酶 K 至终浓度 100~200μg/mL，37℃消化 12h 或过夜。

⑥ 以下按常规酚氯仿法抽提，乙醇沉淀进行。

（三）细菌基因组 DNA 的制备

1. 材料 细菌培养物。

2. 设备 移液管、高速冷冻离心机、台式离心机、水浴锅。

3. 试剂

（1）CTAB/NaCl 溶液：4.1g NaCl 溶解于 80mL H_2O，缓慢加入 10g CTAB，加水至 100mL。

（2）其他试剂：氯仿：异戊醇（24:1），酚：氯仿：异戊醇（25：24：1），异丙醇，70% 乙醇，TE，10% SDS，蛋白酶 K（20mg/mL 或粉剂），5mol/L NaCl。

4. 操作步骤

① 100mL 细菌过夜培养液，5000rpm 离心 10min，去上清液。

② 加 9.5mL TE 悬浮沉淀，并加 0.5mL 10% SDS，50μL 20mg/mL（或 1mg 干粉）蛋白酶 K，混匀，37℃保温 1h。

③ 加 1.5mL 5mol/L NaCl，混匀。

④ 加 1.5mL CTAB/NaCl 溶液，混匀，65℃保温 20min。

⑤ 用等体积酚：氯仿：异戊醇（25:24:1）抽提，5000rpm 离心 10min，将上清液移至干净离心管。

⑥ 用等体积氯仿：异戊醇（24:1）抽提，取上清液移至干净管中。

⑦ 加 1 倍体积异丙醇，颠倒混合，室温下静止 10min，沉淀 DNA。

⑧ 用玻棒捞出 DNA 沉淀，70% 乙醇漂洗后，吸干，溶解于 1mL TE，–20℃保存。如 DNA 沉淀无法捞出，可 5000rpm 离心，使 DNA 沉淀。

二、RNA 的提取和 cDNA 合成

（一）原理

从真核生物的组织或细胞中提取 mRNA，通过酶促反应逆转录合成 cDNA 的第一链和第二链，将双链 cDNA 和载体连接，然后转化扩增，即可获得 cDNA 文库，构建的 cDNA 文库可用于真核生物基因的结构、表达和调控的分析；比较 cDNA 和相应基因组 DNA 序列差异可确定内含子存在和了解转录后加工等一系列问题。总之 cDNA 的合成和克隆已成为当今真核分子生物学的基本手段。自首例 cDNA 克隆问世以来，已发展了许多种提高 cDNA 合成效率的方法，并大大改进了载体系统，目前 cDNA 合成试剂已商品化。cDNA 合成及克隆的基本步骤包括用反转录酶合成 cDNA 第一链，聚合酶合成 cDNA 第二链，加入合成接头以及将双链 DNA 克隆到适当载体（噬菌体或质粒）。

1. RNA 制备　模板 mRNA 的质量直接影响到 cDNA 合成的效率。由于 mRNA 分子的结构特点，容易受 RNA 酶的攻击反应而降解，加上 RNA 酶极为稳定且广泛存在，因而在提取过程中要严格防止 RNA 酶的污染，并设法抑制其活性，这是本实验成败的关键。所有的组织中均存在 RNA 酶，人的皮肤、手指、试剂、容器等均可能被污染，因此实验过程中均需戴手套操作并经常更换（使用一次性手套）。所用的玻璃器皿需置于干燥烘箱中 200℃烘烤 2h 以上。凡是不能用高温烘烤的材料如塑料容器等皆可用 0.1% 的焦碳酸二乙酯（DEPC）水溶液处理，再用蒸馏水冲净。DEPC 是 RNA 酶的化学修饰剂，它和 RNA 酶的活性基团组氨酸的咪唑环反应而抑制酶活性。DEPC 与氨水溶液混合会产生致癌物，因而使用时需小心。试验所用试剂也可用 DEPC 处理，加入 DEPC 至 0.1% 浓度，然后剧烈振荡 10min，再煮沸 15min 或高压灭菌以消除残存的 DEPC，否则 DEPC 也能和腺嘌呤作用而破坏 mRNA 活性。但 DEPC 能与胺和巯基反应，因而含 Tris 和 DTT 的试剂不能用 DEPC 处理。Tris 溶液可用 DEPC 处理的水配制然后高压灭菌。配制的溶液如不能高压灭菌，可用 DEPC 处理水配制，并尽可能用未曾开封的试剂。除 DEPC 外，也可用异硫氰酸胍、钒氧核苷酸复合物、RNA 酶抑制蛋白等。此外，为了避免 mRNA 或 cDNA 吸附在玻璃或塑料器皿管壁上，所有器皿一律需经硅烷化处理。

细胞内总 RNA 制备方法很多，如异硫氰酸胍热苯酚法等。许多公司有现成的总 RNA 提取试剂盒，可快速有效地提取到高质量的总 RNA。分离的总 RNA 可利用 mRNA 3′ 末端含有多聚（A）的特点，当 RNA 流经 oligo（dT）纤维素柱时，在高盐缓冲液作用下，mRNA 被吸附在 oligo（dT）纤维素上，然后逐渐降低盐浓度洗脱，在低盐溶液或蒸馏水中，mRNA 被洗下。经过两次 oligo（dT）纤维素柱，可得到较纯的 mRNA。纯化的 mRNA 在 70% 乙醇中 –70℃可保存一年以上。

2. cDNA 第一链的合成　所有合成 cDNA 第一链的方法都要依赖于 RNA 的 DNA 聚合酶（反转录酶）来催化反应。目前商品化反转录酶有从禽类成髓细胞瘤病毒纯化到的禽类成髓细胞病毒（AMV）逆转录酶和从表达克隆化的 Moloney 鼠白血病病毒反转录酶基因的大肠杆菌中分离到的鼠白血病病毒（MLV）反转录酶。AMV 反转录酶包括两个具有若干种酶活性的多肽亚基，这些活性包括依赖于 RNA 的 DNA 合成，依赖于 DNA 的 DNA 合成以及对 DNA:RNA 杂交体的 RNA 部分进行内切降解（RNA 酶 H 活性）。MLV 反转录酶只有单个多肽亚基，兼备依赖于 RNA 和依赖于 DNA 的 DNA 合成活性，但降解 RNA-DNA 杂交体中的 RNA 的能力较弱，且对热的稳定性较 AMV 反转录酶差。MLV 反转录酶能合成较长的 cDNA（如大于 2~3kb）。AMV 反转录酶和 MLV 反转录酶利用 RNA 模板合成 cDNA 时的最适 pH 值，最适盐浓度和最适温度各不相同，所以合成第一链时相应调整条件非常重要。

AMV 反转录酶和 MLV 反转录酶都必须有引物来起始 DNA 的合成。cDNA 合成最常用的引物是与真核细胞 mRNA 分子 3′ 端 poly（A）结合的 12~18 核苷酸长的 oligo（dT）。

3. cDNA 第二链的合成　cDNA 第二链的合成方法有以下几种：

（1）自身引导法：合成的单链 cDNA 3′ 端能够形成一短的发夹结构，这就为第二链的合成提供了现成的引物，当第一链合成反应产物的 DNA:RNA 杂交链变性后利用大肠杆菌 DNA 聚合酶 I Klenow 片段或反转录酶合成 cDNA 第二链，最后用单链特异性的 S1 核酸酶消化该环，即可进一步克隆。但自身引导合成法较难控制反应，而且用 S1 核酸酶切割发夹结构时无一例外地将导致对应于 mRNA 5′ 端序列出现缺失和重排，因而该方法目前很少使用。

（2）置换合成法：该方法利用第一链在反转录酶作用下产生的 cDNA:mRNA 杂交链不用碱变性，而是在 dNTP 存在下，利用 RNA 酶 H 在杂交链的 mRNA 链上造成切口和缺口。从而产生一系列 RNA 引物，使之成为合成第二链的引物，在大肠杆菌 DNA 聚合酶 I 的作用下合成第二链。该反应有 3 个主要优点：①非常有效；②直接利用第一链反应产物，无须进一步处理和纯化；③不必使用 S1 核酸酶来切割双链 cDNA 中的单链发夹环。目前合成 cDNA 常采用该方法。

4. cDNA 的分子克隆 已经制备好的双链 cDNA 和一般 DNA 一样，可以插入到质粒或噬菌体中，为此，首先必须连接上接头（Linker），接头可以是限制性内切酶识别位点片段，也可以利用末端转移酶在载体和双链 cDNA 的末端接上一段寡聚 dG 和 dC 或 dT 和 dA 尾巴，退火后形成重组质粒，并转化到宿主菌中进行扩增。合成的 cDNA 也可以经 PCR 扩增后再克隆入适当载体。

（二）动物组织 mRNA 提取

1. 材料 小鼠肝组织。

2. 设备 研钵、冷冻台式高速离心机、低温冰箱、冷冻真空干燥器、紫外检测仪、电泳仪、电泳槽。

3. 试剂

（1）无 RNA 酶灭菌水：用高温烘烤的玻璃瓶（180℃ 2h）装蒸馏水，然后加入 0.01% 的 DEPC（体积/体积），处理过夜后高压灭菌。

（2）75% 乙醇：用 DEPC 处理水配制 75% 乙醇（用高温灭菌器皿配制），然后装入高温烘烤的玻璃瓶中，存放于低温冰箱。

（3）1× 层析柱加样缓冲液：20mmol/L Tris·Cl（pH7.6），0.5mol/L NaCl，1mmol/L EDTA（pH8.0），0.1% SDS。

（4）洗脱缓冲液：10mmol/L Tris·Cl（pH7.6），1mmol/L EDTA（pH8.0），0.05% SDS。

4. 操作步骤

（1）动物总 RNA 提取 Trizol 法：Trizol 法适用于人类、动物、微生物的组织或培养细菌，样品量从几十毫克至几克。用 Trizol 法提取的总 RNA 绝无蛋白和 DNA 污染。RNA 可直接用于 Northern 斑点分析，斑点杂交，Poly（A）分离，体外翻译，RNase 封阻分析和分子克隆。

① 将组织在液氮中磨成粉末后，再以 50~100mg 组织加入 1mL Trizol

液研磨，注意样品总体积不能超过所用 Trizol 体积的 10%。

② 研磨液室温放置 5min，然后以每 1mL Trizol 液加入 0.2mL 的比例加入氯仿，盖紧离心管，用手剧烈摇荡离心管 15sec。

③ 取上层水相于一新的离心管，按每 mL Trizol 液加 0.5mL 异丙醇的比例加入异丙醇，室温放置 10min，12000g 离心 10min。

④ 弃去上清液，按每 1mL Trizol 液加入至少 1mL 的比例加入 75% 乙醇，涡旋混匀，4℃下 7500g 离心 5min。

⑤ 小心弃去上清液，然后室温或真空干燥 5~10min，注意不要干燥过分，否则会降低 RNA 的溶解度。然后将 RNA 溶于水中，必要时可 55~60℃水溶 10min。RNA 可进行 mRNA 分离，或贮存于 70% 乙醇并保存于 –70℃。

注意：①整个操作要戴口罩及一次性手套，并尽可能在低温下操作；②加氯仿前的匀浆液可在 –70℃下保存一个月以上，RNA 沉淀在 70% 乙醇中可在 4℃保存一周，–20℃保存一年。

（2）mRNA 提取：由于 mRNA 末端含有多聚（A），当总 RNA 流经 oligo（dT）纤维素时，在高盐缓冲液作用下，mRNA 被吸附在 oligo（dT）纤维素柱上，在低盐浓度或蒸馏水中，mRNA 可被洗下，经过两次 oligo（dT）纤维素柱，可得到较纯的 mRNA。

① 用 0.1mol/L NaOH 悬浮 0.5~1.0g oligo（dT）纤维素。

② 将悬浮液装入灭菌的一次性层析柱中或装入填有经 DEPC 处理并经高压灭菌的玻璃棉的巴斯德吸管中，柱床体积为 0.5~1.0mL，用 3 倍柱床体积的灭菌水冲洗柱床。

③ 用 1× 柱层析加样缓冲液冲洗柱床，直到流出液的 pH 值小于 8.0。

④ 将上述方法中提取的 RNA 液于 65℃温浴 5min 后迅速冷却至室温，加入等体积 2× 柱层析缓冲液，上样，立即用灭菌试管收集洗出液，当所有 RNA 溶液进入柱床后，加入 1 倍柱床体积的 1× 层析柱加样溶液。

⑤ 测定每一管的 OD260，当洗出液中 OD 为 0 时，加入 2~3 倍柱床体

积的灭菌洗脱缓冲液，以 1/3 至 1/2 柱床体积分管收集洗脱液。

⑥ 测定 OD260，合并含有 RNA 的洗脱组分。

⑦ 加入 1/10 体积的 3M NaAc（pH5.2），2.5 倍体积的冰冷乙醇，混匀，–20℃ 30min。

⑧ 4℃下 12000g 离心 15min，小心弃去上清液，用 70% 乙醇洗涤沉淀，4℃下 12000g 离心 5min。

⑨ 小心弃去上清液，沉淀空气干燥 10min，或真空干燥 10min。

⑩ 用少量水溶解 RNA 液，即可用于 cDNA 合成（或保存在 70% 乙醇中并贮存于 –70℃）。

注意：① mRNA 在 70% 乙醇中 –70℃ 下可保存一年以上；② oligo（dT）纤维素柱用后可用 0.3mol/L NaOH 洗净，然后用层析柱加样缓冲液平衡，并加入 0.02% 叠氮化钠（NaN$_3$）冰箱保存，重复使用。每次用前需用 NaOH 水层析柱加样缓冲液依次淋洗柱床。

（三）cDNA 合成技术

Promega 公司的 RibocloneR M–MLV（H–）cDNA 合成系统采用 M–MLV 反转录酶的 RNase H 缺失突变株取代 AMV 反转录酶，使合成的 cDNA 更长。该系统的第一链合成使用 M–MLV 反转录酶，cDNA 第二链合成采用置换合成法，采用 RNase H 和 DNA 聚合酶 I 进行置换合成，最后用 T4 DNA 聚合酶切去单链末端，方法简便易行。该系统试剂包括：

① 20μg 特异性引物；

② 200μL M–MLV 第一链缓冲液（5×），配方如下：250mmol/L Tris·Cl pH8.3（37℃时）；375mmol/L KCl；

③ 15mmol/L MgCl2；50mmol/L DTT；10mmol/L dATP，dCTP，dGTP，dTTP 混合物（各 2.5mmol/L）；

④ 2×625U rRNasinR RNA 酶抑制剂；

⑤ 10,000U M–MLV 反转录酶，RNase H–；

⑥ 5μg 对照 RNA；

⑦ 400μL M-MLV 第二链缓冲液（10×），配方如下：400mmol/L Tris·Cl，pH7.2；850mmol/L KCl；44mmol/L MgCl2；30mmol/L DTT；0.5mg/mL BSA。

⑧ 500U RNase H；

⑨ 500U DNA 聚合酶Ⅰ；

⑩ 100U T4 DNA 聚合酶Ⅰ；

⑪ 2×1.25mL 不含核酸酶的水。

以上所有试剂除对照 RNA 需在 -70℃下保存外，其余均可保存于 -20℃，可以合成 40μg mRNA。

1. 第一链合成

（1）试剂：[α-^{32}P] dCTP（>400CI/mmol），EDTA（50mM 和 200mM），TE-饱和酚：氯仿（1:1），7.5M NH₄Ac，乙醇（100% 和 70%），TE 缓冲液。

（2）操作步骤

① 取一灭菌的无 RNA 酶的 eppendorf 管，加入 RNA 模板和适当引物，每 1μg RNA 使用 0.5μg 引物（如使用 NotⅠ引物接头，使用 0.3μg），用 H₂O 调整体积至 15μL，70℃处理 5min，冷却至室温，离心使溶液集中在管底，再依次加入：

5× 第一链缓冲液	5μL
rRNasin RNA 酶抑制剂	25U
M-MLV（H-）反转录酶	200U
H₂O 调至总体积	25μL

② 用手指轻弹管壁，吸取 5μL 至另一 eppendorf 管，加入 2~5μCI [α-^{32}P] dCTP（>400Ci/mmol），用第一链同位素掺入放射性活性测定。

③ 37℃（随机引物）或 42℃（其他引物）温浴 1h。

④ 取出置于冰上。

⑤ 掺入测定的 eppendorf 管加入 95μL 50mM EDTA 终止反应，并使总体积为 100μL。可取 90μL 进行电泳分析（先用苯酚抽提），另 10μL 进

行同位素掺入放射性活性测定。第一链合成 eppendorf 管可直接用于第二链合成。

注：以上 25μL 反应总体积中所用 RNA 量为 1μg，如合成 5μg RNA，则可按比例扩大反应体积，例 5μg RNA 使用 125μL 总体积进行合成。

2. 第二链合成

① 取第一链反应液 20μL，再依次加入：

10× 第二链缓冲液	20μL
DNA 聚合酶 I	23U
RNase H	0.8U
H₂O 加至终体积为	100μL

② 轻轻混匀，如需进行第二链同位素掺入放射性活性测定，可取出 10μL 至另一 eppendorf 管，加入 2~5μCI[α–³²P] dCTP。

③ 14℃ 温浴 2h（如需合成长于 3kb 的 cDNA，则需延长至 3~4h）。

④ 掺入测定 eppendorf 管中加入 90μL 50mM EDTA，取 10μL 进行同位素掺入放射性测定，余下的可进行电泳分析。

⑤ cDNA 第二链合成离心管反应液 70℃ 处理 10min，低速离心后置冰上。

⑥ 加入 2U T4 DNA 聚合酶，37℃ 温浴 10min。

⑦ 加入 10μL 200mmol/L EDTA 终止反应。

⑧ 用等体积酚∶氯仿抽提 cDNA 反应液，离心 2min。

⑨ 水相移至另一 eppendorf 管，加入 0.5 倍体积的 7.5M 醋酸铵（或 0.1 倍体积的 1.5M 醋酸钠，pH 为 5.2），混匀后再加入 2.5 倍体积的冰冷乙醇（–20℃），–20℃ 放置 30min 后离心 5min。

⑩ 小心丢去上清液，加入 0.5mL 冰冷的 70% 乙醇，离心 2min。

⑪ 小心移去上清液，干燥沉淀。

⑫ 沉淀溶于 10~20μL TE 缓冲液。

3. 同位素掺入放射性活性测定、计算和电泳分析

（1）试剂：1mg/mL 鲑鱼精 DNA，三氯乙酸（TCA，5% 和 7%），碱

性琼脂糖胶，碱性胶电泳缓冲液（30mM NaOH，1mM EDTA），2×样品缓冲液（20mM NaOH，20%甘油，0.025%溴酚蓝）。

（2）操作步骤

① 取两倍合成反应液各3μL，点于玻璃纤维滤纸，室温干燥，这些样品代表总放射性活性。

② 同样各取3μL反应液至含有100μL(1mg/mL)鲑鱼精DNA中，混匀，加入0.5mL 5% TCA，涡旋混合仪混合后置冰上5~30min。

③ 用玻璃纤维滤纸过滤，用冰冷的5% TCA洗三次，每次用5mL TCA，再用5mL丙酮或乙醇漂洗，这些样品代表掺入放射性活性。

④ 分别测定总放射性活性强度和掺入放射性活性强度，可用盖革计算器，也可用液闪计数。

（3）第一链产量测定

第一链掺入率（%）＝掺入 cpm/ 总 cpm × 100%

掺入 dNTP(nmol)=2nmol dNTP/μL × 反应体积(μL)×（第一链掺入率）

设 330 为每 mol dNTP 的平均分子量

合成 cDNA 量（ng）＝掺入 dNTP（nmol）× 330ng/nmol

mRNA 向 cDNA 转变率＝合成 cDNA 量（ng）/ 模板 RNA 量（ng）× 100%

例：总放射性活性强度为 254,000cpm，掺入放射性活性强度为 3040cpm，所用 RNA 模板量为 1μg，反应体积为 25μL，则：

掺入率＝ 3040/254000 × 100%=1.2

掺入 dNTP 量 =2nmoldNTP/μL × 25 × 1.2%=0.6nmol

合成 cDNA 量 =0.6nmoldNTP × 330ng/nmol=198ng

mRNA 向 cDNA 转变率 =198nm/1000ng × 100%=19.8%

由于 1000ng RNA 中 20%（5μL/25μL）用于掺入测定，而反应体积占总体积 80%，因而实际第一链 cDNA 合成量为 0.8 × 198ng=158ng。

（4）第二链产量计算

除需去除第一链掺入 dNTP 外，方法同第一链产量计算。

第二链掺入率 = 掺入放射性活性 / 总放射性活性

掺入 dNTP 量（nmol）=[0.4nmol dNTP/μL × 反应体积（μL）—第一链掺入 nmol] × 第二链掺入率

第二链 cDNA 合成量（ng）=nmol dNTP × 330ng/nmol

双链 cDNA 转变率 = 双链 cDNA 合成量（ng）/ 单链 cDNA 合成量（ng）

例：第二链掺入放射性活性强度为 2780cpm，总放射性活性强度为 235,000cpm。

第二链掺入率 =2780/235000 × 100%=1.18%

第二链合成 dNTP 量 =[（0.4nmol/μL × 100μL）— 0.48nmol] × 1.18% =0.47nmol

合成第二链 cDNA 量（ng）=0.47nmol × 330ng/nmol =155ng

双链 cDNA 转变率 =155ng/158ng × 100%=98%

一般 cDNA 第一链转变率和双链转变率以 12%~50% 和 50%~200% 为好。

4. 电泳分析

通常合成的 cDNA 第一链和第二链长度为 350~6000bp，需进行 1.4% 碱性琼脂糖电泳。将第一链和第二链掺入测定管中的反应液先用酚抽提，乙醇沉淀，方法见第二链合成中的第 9~12 步，一般第一链和第二链上样量相同。

（1）标准分子量 DNA 参照物的同位素标记

① 通常使用 λ DNA/Hind III 片段，用 Klenow DNA 聚合酶进行 ^{32}P 标记

10 × Hind III 缓冲液	2.5μL
dATP	0.2mmol/L
dGTP	0.2mmol/L
[α –^{32}P]dCTP（400CI/mmol）	2μCI
λ DNA/Hind III 标准 DNA	1μg
Klenow DNA 聚合酶	1U
加 H$_2$O 到总体积	25μL

② 室温放置 10min，加 $2.5\mu L$ 200mM EDTA 终止反应，加入 $2\times$ 样品缓冲液，贮存于 -20℃。

（2）电泳检测

① 用 50mM NaCl、1mM EDTA 制备 1.4% 的碱性琼脂糖电泳，并置碱性电泳缓冲液中 30min。

② 取样品液，用 TE 调整体积，使第一链和第二链产率测定液的体积相同，加入等体积的 $2\times$ 样品缓冲液（20mmol/L NaOH，20% 甘油，0.025% 溴粉蓝）。

③ 加样，电泳到染料距前沿线只剩胶长度的 1/3 处，电泳缓冲液为 30mmol/L NaOH，1mmol/L EDTA。

④ 将胶浸入 7% TCA 中，室温放置 30min（直至染料由蓝色变至黄色），取出置滤纸上，干燥数小时。

⑤ 用保鲜膜包裹干燥的胶，室温压 X 光片（用增感屏时 -70℃压片）。

第二节　PCR 技术

PCR 是聚合酶链式反应的简称，指在引物指导下由酶催化的对特定模板（克隆或基因组 DNA）的扩增反应，是模拟体内 DNA 复制过程，在体外特异性扩增 DNA 片段的一种技术，在分子生物学中有广泛的应用，包括用于 DNA 作图、DNA 测序、分子系统遗传学等。

一、PCR 扩增反应的基本原理

（一）PCR 的基本构成

PCR 基本原理是以单链 DNA 为模板，4 种 dNTP 为底物，在模板 3′末端有引物存在的情况下，用酶进行互补链的延伸，多次反复的循环能使微量的模板 DNA 得到极大程度的扩增。在微量离心管中，加入与待扩增的 DNA 片段两端已知序列分别互补的两个引物、适量的缓冲液、微量的 DNA 模板、四种 dNTP 溶液、耐热 Taq DNA 聚合酶、Mg^{2+} 等。反应时先将上述溶液加热，使模板 DNA 在高温下变性，双链解开为单链状态；然后降低溶液温度，使合成引物在低温下与其靶序列配对，形成部分双链，称为退火；再将温度升至合适温度，在 Taq DNA 聚合酶的催化下，以 dNTP 为原料，引物沿 5′ → 3′ 方向延伸，形成新的 DNA 片段，该片段又可作为下一轮反应的模板，如此重复改变温度，由高温变性、低温复性和适温延伸组成一个周期，反复循环，使目的基因得以迅速扩增。因此 PCR 循环过程为三部分构成：模板变性、引物退火、热稳定 DNA 聚合酶在适当温度下催化 DNA 链延伸合成（图 2-1）。

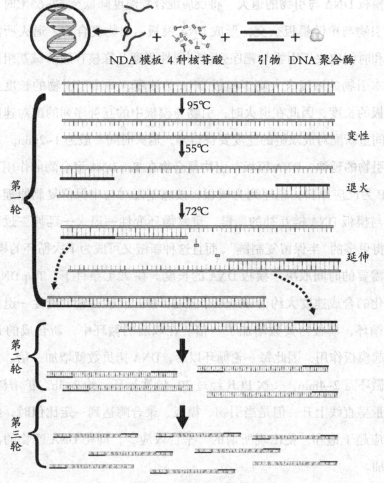

图 2-1　PCR 的反应历程

1. 模板 DNA 的变性 模板 DNA 加热到 90~95℃时，双螺旋结构的氢键断裂，双链解开成为单链，称为 DNA 的变性，以便它与引物结合，为下轮反应作准备。变性温度与 DNA 中 G–C 含量有关，G–C 间由三个氢键连接，而 A–T 间只有两个氢键相连，所以 G–C 含量较高的模板，其解链温度相对要高些。故 PCR 中 DNA 变性需要的温度和时间与模板 DNA 的二级结构的复杂性、G–C 含量高低等均有关。对于高 G–C 含量的模板 DNA 在实验中需添加一定量二甲基亚砜（DMSO），并且在 PCR 循环中起始阶段热变性温度可以采用 97℃，时间适当延长，即所谓的热启动。

2. 模板 DNA 与引物的退火 将反应混合物温度降低至 37~65℃时，寡核苷酸引物与单链模板杂交，形成 DNA 模板 – 引物复合物。退火所需要的温度和时间取决于引物与靶序列的同源性程度及寡核苷酸的碱基组成。一般要求引物的浓度大大高于模板 DNA 的浓度，并由于引物的长度显著短于模板的长度，因此在退火时，引物与模板中的互补序列的配对速度比模板之间重新配对成双链的速度要快得多，退火时间一般为 1~2min。

3. 引物的延伸 DNA 模板 – 引物复合物在 Taq DNA 聚合酶的作用下，以 dNTP 为反应原料，靶序列为模板，按碱基配对与半保留复制原理，合成一条与模板 DNA 链互补的新链。重复循环变性—退火—延伸三过程，就可获得更多的"半保留复制链"，而且这种新链又可成为下次循环的模板。延伸所需要的时间取决于模板 DNA 的长度。在 72℃条件下，Taq DNA 聚合酶催化的合成速度大约为 40~60 个碱基 / 秒。经过一轮"变性—退火—延伸"循环，模板拷贝数增加了一倍。在以后的循环中，新合成的 DNA 都可以起模板作用，因此每一轮循环以后，DNA 拷贝数就增加一倍。每完成一个循环需 2~4min，一次 PCR 经过 30~40 次循环，约 2~3h。扩增初期，扩增的量呈直线上升，但是当引物、模板、聚合酶达到一定比值时，酶的催化反应趋于饱和，便出现所谓的"平台效应"，即靶 DNA 产物的浓度不再增加。

PCR 的三个反应步骤反复进行，使 DNA 扩增量呈指数上升。反应最终的 DNA 扩增量可用 $Y = (1 + X)n$ 计算。Y 代表 DNA 片段扩增后的拷贝数，X 表示平均每次的扩增效率，n 代表循环次数。平均扩增效率的理论值为 100%，但在实际反应中平均效率达不到理论值。反应初期，靶序列 DNA 片段的增加呈指数形式，随着 PCR 产物的逐渐积累，被扩增的 DNA 片段不再呈指数增加，而进入线性增长期或静止期，即出现"停滞效应"，这种效应称平台期。大多数情况下，平台期的到来是不可避免的。

PCR 扩增产物可分为长产物片段和短产物片段两部分。短产物片段的长度严格地限定在两个引物链 5′ 端之间，是需要扩增的特定片段。短产物片段和长产物片段是由于引物所结合的模板不一样而形成的，以一个原始模板为例，在第一个反应周期中，以两条互补的 DNA 为模板，引物是从 3′ 端开始延伸，其 5′ 端是固定的，3′ 端则没有固定的止点，长短不一，这就是"长产物片段"。进入第二周期后，引物除与原始模板结合外，还要同新合成的链（即"长产物片段"）结合。引物在与新链结合时，由于新链模板的 5′ 端序列是固定的，这就等于这次延伸的片段 3′ 端被固定了止点，保证了新片段的起点和止点都限定于引物扩增序列以内、形成长短一致的"短产物片段"。不难看出"短产物片段"是按指数倍数增加，而"长产物片段"则以算术倍数增加，几乎可以忽略不计，这使得 PCR 的反应产物不需要再纯化，就能保证足够纯的 DNA 片段供分析与检测用。

（二）PCR 反应的五个元素

参与 PCR 反应的物质主要为五种：引物、酶、dNTP、模板和 Mg^{2+}。

1. 引物　引物是 PCR 特异性反应的关键，PCR 产物的特异性取决于引物与模板 DNA 互补的程度。理论上，只要知道任何一段模板 DNA 序列，就能按其设计互补的寡核苷酸链做引物，利用 PCR 就可将模板 DNA 在体外大量扩增。引物设计有3条基本原则：首先引物与模板的序列要紧密互补，其次引物与引物之间避免形成稳定的二聚体或发夹结构，再次引物不能在模板的非目的位点引发 DNA 聚合反应（即错配）。

引物的选择将决定 PCR 产物的大小、位置以及扩增区域的 Tm 值这个和扩增物产量有关的重要物理参数。好的引物设计可以避免背景和非特异产物的产生，甚至在 RNA–PCR 中也能识别 cDNA 或基因组模板。引物设计也极大地影响扩增产量：若使用设计粗糙的引物，产物将很少甚至没有；而使用正确设计的引物得到的产物量可接近于反应指数期的产量理论值。当然，即使有了好的引物，依然需要进行反应条件的优化，比如调整 Mg^{2+} 浓度，使用特殊的共溶剂如二甲基亚砜、甲酰胺和甘油。对引物的设计不可能有一种包罗万象的规则确保 PCR 的成功，但遵循某些原则，则有助于引物的设计。

（1）引物长度：PCR 特异性一般通过引物长度和退火温度来控制。引物的长度一般为 15–30bp，常用的是 18~27bp，但不应大于 38bp。引物过短时会造成 Tm 值过低，在酶反应的最适温度时不能与模板很好地配对；引物过长时又会造成 Tm 值过高，超过酶反应的最适温度，还会导致其延伸温度大于 74℃，不适于 Taq DNA 聚合酶进行反应，而且合成长引物还会大大增加合成费用。

（2）引物碱基构成：引物的 G+C 含量以 40~60% 为宜，过高或过低都不利于引发反应，上下游引物的 G—C 含量不能相差太大。其 Tm 值是寡核苷酸的解链温度，即在一定盐浓度条件下，50% 寡核苷酸双链解链的温度，有效启动温度，一般高于 Tm 值 5~10℃。若按公式 Tm=4(G+C)+2(A+T) 估计引物的 Tm 值，则有效引物的 Tm 为 55~80℃，其 Tm 值最好接近 72℃ 以使复性条件最佳。引物中四种碱基的分布最好是随机的，不要有聚嘌呤或聚嘧啶的存在。尤其 3′ 端不应超过 3 个连续的 G 或 C，因这样会使引物在 G+C 富集序列区错误引发。

（3）引物二级结构：引物二级结构包括引物自身二聚体、发卡结构、引物间二聚体等。这些因素会影响引物和模板的结合从而影响引物效率。对于引物的 3′ 末端形成的二聚体，应控制其 ΔG 大于 –5.0 kcaL/mol 或少于三个连续的碱基互补，因为此种情形的引物二聚体有进一步形成更稳定结构的可能性，引物中间或 5′ 端的要求可适当放宽。引物自身形成的发卡结构，也以 3′ 端或近 3′ 端对引物—模板结合影响更大；影响发卡结构的稳定性的因素除了碱基互补配对的键能之外，与茎环结构形式亦有很大的关系。应尽量避免 3′ 末端有发卡结构的引物。

（4）引物 3′ 端序列：引物 3′ 末端和模板的碱基完全配对对于获得好的结果是非常重要的，而引物 3′ 末端最后 5 到 6 个核苷酸的错配应尽可能少。如果 3′ 末端的错配过多，通过降低反应的退火温度来补偿这种错配不会有什么效果，反应几乎注定要失败。

引物 3′ 末端的另一个问题是防止一对引物内的同源性。应特别注意引物不能互补，尤其是在 3′ 末端。引物间的互补将导致不想要的引物双链体出现，这样获得的 PCR 产物其实是引物自身的扩增。这将会在引物双链体产物和天然模板之间产生竞争 PCR 状态，从而影响扩增成功。

引物 3′ 末端的稳定性由引物 3′ 末端的碱基组成决定，一般考虑末端 5 个碱基的 ΔG。ΔG 值是指 DNA 双链形成所需的自由能，该值反映了双链结构内部碱基对的相对稳定性，此值的大小对扩增有较大的影响。应当选用 3′ 端 ΔG 值较低（绝对值不超过 9），负值大，则 3′ 末端稳定性高，扩增效率更高。引物的 3′ 端的 ΔG 值过高，容易在错配位点形成双链结构并引发 DNA 聚合反应。

需要注意的是，如扩增编码区域，引物 3′ 端不要终止于密码子的第 3 位，因密码子的第 3 位易发生简并，会影响扩增特异性与效率。另外末位碱基为 A 的错配效率明显高于其他 3 个碱基，因此应当避免在引物的 3′ 端使用碱基 A。

（5）引物的 5′ 端序列：引物的 5′ 端限定着 PCR 产物的长度，它对扩增特异性影响不大。因此，可以被修饰而不影响扩增的特异性。引物 5′ 端修饰包括：加酶切位点；标记生物素、荧光、地高辛、Eu^{3+} 等；引入蛋白质结合 DNA 序列；引入突变位点、插入与缺失突变序列和引入—启动子序列等。对于引入一至两个酶切位点，应在后续方案设计完毕后确定，便于后期的克隆实验，特别是在用于表达研究的目的基因的克隆工作中。

（6）引物的特异性：引物与非特异扩增序列的同源性不要超过 70% 或有连续 8 个互补碱基同源，特别是与待扩增的模板 DNA 之间要没有明显的相似序列。

2. 酶及其浓度　Taq DNA 多聚酶是耐热 DNA 聚合酶，是从水生栖热菌（Thermus aquaticus）中分离的。Taq DNA 聚合酶是一个单亚基，分子量为 94 000 Da。具有 $5' \rightarrow 3'$ 的聚合酶活力，$5' \rightarrow 3'$ 的外切核酸酶活力，无 $3' \rightarrow 5'$ 的外切核酸酶活力，会在 $3'$ 末端不依赖模板加入 1 个脱氧核苷酸（通常为 A，故 PCR 产物克隆中有与之匹配的 T 载体），在体外实验中，Taq DNA 聚合酶的出错率为 $10^{-5} \sim 10^{-4}$。此酶的发现使 PCR 广泛地被应用。

此酶具有以下特点：①耐高温，在 70℃ 下反应 2h 后其残留活性在 90% 以上，在 93℃ 下反应 2h 后其残留活性仍能保持 60%，而在 95℃ 下反应 2h 后为原来的 40%；②在热变性时不会被钝化，故不必在扩增反应的每轮循环完成后再加新酶；③一般扩增的 PCR 产物长度可达 2kb，且特异性也较高。

PCR 的广泛应用得益于此酶，目前各试剂公司中开发了多种类型的 Taq 酶，有用于长片段扩增的酶，扩增长度极端可达 40kb；有在常温条件下即可应用的常温 PCR 聚合酶；还有针对不同实验对象的酶等。

一典型的 PCR 反应约需的酶量为 2.5U（总反应体积为 50 L 时），浓度过高可引起非特异性扩增，浓度过低则合成产物量减少。

3. dNTP 的质量与浓度　dNTP 的质量与浓度和 PCR 扩增效率有密切关系，dNTP 粉呈颗粒状，如保存不当易变性失去生物学活性。dNTP 溶液呈酸性，使用时应配成高浓度，以 1M NaOH 或 1M Tris·HCl 的缓冲液将其 pH 调节到 7.0~7.5，少量分装，-20℃ 冰冻保存。多次冻融会使 dNTP 降解。在 PCR 反应中，dNTP 应为 50~200mol/L，尤其是注意 4 种 dNTP 的浓度要相等（等摩尔配制），如其中任何一种浓度不同于其他几种时（偏高或偏低），就会引起错配。浓度过低又会降低 PCR 产物的产量。dNTP 能与 Mg^{2+} 结合，使游离的 Mg^{2+} 浓度降低。

4. 模板（靶基因）核酸 模板核酸的量与纯化程度，是 PCR 成败的关键环节之一，传统的 DNA 纯化方法通常采用 SDS 和蛋白酶 K 来消化处理标本。SDS 的主要功能是：溶解细胞膜上的脂类与蛋白质，因而溶解膜蛋白而破坏细胞膜，并解离细胞中的核蛋白，SDS 还能与蛋白质结合而沉淀；蛋白酶 K 能水解消化蛋白质，特别是与 DNA 结合的组蛋白，再用有机溶剂（酚与氯仿）抽提除去蛋白质和其他细胞组分，用乙醇或异丙醇沉淀核酸，该核酸即可作为模板用于 PCR 反应。一般临床检测标本，可采用快速简便的方法溶解细胞，裂解病原体，消化除去染色体的蛋白质使靶基因游离，直接用于 PCR 扩增。

模板 DNA 投入量对于细菌基因组 DNA 一般在 1~10ng/L，实验中模板浓度常常需要优化，一般可选择几个浓度梯度（浓度差以 10 倍为一个梯度）。在 PCR 反应中，过高的模板投入量往往会导致 PCR 实验失败。

5. Mg^{2+} 浓度 Mg^{2+} 对 PCR 扩增的特异性和产量有显著的影响，在一般的 PCR 反应中，各种 dNTP 浓度为 200mol/L 时，Mg^{2+} 浓度为 1.5~2.0mmol/L 为宜。Mg^{2+} 浓度过高，反应特异性降低，出现非特异扩增，浓度过低会降低 Taq DNA 聚合酶的活性，使反应产物减少。一般厂商提供的 Taq DNA 聚合酶均有相应的缓冲液，而 Mg^{2+} 也已添加，如果特殊实验应采用无 Mg^{2+} 的缓冲液，在 PCR 反应体系中添加一定量的 Mg^{2+}。

（三）PCR 反应特点

1. 强特异性 PCR 反应的特异性决定因素为：①引物与模板 DNA 特异性的结合；②碱基配对原则；③ Taq DNA 聚合酶合成反应的忠实性；④靶基因的特异性与保守性。

其中引物与模板的正确结合是关键，引物与模板的结合及引物链的延伸是遵循碱基配对原则的。聚合酶合成反应的忠实性及 Taq DNA 聚合酶耐高温性，使反应中模板与引物的结合（复性）可以在较高的温度下进行，结合的特异性大大增加，被扩增的靶基因片段也就能保持很高的正确度。再通过选择特异性和保守性高的靶基因区，其特异性程度就更高。

2. 高灵敏度 PCR 产物的生成量是以指数方式增加的，能将皮克（pg=10^{-12}g）量级的起始待测模板扩增到微克（g= 10^{-6}g）水平。能从 100 万个细胞中检出一个靶细胞；在病毒的检测中，PCR 的灵敏度可达 3 个 RFU（空斑形成单位）；在细菌学中最小检出率为 3 个细菌。

3. 快速简便 PCR 反应用耐高温的 Taq DNA 聚合酶，一次性地将反应液加好后，即在 PCR 仪上进行变性—退火—延伸反应，反应一般在 2~4h 完成。扩增产物常用电泳分析，操作简单易推广，如采用特殊 PCR 仪（荧光实时定量 PCR 仪）则可全程监测 PCR 反应的结果，故耗时将更短。

4. 低纯度模板 不需要分离病毒或细菌及培养细胞，DNA 粗制品及总 RNA 等均可作为扩增模板。可直接用临床标本如血液、体腔液、洗漱液、毛发、细胞、活组织等粗制的 DNA 扩增检测。

二、PCR 扩增反应的实施

（一）PCR 反应的条件

PCR 反应条件为温度、时间和循环次数。

1. 温度与时间的设置 基于 PCR 原理三步骤而设置变性—退火—延伸三个温度点。在标准反应中采用三温度点法，双链 DNA 在 90~95℃变性，再迅速冷却至 40~60℃，引物退火并结合到靶序列上，然后快速升温至 70~75℃，在 Taq DNA 聚合酶的作用下，使引物链沿模板延伸。对于较短靶基因（长度为 100~300bp 时）可采用二温度点法，除变性温度外，退火与延伸温度可合二为一，一般采用 94℃变性，65℃左右退火与延伸（此温度 Taq DNA 酶仍有较高的催化活性）。

（1）变性温度与时间：变性温度低，解链不完全是导致 PCR 失败的最主要原因。一般情况下，93℃~94℃ Lmin 足以使模板 DNA 变性，若低于 93℃则需延长时间，但温度不能过高，因为高温环境对酶的活性有影响。此步若不能使靶基因模板或 PCR 产物完全变性，就会导致 PCR 失败。

（2）退火（复性）温度与时间：退火温度是影响 PCR 特异性的较重要因素。变性后温度快速冷却至 40℃~60℃，可使引物和模板发生结合。由于模板 DNA 比引物复杂得多，引物和模板之间的碰撞结合机会远远高于模板互补链之间的碰撞。退火温度与时间，取决于引物的长度、碱基组成及其浓度，还有靶基序列的长度。对于 20 个核苷酸，G+C 含量约 50% 的引物，55℃为选择最适退火温度的起点较为理想。引物的复性温度可通过以下公式帮助选择合适的温度：

Tm 值（解链温度）= 4（G+C）+ 2（A+T）

复性温度 = Tm 值 −（5~10℃）

在 Tm 值允许范围内，选择较高的复性温度可大大减少引物和模板间的非特异性结合，提高 PCR 反应的特异性。复性时间一般为 30~60sec，足以使引物与模板之间完全结合。

（3）延伸温度与时间：Taq DNA 聚合酶的生物学活性：70~80℃，150 核苷酸 /S/ 酶分子；70℃，60 核苷酸 /S/ 酶分子；55℃，24 核苷酸 /S/ 酶分子；高于 90℃时，DNA 合成几乎不能进行。

PCR 反应的延伸温度一般选择在 70~75℃之间，常用温度为 72℃，过高的延伸温度不利于引物和模板结合。PCR 延伸反应的时间，可根据待扩增片段的长度而定，一般 1kb 以内的 DNA 片段，延伸时间 1 min 是足够的。3~4kb 的靶序列需 3~4min；扩增 10kb 需延伸至 15min。延伸时间过长会导致非特异性扩增带的出现。对低浓度模板的扩增，延伸时间要稍长些。

2. 循环次数 循环次数决定 PCR 扩增程度。PCR 循环次数主要取决于模板 DNA 的浓度，一般的循环次数选在 30~40 次之间，循环次数越多，非特异性产物的量亦随之增多。

（二）PCR 扩增产物分析

PCR 产物是否为特异性扩增，其结果是否准确可靠，必须对其进行严格的分析与鉴定，才能得出正确的结论。PCR 产物的分析，可依据研究对象和目的不同而采用不同的分析方法。

1. **凝胶电泳分析** PCR 产物电泳，EB 溴乙锭染色紫外仪下观察，初步判断产物的特异性。PCR 产物片段的大小应与预计的一致，特别是多重 PCR，应用多对引物，其产物片断都应符合预计的大小，这是起码条件。

（1）琼脂糖凝胶电泳：通常应用 1%~2% 的琼脂糖凝胶，供检测用。

（2）聚丙烯酰胺凝胶电泳：6%~10% 聚丙烯酰胺凝胶电泳分离效果比琼脂糖好，条带比较集中，可用于科研及检测分析。

2. **酶切分析** 根据 PCR 产物中限制性内切酶的位点，用相应的酶切、电泳分离后，获得符合理论的片段，此法既能进行产物的鉴定，又能对靶基因分型，还能进行变异性研究。

3. **分子杂交** 分子杂交是检测 PCR 产物特异性的有力证据，也是检测 PCR 产物碱基突变的有效方法。

4. **Southern 印迹杂交** 在两引物之间另合成一条寡核苷酸链（内部寡核苷酸）标记后做探针，与 PCR 产物杂交。此法既可作特异性鉴定，又可以提高检测 PCR 产物的灵敏度，还可知其分子量及条带形状，主要用于科研。

5. **斑点杂交** 将 PCR 产物点在硝酸纤维素膜或尼龙薄膜上，再用内部寡核苷酸探针杂交，观察有无着色斑点，主要用于 PCR 产物特异性鉴定及变异分析。

6. **核酸序列分析** 是检测 PCR 产物特异性的最可靠方法。

（三）PCR 结果异常分析

PCR 产物的电泳检测时间一般为 48h 以内，有些最好于当日电泳检测，大于 48h 后带型不规则甚至消失。

1. **假阴性，不出现扩增条带** PCR 反应的关键环节有：①模板核酸的制备；②引物的质量与特异性；③酶的质量及活性；④PCR 循环条件。寻找原因亦应针对上述环节进行分析研究。

（1）模板：①模板中含有杂蛋白质；②模板中含有 Taq 酶抑制剂；③模板中蛋白质没有消化除净，特别是染色体中的组蛋白；④在提取制备模板时丢失过多，或吸入酚；⑤模板核酸变性不彻底。在酶和引物质量好时，不出现扩增带，极有可能是标本的消化处理，模板核酸提取过程出了毛病，因而要配制有效而稳定的消化处理液，其程序亦应固定不宜随意更改。

（2）酶失活：需更换新酶，或新旧两种酶同时使用，以分析是否因酶的活性丧失或不够而导致假阴性。需注意的是有时忘加 Taq 酶或溴乙锭。

（3）引物：引物质量、引物的浓度、两条引物的浓度是否对称，是 PCR 失败或扩增条带不理想、容易弥散的常见原因。有些批号的引物合成质量有问题，两条引物一条浓度高，一条浓度低，造成低效率的不对称扩增，对策为：

① 选定一个好的引物合成单位。

② 引物的浓度不仅要看 OD 值，更要注重引物原液做琼脂糖凝胶电泳，一定要有引物条带出现，而且两引物带的亮度应大体一致，如一条引物有条带，一条引物无条带，此时做 PCR 有可能失败，应和引物合成单位协商解决。如一条引物亮度高，一条亮度低，在稀释引物时要平衡其浓度。

③ 引物应高浓度少量分装保存，防止多次冻融或长期放冰箱冷藏部分，导致引物变质降解失效。

④ 引物设计不合理，如引物长度不够，引物之间形成二聚体等。

（4）Mg^{2+} 浓度：Mg^{2+} 离子浓度对 PCR 扩增效率影响很大，浓度过高可降低 PCR 扩增的特异性，浓度过低则影响 PCR 扩增产量甚至使 PCR 扩增失败而不出扩增条带。

（5）反应体积的改变：通常进行 PCR 扩增采用的体积为 20L、30L、50L 或 100L，用多大体积进行 PCR 扩增，根据科研和临床检测不同目的而设定，在做小体积如 20L 后，再做大体积时，一定要摸索条件，否则容易失败。

（6）物理原因：变性对 PCR 扩增来说相当重要，如变性温度低，变性时间短，极有可能出现假阴性；退火温度过低，可致非特异性扩增而降低特异性扩增效率，退火温度过高影响引物与模板的结合而降低 PCR 扩增效率。有时还有必要用标准的温度计，检测一下扩增仪或水溶锅内的变性、退火和延伸温度，这也是 PCR 失败的原因之一。

（7）靶序列变异：如靶序列发生突变或缺失，影响引物与模板特异性结合，或因靶序列某段缺失使引物与模板失去互补序列，其PCR扩增是不会成功的。

2. 假阳性 出现的PCR扩增条带与目的靶序列条带一致，有时其条带更整齐，亮度更高。可能的原因是：

（1）引物设计不合适：选择的扩增序列与非目的扩增序列有同源性，因而在进行PCR扩增时，扩增出的PCR产物为非目的性的序列。靶序列太短或引物太短，容易出现假阳性。需重新设计引物。

（2）靶序列或扩增产物的交叉污染：这种污染有两种原因：一是整个基因组或大片段的交叉污染，导致假阳性。这种假阳性可用以下方法解决：①操作时应小心轻柔，防止将靶序列吸入加样枪内或溅出离心管外。②除酶及不能耐高温的物质外，所有试剂或器材均应高压消毒。所用离心管及样进枪头等均应一次性使用。③必要时，在加标本前，反应管和试剂用紫外线照射，以破坏存在的核酸。二是空气中的小片段核酸污染，这些小片段比靶序列短，但有一定的同源性，可互相拼接，与引物互补后，可扩增出PCR产物，而导致假阳性的产生，可用巢式PCR方法来减轻或消除。

3. 出现非特异性扩增带 PCR扩增后出现的条带与预计的大小不一致，或大或小，或者同时出现特异性扩增带与非特异性扩增带。非特异性条带的出现，其原因：一是引物与靶序列不完全互补或引物聚合形成二聚体。二是Mg^{2+}离子浓度过高、退火温度过低，及PCR循环次数过多。其次是酶的质和量，往往一些来源的酶易出现非特异条带而另一来源的酶则不出现，酶量过多有时也会出现非特异性扩增。其对策有：①必要时重新设计引物；②减少酶量或调换另一来源的酶；③降低引物量，适当增加模板量，减少循环次数；④适当提高退火温度或采用二温度点法（93℃变性，65℃左右退火与延伸）。

4. 出现片状拖带或涂抹带 PCR扩增有时出现涂抹带或片状带或地毯样带。其往往由酶量过多或酶的质量差，dNTP浓度过高，Mg^{2+}浓度过高，退火温度过低，循环次数过多引起。其对策有：①减少酶量，或调换另一来源的酶；②降低 dNTP 的浓度；③适当降低 Mg^{2+} 浓度；④增加模板量，减少循环次数。

第三节 核酸的电泳技术

电泳法，是指带电荷的待测样品（蛋白质、核苷酸等）在惰性支持介质（如纸、醋酸纤维素、琼脂糖凝胶、聚丙烯酰胺凝胶等）中，在电场的作用下，向其对应的电极方向按各自的速度进行泳动，使组分分离成狭窄的区带，用适宜的检测方法记录其电泳区带图谱或计算其百分含量的方法。

一、原理

（一）电泳技术的基本原理和分类

在电场中，推动带电质点运动的力（F）等于质点所带净电荷量（Q）与电场强度（E）的乘积：F=QE。质点的前移同样要受到阻力（F'）的影响，对于一个球形质点，服从 Stoke 定律，即：$F'=6\pi r\eta\nu$。式中 r 为质点半径，η 为介质黏度，ν 为质点移动速度，当质点在电场中作稳定运动时：F=F' 即 $QE=6\pi r\eta\nu$。

可见，球形质点的迁移率，首先取决于自身状态，即与所带电量成正比，与其半径及介质黏度成反比。除了自身状态的因素外，电泳体系中其他因素也影响质点的电泳迁移率。

电泳法可分为自由电泳（无支持体）及区带电泳（有支持体）两大类。前者包括 Tise-leas 式微量电泳、显微电泳、等电聚焦电泳、等速电泳及密度梯度电泳。区带电泳则包括滤纸电泳（常压及高压）、薄层电泳（薄膜及薄板）、凝胶电泳（琼脂、琼脂糖、淀粉胶、聚丙烯酰胺凝胶）等。

自由电泳法的发展并不迅速，因为其电泳仪构造复杂、体积庞大，操作要求严格，价格昂贵等。而区带电泳可用各种类型的物质作支持体，其应用比较广泛。

（二）影响电泳迁移率的因素

1. **电场强度** 电场强度是指单位长度（cm）的电位降，也称电势梯度。如以滤纸作支持物，其两端浸入到电极液中，电极液与滤纸交界面的纸长为 20cm，测得的电位降为 200V，那么电场强度为 200V/20cm ＝ 10V/cm。当电压在 500V 以下，电场强度在 2-10v/cm 时为常压电泳。电压在 500V 以上，电场强度在 20-200V/cm 时为高压电泳。电场强度大，带电质点的迁移率加速，因此省时，但因产生大量热量，应配备冷却装置以维持恒温。

2. **溶液的 pH 值** 溶液的 pH 决定被分离物质的解离程度和质点的带电性质及所带净电荷量。例如蛋白质分子，它是既有酸性基团（–COOH），又有碱性基团（–NH2）的两性电解质，在某一溶液中所带正负电荷相等，即分子的净电荷等于零，此时，蛋白质在电场中不再移动，溶液的这一pH 值为该蛋白质的等电点（isoelctric point，pI）。若溶液 pH 处于等电点酸侧，即 pH ＜ pI，则蛋白质带正电荷，在电场中向负极移动。若溶液 pH 处于等电点碱侧，即 pH ＞ pI，则蛋白质带负电荷，向正极移动。溶液的pH 离 pI 越远，质点所带净电荷越多，电泳迁移率越大。因此在电泳时，应根据样品性质，选择合适的 pH 值缓冲液。

3. **溶液的离子强度** 电泳液中的离子浓度增加时会引起质点迁移率的降低。其原因是带电质点吸引相反电荷的离子聚集其周围，形成一个与运动质点电荷相反的离子氛（ionic atmosphere），离子氛不仅降低质点的带电量，同时增加质点前移的阻力，甚至使其不能泳动。然而离子浓度过低，会降低缓冲液的总浓度及缓冲容量，不易维持溶液的 pH 值，影响质点的带电量，改变泳动速度。离子的这种障碍效应与其浓度和价数相关，可用离子强度 I 表示。

4. **电渗** 在电场作用下液体对于固体支持物的相对移动称为电渗（electro–osmosis）。其产生的原因是固体支持物多孔，且带有可解离的化学基团，因此常吸附溶液中的正离子或负离子，使溶液相对带负电或正电。如以滤纸作支持物时，纸上纤维素吸附 OH⁻ 带负电荷，与纸接触的

水溶液因产生 H_3O^+，带正电荷移向负极，若质点原来在电场中移向负极，结果质点的表现速度比其固有速度要快，若质点原来移向正极，表现速度比其固有速度要慢，可见应尽可能选择低电渗作用的支持物以减少电渗的影响。

（三）琼脂糖凝胶电泳

琼脂糖是一种线性多糖聚合物，系从红色海藻产物琼脂中提取而来的。其结构单元是 D- 半乳糖和 3，6- 脱水 -L- 半乳糖。许多琼脂糖链依氢键及其他力的作用使其互相盘绕形成绳状琼脂糖束，构成大网孔型凝胶。当琼脂糖溶液加热到沸点后冷却凝固便会形成良好的电泳介质，其密度是由琼脂糖的浓度决定的。经过化学修饰的低熔点的琼脂糖，在结构上比较脆弱，因此在较低的温度下便会熔化，可用于 DNA 片段的电泳。

在一定浓度的琼脂糖凝胶介质中，DNA 分子的电泳迁移率与其分子量的常用对数成反比；分子构型也对迁移率有影响，如共价闭环 DNA ＞直线 DNA ＞开环双链 DNA。当凝胶浓度太高时，凝胶孔径变小，环状 DNA（球形）不能进入胶中，相对迁移率为 0，而同等大小的直线 DNA（刚性棒状）可以按长轴方向前移，相对迁移率大于 0。

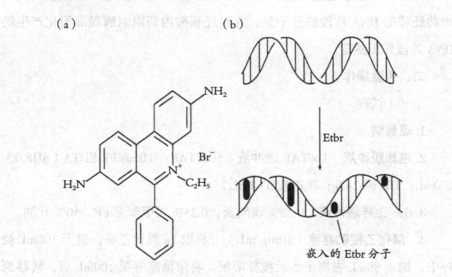

图 2-2 Etbr 分子结构（a）及其对 DNA 的插入机制（b）

在凝胶电泳中，加入溴化乙锭（ethidium bromide，Etbr）染料对核酸分子染色之后，将电泳标本放置在紫外光下观察，便可以十分敏感而方便地检测出凝胶介质中 DNA 的谱带部位，即使每条 DNA 带中仅含有 0.05μg 的微量 DNA，也可以被清晰地显现出来。这是因为溴化乙锭是一种具扁平分子的核酸染料，可以插入到 DNA 或 RNA 分子的碱基之间（图 2-2），并在 300nm 波长的紫外光照射下放射出荧光，所以可用来显现琼脂糖凝胶和聚丙烯酰胺凝胶中的核酸分子。当把含有 DNA 分子的凝胶浸泡在溴化乙锭的溶液中，或是将溴化乙锭直接加到 DNA 的凝胶介质中，此种染料便会在一切可能的部位同 DNA 分子结合，然而却不能同琼脂糖凝胶或聚丙烯酰胺凝胶结合，因此在紫外光的照射下，只有 DNA 分子通过放射荧光而变成可见的谱带。而且在适当的染色条件下，荧光的强度同 DNA 片段的大小（或数量）成正比。在包含有数种 DNA 片段的电泳谱带中，每一条带的荧光强度是随着从最大的 DNA 片段到最小的 DNA 片段的方向逐渐降低的。换言之，在一定程度上，电泳谱带的荧光强度是同 DNA 片段的大小成正比的。这是溴化乙锭凝胶电泳体系的一种重要特性。据此，研究工作者们便能够通过同已知分子量的标准 DNA 片段之间的比较，测定出共迁移的 DNA 片段的分子量，并对经核酸内切限制酶局部消化产生的 DNA 片段作出鉴定。

二、实验操作

（一）试剂

1. 琼脂糖

2. 电泳缓冲液 1×TAE 缓冲液（50×TAE：0.05mol/L EDTA（pH8.0）100mL；Tris 碱 242g；冰乙酸 57.1mL）

3. 6× 上样缓冲液 0.25% 溴酚蓝，0.25% 二甲苯青 FF，30% 甘油。

4. 溴化乙锭贮存液（10mg/mL） 称取 1g 溴化乙锭，置于 100mL 烧杯中，加入 80mL 去离子水后搅拌溶解。将溶液定容至 100mL 后，转移到棕色瓶中，室温保存。

（二）操作步骤

1. 制备1%琼脂糖凝胶（大胶用70mL，小胶用50mL）　称取0.7g（0.5g）琼脂糖置于锥形瓶中，加入70mL（50mL）1×TAE，瓶口倒扣小烧杯。微波炉加热煮沸3次至琼脂糖全部融化，摇匀，即成1%琼脂糖凝胶液。

2. 胶板制备　取电泳槽内的有机玻璃内槽（制胶槽）洗干净、晾干，放入制胶玻璃板。取透明胶带将玻璃板与内槽两端边缘封好，形成模子。将内槽置于水平位置，并在固定位置放好梳子。将冷却到65℃左右的琼脂糖凝胶液混匀小心地倒入内槽玻璃板上，使胶液缓慢展开，直到整个玻璃板表面形成均匀胶层。室温下静置直至凝胶完全凝固，垂直轻拔梳子，取下胶带，将凝胶及内槽放入电泳槽中（图2-3）。添加1×TAE电泳缓冲液至没过胶板为止。

3. 加样　在点样板上混合DNA样品和上样缓冲液，上样缓冲液的最终稀释倍数应不小于1倍。用10μL微量移液器分别将样品加入胶板的样

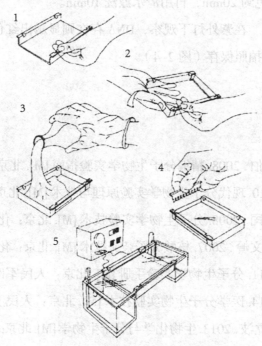

图 2-3　制胶及电泳示意图

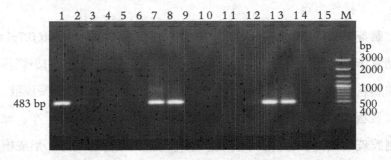

图 2-4 DNA 分子电泳结果图

品小槽内，每加完一个样品，应更换一个加样头，以防污染，加样时勿碰坏样品孔周围的凝胶面。（注意：加样前要先记下加样的顺序）

4. **电泳** 加样后的凝胶板立即通电进行电泳，电压 60~100V，样品由负极（黑色）向正极（红色）方向移动。电压升高，琼脂糖凝胶的有效分离范围降低。当溴酚蓝移动到距离胶板下沿约 1cm 处时，停止电泳。

5. **染色漂洗** 电泳完毕后，取出凝胶，用含有 0.5 μg/mL 的溴化乙锭 1×TAE 溶液染色约 20min，再用清水漂洗 10min。

6. **拍照观察** 在紫外灯下观察，DNA 存在则显示出红色荧光条带，采用凝胶成像系统拍照保存（图 2-4）。

（武瑞兵）

参考文献

［美］奥斯伯 . 2008. 精编分子生物学实验指南 [M]. 北京：科学出版社 .

陈德富 . 2010. 现代分子生物学实验原理与技术 [M]. 北京：科学出版社 .

屈伸，刘志国 . 2008. 分子生物学实验技术 [M]. 北京：化学工业出版社 .

马文丽，郑文岭 . 2007. 核酸分子杂交技术 [M]. 北京：化学工业出版社 .

马文丽 . 2011. 分子生物学实验手册 [M]. 北京：人民军医出版社 .

药立波 . 2014. 医学分子生物实验技术 [M]. 北京：人民卫生出版社 .

查锡良，药立波 . 2013. 生物化学与分子生物学 [M]. 北京：人民卫生出版 .

周俊宜 . 2006. 分子医学技能 [M]. 北京：科学出版社 .

第三章　蛋白质技术

第一节　概述

一、蛋白质的研究历史

蛋白质是由 C、H、O、N 组成的一种复杂有机化合物，人们认识蛋白质的重要性经历了漫长的历史过程。蛋白质的概念是瑞典化学家贝采利乌斯（J.J.Berzeliuz）在 1838 年提出的，当时人们对蛋白质的功能并不了解。1902 年，费歇尔（H.E.Fischer）测定了氨基酸的化学结构，提出了肽键理论。1926 年，萨姆那（J.B.Summer）首次证明了酶的蛋白质属性。胰岛素是最先被测序的蛋白质，是由英国化学家桑格尔（F.Sanger）完成的，他因此获得了 1958 年度的诺贝尔化学奖。1958 年佩鲁兹（M.F.Perutz）和肯德鲁（J.C.Kendrew）利用 X 射线衍射技术分别解析了血红蛋白（hemoglobin，Hb）和肌红蛋白（myoglobin,Mb）的结构，因此他们获得了 1962 年度的诺贝尔化学奖。1961 年，安芬森（Anfinsen）证明了蛋白质的一级结构决定其高级结构。1994 年威廉姆斯（Williams）和威尔金斯（Wilkins）首次提出蛋白质组学（Proteome）这一概念，直至今日，蛋白质组学依然是人们研究的热门领域。

二、蛋白质的理化性质和生物学特性

氨基酸是组成蛋白质的最小单位，相邻氨基酸残基的羧基和氨基通过肽键相连，线性排列组成了蛋白质。蛋白质的氨基酸序列由相应的基因负责编码，除了 20 种"标准"氨基酸外，一些氨基酸残基可以被翻译后修饰，

发生化学结构变化，达到对蛋白质的调控作用。多个蛋白质可以结合在一起形成稳定的蛋白质复合物，发挥其特定的生理功能。

蛋白质和多糖、核酸三类必需的生物大分子，蛋白质在细胞中行使主要功能，它是细胞中含量最丰富的分子。在特定的细胞或细胞类型中表达的所有蛋白质称为该细胞的蛋白质组。蛋白质广泛参与了细胞的生命活动，其在细胞中行使的多种功能几乎涵盖了细胞生命活动的各个方面：酶的催化作用、调控生物体内新陈代谢（胰岛素）、运输和代谢物质（离子泵和血红蛋白），参与免疫、细胞分化、细胞凋亡等过程。除了发挥调控作用、参与细胞信号传导、免疫反应、细胞黏膜和细胞周期调控等，还有许多结构和机械性蛋白质（肌动蛋白、肌球蛋白和细胞骨架中的微管蛋白）参与形成细胞内的支撑网络、维持细胞外形。

第二节　蛋白质的提取和粗分离

早期生物化学的研究，难以提纯大量的蛋白质用于研究。因此，早期研究集中在小部分例如血液、蛋清、各种毒素中的蛋白质、消化性和代谢酶等容易纯化的蛋白质上：20 世纪 50 年代后期，有公司纯化出了 1kg 纯的牛胰腺中的核糖核酸酶 A 提供给科学家使用。

蛋白质组是特定的细胞或细胞类型中表达的所有蛋白质。与基因组学的命名方式相似，研究如此大规模数据的领域称为蛋白质组学。蛋白质组学的研究对蛋白的提取及纯化提出更高的要求。生物体内的蛋白质种类繁多，含量差异很大，有些蛋白质含量极微，所以需要开发出更为高效、快捷、灵敏的提取及纯化蛋白质的方法，以满足蛋白质组学研究对样本蛋白质的要求。

一、材料的预处理

医学分子生物学研究中目的蛋白主要来源于动物和微生物。动物材料主要来源于动物的组织器官。微生物材料就是微生物菌体本身或其发酵液。选择正确的微生物培养条件，便可获得含有大量特定蛋白质的菌体。

蛋白质大体上可以分为天然蛋白质和重组蛋白质。随着基因技术的发展，可以利用不同的表达体系获得大量的重组蛋白质（如胰岛素）。从理论来说，任何一种蛋白质都可以通过体外表达被生产出来。基因克隆技术可以使外源蛋白质在不同的宿主细胞中表达，最常见的表达体系有大肠杆菌和酵母等。在细菌和酵母表达体系中，重组蛋白的含量比天然蛋白的含量要高出许多，所以相比较于天然蛋白质，分离纯化重组蛋白要更为简便和容易。但与从天然组织中分离提取天然蛋白质不同的是对于不同的材料来源，若要从不同的表达体系中分离纯化重组蛋白质，需选择和设计不同的分离纯化方案。

蛋白质提取过程中，除了要保证尽量多地提取出有活性的目的蛋白，同时还要避免目的蛋白失活。不同的溶剂可以提取分离不同的目的蛋白。大部分蛋白质都可溶于水、稀盐、稀酸或稀碱，少数与脂类结合的蛋白质可溶于有机溶剂，如乙醇、丙酮、丁醇等。溶剂在偏离蛋白质等电点 0.5pH 单位以上，蛋白质的溶解度就会增加。缓冲液的体积是蛋白溶液体积的 1~5 倍，为了使蛋白质溶解充分，应该均匀地搅拌。为了避免蛋白质在提取过程中降解，提取过程中温度应控制在一定范围内，可加入蛋白酶抑制剂（如 PMSF、 EDTA、antipain 和 leupeptin 等）。尽可能提高目的蛋白在提取液中的溶解度，如等电点在碱性范围的蛋白质，用稀酸提取；等电点在酸性范围的蛋白质，用稀碱提取。在生理条件下（ pH=7.0，0.15mol/L NaCl ），大多数蛋白质容易被提取出来，所以常用 pH 7.0~7.5，20~50mmol 磷酸盐缓冲液或 pH=7.5，0.1mol/L Tris-HCl（含 0.05~0.15mol/L NaCl）缓冲液。

细胞破碎之前，常常需要对材料进行预处理，如：动物材料要去除与实验无关甚至妨碍蛋白提取的结缔组织、脂肪组织和血污；微生物材料需将菌体和发酵液区分开来。

（一）动物材料的预处理

一些治疗蛋白质例如胰岛素和血液因子都来源于动物组织和器官。提取特定的蛋白质需要获得含此蛋白的特定的组织或器官。理想的材料应含有丰富的目的蛋白质，例如肽酶在肾脏皮质的表达量很高，而这些器官相对较大，可以分离出相当数量的蛋白质。在分离蛋白质时，不仅需要考虑蛋白质含量是否丰富，还要考虑这些组织是否容易获得。小型动物（鼠、家兔等）的组织适合用于研究纯化的少量蛋白，而大型动物的组织更适用于大量制备，适合生产。不同的蛋白质定位和极性决定了不同的蛋白选择不同的组织破碎方法，例如：蛋白质位于胞外或者胞内或者位于亚细胞器中；可能是可溶性的或者是膜结合的。下图 3-1 示玻璃匀浆器。

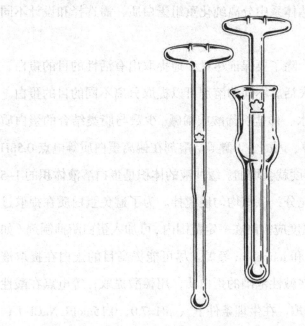

图 3-1　玻璃匀浆器

对于大型器官如猪肾脏或人胎盘，首先要用剪刀或者解剖刀将其切成碎片；对于软组织，可使用玻璃匀浆器。匀浆后，残留的大块组织可通过细纱布过滤或者低速离心除去。匀浆后的细胞内的酶会释放到溶液中，与目的蛋白相接触很可能导致目的蛋白降解。所以要尽量缩短组织破碎时间，以减少不必要的蛋白质水解和变性。存在于细胞表面的蛋白、以可溶形式分泌的蛋白以及糖基化蛋白比较不易被降解。通过缓冲液经过4℃预冷处理和在缓冲液中添加蛋白质抑制剂等操作可进一步控制蛋白质水解。

（二）微生物材料的预处理

蛋白质包括天然蛋白质和重组蛋白质。绝大多数重组蛋白质和许多天然蛋白质都是由微生物产生的。微生物包括细菌（枯草芽胞杆菌和乳酸菌）和真菌（青霉属、曲霉属和酵母等）。分离天然蛋白质首先要进行大量的菌种筛选得到高产菌株，然后通过诱变菌种分离产量更高的正突变菌株。可通过基因操作来提高微生物内源蛋白的产量，例如将相关基因克隆在强启动子下控制表达可以成倍地提高蛋白质的产量。而要获得大量表达的目的重组蛋白质相对来说就简单得多。通过发酵微生物能在相对较短时间内大量增殖。微生物的生长受环境因素影响很大，如培养基的成分、温度，诱导剂和抑制剂的添加等都可能影响蛋白质的含量。微生物蛋白通常比来源于植物或动物的相同的蛋白质更稳定，此外，微生物比动物和植物更易于遗传学操作。因此，微生物可用于分离纯化丰富的、合格的所需蛋白质。

许多重要的蛋白质是由微生物发酵直接分泌到培养基中，这些胞外蛋白产物不需要破坏微生物细胞去释放蛋白质，大大简化了后续的分离纯化步骤。因此，胞外蛋白只需离心或过滤去除菌体，再通过很少的纯化步骤就能获得。而胞内蛋白质则必须经过发酵、收集细胞并破碎等步骤才能得到目的蛋白质。

二、细胞的破碎

不同种类的细胞其细胞的结构也大不相同，原核细胞和真核细胞结构不同。细胞的破碎是指用物理、化学、酶或机械等方法来破坏细胞壁或细胞膜，从而将胞内物质释放到周围环境的过程。破碎法大体上可分为机械法和非机械法两大类，也可根据破碎原理的不同，分为机械方法、物理方法、化学方法和生物化学方法等。实验规模、实验材料和实验要求的不同，所对应的破碎方法和条件也不同。动物细胞只有细胞膜，易于破碎。而微生物细胞有一层坚固的细胞壁，破碎较困难，需要较强烈的方法。尽管细胞壁的主要成分都是多糖、脂质和蛋白质，但是了解不同种类细胞的细胞壁的物理化学结构对有效地破碎细胞非常重要。不同用途和不同类型的细胞壁破碎可使用不同方法进行细胞破碎。一些坚韧的组织如肌肉需较强烈的研磨；比较柔软的组织如肝、脑等，用普通的玻璃匀浆器即可完全地破坏细胞。应根据破碎细胞的目的、回收蛋白质的性质和在细胞中的位置选择合适的方法，也可结合使用多种方法达到破碎目的。

（一）机械法

1. 高压匀浆破碎法

匀浆法是一种最常见的细胞破碎方法，最简易的设备是玻璃匀浆器，匀浆器的研体磨球和玻璃管内壁的间隙保持在十几毫米的距离，将剪碎的组织置于管中，套入研杆来回研磨即可达到细胞破碎效果。此法破碎效率较高,适用于少量组织。如果要破碎大量的组织和细胞，可采用高压匀浆器。高压匀浆法适合各种微生物和动物组织的破碎。细胞浆液在高压下被迫从排出阀的小孔中高速冲出，射向撞击环，突然减压和高速冲击使得细胞受到高的液相剪切力而破碎。可以采用单次通过、多次循环通过或连续操作。大规模的破碎需多个循环处理才能达到理想的效果。此过程会产生热量，细胞悬浮液、活塞和气缸都要进行预冷却。

2. 高速珠磨破碎法

将细胞悬浮液与玻璃小珠、石英砂或氧化铝等研磨剂一起快速搅拌研磨的破碎方法称为高速珠磨破碎法。该方法细胞破碎的强度高，适用于酵母、孢子及微小藻类等难以进行破碎的细胞。大规模的破碎常采用高速珠磨法。在珠磨机中，大量的小玻璃球由于摇摆或搅拌而产生碰撞和摩擦，对细胞产生剪切力和碰撞，从而达到细胞破碎的目的。高速珠磨法常用于对真菌的大规模机械破碎，对于小规模动植物组织细胞的破碎，此方法也经常被采用。

实验室中，可将用于破碎的组织或细胞置于装有玻璃珠的试管中，摇晃试管使玻璃球旋转从而进行细胞的破碎。细胞悬浮液可与 1~5 倍体积的研磨球体混合后高速旋转研磨数分钟。手工摇晃研磨效率低，机械振动频率可达 3000~6000 次 /min，但振动研磨的处理量小（3mL）。温度的调控是至关重要的影响因素，如 250mL 的溶液中，每分钟温度会升高 10℃。处理大量原料必须依靠 CO_2 冷却剂才能将细胞悬浮液维持在合适的温度。

3. 超声波破碎法

超声波破碎法适用于微生物细胞的破碎，超声波振幅为 15~25kHz，料液浓度为 50~100mg/mL。影响细胞破碎效率的因素有振幅、强度、溶液温度、细胞浓度和溶液的表面张力。理论上，超声波破碎的液体温度应保持在冰点附近。而此法在操作中会产生大量的热，所以必须先将细胞悬浮液进行冷却处理，例如将细胞悬浮液置于冰浴上进行破碎。温度的控制不仅保证了蛋白的稳定，同时利于超声波的传播和蔓延。

加人 1.0~1.5mm 的玻璃球，有助于将气泡破裂和物理碰撞释放出的能量聚集起来，提高细胞的破碎率。玻璃球与细胞悬浮液的比例为 1∶2（体积比）左右。比较坚韧的组织（如肌肉、皮肤）需先将其切碎。超声波破碎法操作便捷，重复性好，效率高，适用于少量样品的处理，在实验室应用较普遍。超声波破碎过程中会产生活性自由基，为了防止与蛋白质反应，可加入半胱氨酸、二硫苏糖醇及其他巯基化合物或惰性气体（氮气或氢气），减少自由基的氧化损害。

（二）非机械法

1. 渗透压冲击破碎法

细胞膜强度较差，易受渗透压冲击而破碎，而破坏细胞膜是胞内物质释放的关键步骤。渗透压冲击是一种比较温和的细胞破碎方法，其原理是将细胞置于高渗透压的溶液（如甘油或甘蔗溶液）中，细胞内水分向外溢出，细胞发生收缩，当达到平衡后，将高渗透压溶液稀释或将细胞转入低渗透液中。渗透压使得胞外的水迅速渗入胞内，引起细胞快速膨胀而破裂。

2. 冻融破碎法

细胞冷冻（约 –15℃低温下）后在室温中融化，如此反复多次冻融细胞壁会破裂。一方面冷冻能破坏细胞膜的疏水键结构，从而增加细胞的亲水性，另一方面细胞内的水结晶形成冰晶粒，引起细胞膨胀而破裂。此法适于细胞壁较脆弱的菌体。该方法可进行大规模操作、成本较低，但过程较慢，可能引起细胞内初级代谢产物的降解，不易于酶解的蛋白的分离纯化。植物中可溶蛋白的释放率不是很高，需经多次反复冻融，动物细胞和酵母采用冻融破碎效果较差。

3. 酶解破碎法

酶解破碎是利用能溶解细胞壁的酶处理细胞，使细胞壁受到破坏从而达到破碎的目的。此法与渗透压冲击等方法结合使用，可进一步增大胞内产物的通透性，提高蛋白质的得率。溶菌酶更适用于革兰氏阴性菌细胞壁的溶解，应用于革兰氏阳性菌时，需加入 EDTA。对溶菌酶不敏感的细菌，可以加入少量巯基试剂或 8mol/L 尿素处理，使其对溶菌酶变得敏感而溶解。不同的真核细胞对应有不同的酶，例如纤维素酶、半纤维素酶、酯酶等。酶解破碎法适用多种微生物，作用条件温和，内含物成分不易受到破坏，细胞壁损坏的程度可以控制。除了上述优点，酶解法也存缺点，例如酶解法通用性差，不同菌种需选择不同的酶；易造成产物抑制作用，胞内物质释放率低；成本较高，不适于蛋白质的大规模分离纯化。因此，酶解法有一定的局限性。

4. 化学破碎法

酸、碱、金属螯合剂、表面活性剂和有机溶剂等化学试剂可以改变细胞壁或膜的通透性，使细胞内含物有选择地渗透出来。这些试剂能够导致蛋白质变性，操作过程中试剂与细胞接触时间要尽量短。表面活性剂有天然的和合成的两类，离子型的表面活性剂比非离子型表面活性剂更有效，但也更容易使蛋白质变性，使得后续的纯化过程复杂，难以大规模应用。尿素、离子去污剂等可以破碎细胞和溶解（或使变性）胞内蛋白质。二硫键还原剂与上述物质一起应用时，可以溶解多数种类的蛋白质。化学破碎法多用于破碎细菌，作用比较温和。但是化学破碎法存在用时长、效率低、蛋白质易变性、化学试剂需要用透析等方法除去、某种试剂只能作用于某些特定类型的微生物、通用性较差等缺点。

三、蛋白质的沉淀

蛋白质分子从溶液中析出的现象称为蛋白质沉淀，蛋白质溶液是亲水溶胶，变性后的蛋白质较易于沉淀。电荷和水化膜是稳定蛋白质的因素，除去水化膜和中和蛋白质的电荷可以使蛋白质沉淀。单独破坏蛋白质的水化膜（使用乙醇、硫酸钠等脱水剂）、调整蛋白质的 pH 值到等电点都不能使蛋白质立即沉淀。

蛋白质纯化初期，沉淀法可大幅缩减样品体积，达到浓缩样品的目的，便于后续纯化。此方法还将目的蛋白与其他物质区分开来，目的蛋白的回收率比较高。蛋白质沉淀是常用的分离纯化蛋白质的方法。沉淀法只适用于蛋白质的初步分离纯化，需要通过专门的蛋白质纯化方法进一步提高蛋白质纯度。蛋白质沉淀法具有设备简单、操作方便的优点，在实验室内得到广泛应用。蛋白质沉淀有盐析法、有机溶剂沉淀法、等电点沉淀法、聚乙二醇沉淀法和选择性沉淀法等。

（一）盐析法

盐析法是指在溶液中加入无机盐类使溶质溶解度降低而析出的过程。蛋白质的粗提阶段，常用盐析法来沉淀分离蛋白质。盐析法具有条件温和、操作简便等优点。盐析法通常分为：pH 和温度不变，改变离子强度，此操作常用于早期的粗提液；一定的离子强度，改变 pH 和温度，此操作常用于后期进一步的分离纯化和结晶。盐析法沉淀目的蛋白，可以浓缩和初步分离纯化蛋白质。影响盐析的因素有如下几种：

1. 蛋白质浓度 一般认为 20%~30% 的蛋白质浓度比较有利于盐析沉淀。低浓度蛋白质溶液中共沉淀作用比较弱，而所用的盐量较多；极高浓度的蛋白质溶液中会发生严重的共沉淀作用，因而需要根据具体情况选择适当的溶液浓度。对于分步分离提纯，浓度低一些的蛋白质溶液更利于操作，可以适当多加一些中性盐，使共沉淀作用减至最低。

2. pH 值 蛋白质所带净电荷越多溶解度越大，所带净电荷越少溶解度越小，在等电点时蛋白质溶解度最小。将溶液 pH 值调整到目的蛋白的等电点处可以提高盐析效率。这样不仅提高了蛋白质的收率，而且所消耗的中性盐较少，同时还可以减弱共沉淀作用。但值得注意的是：在水中或稀盐溶液中的蛋白质的等电点与在高盐浓度中是有所不同的，需根据溶液的盐浓度调整溶液 pH 值，以达到最好的盐析效果。

3. 温度 一般情况下，盐析法对温度无特殊要求，可在室温下操作。一些对温度比较敏感的蛋白质要求在 0~4℃进行盐析。在低盐溶液或纯水中，温度增加，蛋白质溶解度也会增加；而在高盐浓度下，蛋白质的溶解度会随着温度上升而下降，但应注意，蛋白质在高温条件下容易降解和变性。所以应结合溶液的盐浓度考虑来选择合适的温度。

4. 离子强度和类型 操作中是从低离子强度到高离子强度顺次进行分离。一种或几种蛋白被盐析出来后，再提高溶液中中性盐的饱和度，可析出另一组分的蛋白质。盐析得到的不同组分的蛋白质可经过过滤或冷冻离心收集得到，进行后续的研究。离子类型对蛋白质溶解度有一定的影响，离子半径小、电荷高的离子对盐析的影响较大；离子半径大而电荷低的离子对盐析影响较弱。高价阴离子的沉淀效果比较好；单价阳离子中，铵离子效果要好于钾离子和钠离子；磷酸盐的效果要好于硫酸盐和醋酸盐。

（二）有机溶剂沉淀法

有机溶剂会降低水的介电常数，增加蛋白质分子之间的静电引力，蛋白质相互聚集沉淀；由于水溶性有机溶剂亲水性强，会抢夺与蛋白质结合的自由水，破坏蛋白质表面的水化层，从而使蛋白质分子间相互作用增大而凝聚沉淀。常用乙醇、甲醇和丙酮等能和水互溶的有机溶剂。有机溶剂沉淀法具有蛋白质只能在一个比较窄的有机溶剂浓度范围内析出，分辨率较高，获得的蛋白不用再经过脱盐、过滤，较为容易等优点。其缺点是蛋白质等生物大分子容易变性失活、低温操作，操作中需要注意安全。通常向溶液中加入等体积的丙酮或 4 倍体积的乙醇，蛋白质就可以沉淀下来，然而加入的丙酮或乙醇等有机溶剂稀释了溶液，所以溶液中的蛋白质浓度要大于 1mg/mL。影响有机溶剂沉淀的因素有如下几种：

1.温度 有机溶剂与水混合会放出大量的热，使溶液温度升高，而蛋白质在高温条件下会变性。另外，有机溶剂对蛋白质的沉淀能力也与温度有关，温度越低沉淀越完全。有机溶剂沉淀蛋白质的操作过程应在低温下进行。

2.蛋白质浓度和 pH 在高浓度的蛋白质溶液中会发生严重的共沉淀作用。不同 pH 值的溶液所需有机溶剂的量也不同。

3.离子强度 蛋白质溶液中盐浓度太大或太低都不利于蛋白质的分离。在一定范围内，盐浓度越低蛋白质沉淀越完全，蛋白质越不易变性。中性盐浓度范围为 0.01~0.05mol/L，实验中常用的中性盐有乙酸钠、乙酸铵、氯化钠等。

4.金属离子 一些多价阳离子如 Zn^{2+} 和 Ca^{2+} 在一定 pH 下能与呈阴离子状态的蛋白质形成更易于在水中或有机溶剂中沉淀的复合物，可以减少溶剂用量。这些金属离子不影响蛋白质的生物活性，操作中可以先加入有机溶剂沉淀去除杂蛋白，再加入金属离子沉淀目的蛋白。

（三）等电点沉淀法

蛋白质在溶液 pH 值等于等电点时，分子表面电荷为零，分子间静电排斥作用减弱，蛋白之间吸引力增大相互聚集引发沉淀。根据不同蛋白质有不同的等电点这一特性，依次改变蛋白质溶液的 pH 值，可分步将不同的蛋白质沉淀析出，从而达到分离纯化的目的。例如胰岛素的蛋白粗提液，先调节 pH 值至 8.0 去除碱性蛋白质，再调节 pH 值至 3.0 去除酸性蛋白质即可达到工业生产的目的。

大多数蛋白质的等电点在偏酸性范围内，例如血清蛋白的等电点 PI 为 4.9，脲酶的等电点 PI 为 5.0。所以该方法具有调节 pH 所需的无机酸价格低、操作比较方便等优点。但是很多蛋白质的等电点比较接近，对低 pH 敏感的目的蛋白，应避免使用此法。此方法常与盐析法、有机溶剂沉淀法等方法连用，提高蛋白质收率，很少单独使用。

（四）非离子多聚物沉淀法

非离子多聚物自上世纪 60 年代得到应用以来，至今已经发展成为分离生物大分子的重要沉淀剂，并逐渐广泛用于酶或核酸的分离纯化。非离子多聚物可以沉淀和分离血纤维蛋白、免疫球蛋白、细菌和病毒。常用的非离子多聚物有聚乙二醇、聚乙烯吡咯烷酮、葡聚糖等。以聚乙二醇的使用为例，一般使用分子量为4000以上的聚乙二醇（PEG），最常用的PEG的分子量有6000和20000。聚乙二醇（PEG）具有无毒、不可燃、操作条件温和，简便、沉淀比较完全并且对蛋白质有一定的保护作用等优点。PEG沉淀蛋白质的机理，到目前为止仍不太清楚，有研究指出PEG分子在溶液中会形成网格状结构，蛋白质分子会与该结构发生空间排斥作用进而凝聚，被沉淀下来。

影响非离子多聚物沉淀的因素有：蛋白质的分子量、浓度、溶液的pH、温度以及PEG的平均分子量等。蛋白质的分子量越大，沉淀蛋白质所需要的PEG浓度越小，蛋白质越易于沉淀；蛋白质浓度不宜太高，小于10mg/mL的蛋白质溶液比较适合；蛋白质溶液的pH值接近蛋白质等电点时易于被沉淀，所需PEG浓度也较低，此法应在较低的温度下操作，一般温度控制在3℃以下，但是操作时需考虑该温度下目的蛋白是否稳定；高分子量的PEG利于蛋白质沉淀，但是PEG的分子量过高也会造成溶液黏度大，不利于操作，常用的PEG浓度为20%左右。

（五）选择性沉淀法

蛋白质受不同物理因素或化学试剂影响稳定性不同，利用这一特性可以有选择地将蛋白沉淀，此法称为选择性沉淀法。影响蛋白质稳定性的因素有温度、pH值、有机溶剂等。改变上述条件使杂蛋白发生变性沉淀，而目的蛋白不形成沉淀，就可达到分离纯化的目的。

1. 利用蛋白对热的稳定性不同进行沉淀　加热有时可破坏杂质蛋白，而不破坏目的蛋白，依此原理可以除去杂蛋白。将样品溶液升温至45~65℃，杂蛋白会在不同温度下沉淀。保温一定时间，杂蛋白会最大程度地形成沉淀，而目的蛋白的活性损失最少。需要注意的是，45~65℃时多数蛋白酶都比较稳定，所以操作时应适当加入蛋白酶抑制剂，避免样品中目的蛋白发生酶解而失活。

2.利用酸碱变性进行沉淀去除杂蛋白 在 pH 值上升到 5.0 时，大多数蛋白质会被沉淀，而少数蛋白质会在中性或碱性条件下形成沉淀。如果目的蛋白在中性或碱性条件下才会被沉淀下来，就可以利用 pH 值的变化去除杂蛋白。例如：用 2.5% 三氯乙酸处理胰蛋白酶、抑肽酶或细胞色素 C 粗提液，均可除去大量杂蛋白，而对目的蛋白的活性没有影响。很多细菌蛋白质的等电点在 5.0 左右，所以该法更适用于重组蛋白质的初步纯化。调节适当的 pH 值可以先除去溶液中的杂质蛋白。常用醋酸、柠檬酸或碳酸钠调节 pH 值，也可采用高氯酸、三氯醋酸等强酸。10% 的三氯醋酸可以沉淀大部分蛋白质，20% 的三氯醋酸可以沉淀分子质量低于 20000 的蛋白质。需在冰水浴中操作，采用强酸进行分离时需要注意安全。

四、蛋白质的浓缩

蛋白质在制备过程中由于分离纯化的过程而使样品变得很稀，澄清后的蛋白质溶液常常需要进行浓缩，减少样品体积以提高蛋白质的浓度，便于进一步的色谱纯化。常用的浓缩方法有：吸附法、超滤法、沉淀法、透析法、冷冻干燥法和双水相分离法等。每种方法都有自己的优缺点，比如吸附法选择性比较差，不能连续操作，浓缩倍数较低；超滤法成本低，条件温和，能较好地保持生物大分子的活性等；沉淀作用对样品中蛋白质的浓度要求在 100mg/L 以上，并且由于相变导致收率较低；透析法需要比较长的时间，体积也受到一定的限制；冷冻干燥所需时间长，收率也低，而且在浓缩蛋白质的同时也浓缩了盐等等。

（一）吸附法

通过吸附剂可以直接吸收除去水分子使之浓缩。操作中应考虑吸附剂应不与溶液起化学反应、对蛋白质不吸附、易与溶液分开等。常用的吸附剂有聚乙二醇、聚乙烯吡咯酮、蔗糖和凝胶等。吸附法具有仪器简单、适用于稳定性比较差的蛋白质等优点。

1.利用透析袋进行蛋白质溶液的吸附浓缩 将蛋白质溶液放入透析袋

（无透析袋可用玻璃纸代替）中，将例如聚乙二醇、聚乙烯吡咯或蔗糖等高分子聚合物置于透析袋外；将 30%~40% 浓度的吸水剂溶液作为溶剂，将装有蛋白质的透析袋置于吸水剂中。使用过的吸水剂可放入温箱中烘干或自然干燥，便于重复使用。

2. 利用凝胶浓缩蛋白质　凝胶是一种惰性的多孔聚合物基质，孔径较小的凝胶具有很强的吸水性能，它能吸收如水、葡萄糖、蔗糖、无机盐等低分子量的物质。常用的凝胶有 Sephadex G 系列及 Bio-Gel P 系列。根据干胶的吸水量和蛋白液需浓缩的倍数而称取所需的干胶量。将干的凝胶（葡萄糖凝胶等）加入到溶液中吸收水和其他小分子，当凝胶完全膨胀，用过滤或离心的方法去除凝胶。需注意的是：浓缩溶液的 pH 值应大于被浓缩物质的等电点，否则在凝胶表面产生阳离子交换，影响蛋白质的回收率。此方法适用于分子量在 10000kD 以上的蛋白质。

（二）超滤法

超滤法的原理是溶液在一定压力或离心力作用下通过超滤薄膜时，溶剂和小分子通过，大分子受阻滞留于滤膜上。此方法适于生物大分子尤其是蛋白质的浓缩或脱盐，是近年来发展起来的新方法，并具有很多优点。应根据溶液的流速、分子量截止值（即大体上能被膜保留的分子的最小分子量值）等参数选择不同类型和规格的超滤膜。

对于大规模的浓缩，流量是影响超滤的一个重要因素。而影响流量的因素有操作压力、样品溶液的组成及黏度、流速、膜、超滤系统的选择等。压力越高流量越高，但是当压力超过一定范围，由于极化作用反而对流量产生限制，使滤膜受到污染。增加泵的运行费用，高的流速可以减轻膜的污染和极化作用，但也会产生使蛋白质变性的过高的剪切力；溶液黏度升高会降低流量，而提高温度可以降低溶液黏度，但由于蛋白质受热会变性，所以一般不考虑此措施。操作时应注意缓冲液的 pH 不要接近或等于蛋白质的等电点。在浓缩前使用离心、透析、粗滤等方法除去溶液中的杂质，可减少杂质对膜的污染。样品体积比较高，可以利用离心力作用驱动小分子物质通过半透膜。超滤浓缩的具体操作可以根据所需处理的样品体积来选择。一般的仪器可以处理 5~150mL 的样品。

（三）沉淀法

沉淀法作为分离蛋白质的主要方法之一，只用于蛋白质的初步分离，后续需要通过色谱法等方法进一步纯化。沉淀法不仅可以用于蛋白质的粗分离，同样也可用于蛋白质的浓缩。蛋白质分子表面亲水性和疏水性代表基团分布的不同影响了蛋白质分子在水溶液中的溶解性。利用这一原理通过改变 pH 值或离子强度、加入有机溶剂或多聚物等方法，促使这些基团与水溶液中离子基团相互作用使蛋白质分子凝聚，形成蛋白质沉淀。沉淀物通过离心或过滤被收集起来，加入合适的缓冲液清洗、溶解沉淀物，再经过透析或凝胶过滤，可除去残留溶剂等杂质。

（四）透析法

透析法比较适宜 50mL 以下体积的样品的浓缩，常使用 20% 的聚乙二醇或干的葡聚糖凝胶进行浓缩。具体操作步骤为：先用纯水检查透析袋的完整性，将透析袋适当处理后封住一端，将蛋白质溶液倒入透析袋并赶出袋中空气，封住透析袋的另一端，将透析袋放入蛋白质样品 10 倍体积的透析液（20%，200g/L，分子量大于 20000 的聚乙二醇溶液或葡聚糖凝胶）中。使用磁力搅拌器缓慢搅拌透析液，直到达到所需浓度为止。若使用干的葡聚糖凝胶 G-25，用量为 25g/100mL 蛋白质样品，需注意不能够浓缩到完全脱水。此法的缺点是操作时间较长。

（五）冷冻干燥法

冷冻干燥法的原理为低温、低压来去除可溶性水。冷冻干燥法的优点为适于对热不稳定的蛋白质、多肽等的浓缩和保存；对于超滤膜不能截留的低分子量多肽浓缩效果好。

冷冻干燥系统由干燥箱、真空系统、制冷系统和自动整理设备组成。干燥箱通常由不锈钢制成，是压力容器，其内表面要求光洁以便于清洁和抗腐蚀。真空系统在冷冻干燥系统中最为关键。冷冻干燥法的具体操作步骤为：将样品装入冷冻干燥瓶中，用一个橡皮塞封住冷冻干燥瓶，塞子上有一道槽可以使水蒸气溢出。将冷冻干燥瓶置于冷冻干燥箱内进行浓缩。

冷冻干燥后，残余的水份可影响到蛋白质的活性。应分别置于不同的小瓶，在几个相对不同的湿度得到不同残余水含量的样品，进行稳定性研究、确定残余水分含量，保证将样品的残余水份降到最低水平。

（六）双水相浓缩法

两种多聚物或同种多聚物与盐在水相中互不相溶。利用这一性质可以从破碎了的细胞碎片中分离、纯化蛋白质，浓缩蛋白质也可用该方法。该方法具有比较温和、蛋白质不会变性失活，性质比较稳定、可在室温下操作、双水相中的聚合物可提高蛋白质的稳定性等优点。常用的多聚物有聚乙二醇和葡聚糖。葡聚糖的使用成本较高，而且会使溶液黏度增大，因而使用受到限制，而价格较低、黏度不高的变性淀粉可代替葡聚糖。

双水相浓缩法的影响因素有：聚合物分子量及浓度、溶液 pH 值、离子强度、盐的类型及盐浓度等。而各因素之间也会互相影响，以 PEG—葡聚糖双相系统为例，降低 PEG 的分子量、增加葡聚糖的分子量或提高 pH 值，可以使目的蛋白在 PEG 相中的分配系数升高。

操作时，将混合的蛋白质样品、PEG 和葡聚糖溶液放置一段时间，经过离心、过滤得到富集在聚合物中的目的蛋白质。分别测定两相的体积及目的蛋白在两相中的浓度，最后确定 PEG 和葡聚糖各自合适的使用浓度。采用 Bradford 方法测定蛋白质，可以避免 PEG 的影响。

第三节　层析法分离纯化蛋白质

一、层析技术的原理及分类

在蛋白质分离过程中，分离液体经过一个固态物质后所发生的组分分布变化称为色层分析法，简称层析法，又称色谱法。层析法是由俄国化学家茨维特（M.C.Tswett）在 1907 年最先提出的，是目前应用最广泛的一种分离技术。

层析是利用不同物质理化性质的差异建立起来的技术。由于混合物中各组分的分子形态、大小、极性及分子亲和力等理化性质不同，当它们流经处于相邻的两相时，不同的物质在两相中的分布就会不同。在层析分配中，流动相起运载作用，固定相有阻滞作用，不同物质根据分配系数（分配系数表示为 K）不同在两相中分配：K=（溶质在固定相中的浓度）/（溶质在流动相中的浓度）

K 值越大，表示某种物质在固定相中吸附得越牢固，在固定相中停留的时间越长；在流动相中迁移的速度越慢，溶质出现在流动相中越晚。反之，K 值越小，则溶质出现在洗脱液中越早。混合物中各组分 K 值不同是各组分得以分离的前提条件。但 K 值在不同类型的层析中的含义不同，在吸附层析中 K 值为吸收平衡系数；分配层析中 K 为分配系数；离子交换层析中 K 为交换系数；亲和层析为亲和系数。

层析分离具有分离效率高、选择性强、应用范围广、操作方便、设备简单等优点，适用于杂质多、含量少的复杂样品分析。尤其是用于生物样品分离分析。其缺点为处理量小、操作周期长、不能连续操作，因此主要用于实验室。

层析法不仅适用于分离小分子物质，比如氨基酸、核苷酸、色素、生物碱和抗生素等，也适用于分离生物大分子物质，比如：蛋白质、核酸、多糖等。对于蛋白质的分离纯化来说，一般采用的是液—固层析法和柱层析法。

（一）柱层析

1. 凝胶过滤层析

（1）原理

凝胶过滤层析又称凝胶过滤色谱或分子筛，是运用蛋白质分子量和分子形状的差异来进行分离。其支持物是多孔的凝胶，不同分子流经凝胶层析柱时，分子直径比较大的分子不能进入凝胶颗粒的微孔，只能经过凝胶颗粒之间的孔隙，这样的分子是随溶剂一起移动的，所以最先流出柱外；分子直径比凝胶孔径小的分子则能够进入凝胶颗粒的微孔内部（即进入凝胶相内），结果导致小分子向下移动的速度落后于大分子。所以分子量大的蛋白先被洗脱下来，而小分子蛋白最后流出来。

样品（含有大小不同的分子）溶液加在层析柱顶端；样品溶液流经层析柱，小分子通过扩散作用进入凝胶颗粒的微孔中，而大分子则被排阻于颗粒之外；向层析柱顶端加入洗脱液，大分子先流出层析柱；小分子受到滞留随后流出层析柱。

凝胶过滤层析有如下优点：根据分子质量大小进行蛋白质的纯化；可测定蛋白质的分子量；可研究蛋白质二聚体或寡聚体的存在；蛋白质纯化过程中和纯化后的脱盐，与透析法相比，凝胶过滤层析除盐速度快，不影响生物大分子的活性。

（2）仪器设备及试剂

① 仪器设备：凝胶过滤层析系统由层析柱、加样系统、调节缓冲液流速的蠕动泵、紫外检测系统和记录仪组成。

② 凝胶过滤层析介质：常用介质有葡聚糖凝胶、琼脂糖凝胶、聚丙烯酰胺凝胶等。高度交联的凝胶可以分离蛋白质和其他分子量更小的分子，也可以利用它去除低分子量的缓冲液成分和盐。较大孔径的凝胶用于蛋白质分子之间的分离。

（3）操作步骤

① 柱平衡（PBS）。

② 上样：样品全部进入凝胶柱床后，用 PBS 充满凝胶柱上层空间，连入层析系统。

③ 样品分离：用 PBS 洗脱、收集。紫外光吸收法进行检测。

④ 样品检测：SDS-PAGE 判断分离样品分子质量和纯度。

（4）注意事项

分级分离时，宜选用长柱，组别分离使用短柱；对于 Sephadex 软胶来说，系统反压的保持十分重要，可用恒流泵控制提高 Sephacryl、Sepharose CL 的操作压；装柱切忌出现气泡；凝胶过滤层析的上样体积不可超过柱体体积的 1%~5%，样品中的浓度一般不超 4%，样品本身对洗脱液的相对黏度不超过 2%；凝胶过滤层析的分辨能力受限于凝胶介质本身，但采用降低流速、选用小直径（超细凝胶）、选取狭分级范围的介质材料等办法可提高分辨能力。

2. 亲和层析

配基与配体之间可以特异性吸附，因而达到分离目的的层析称为亲和层析，如抗原和抗体、酶和底物（或酶的竞争性抑制剂）以及 DNA 和 DNA 结合蛋白之间特殊的亲和力。在一定条件下，上述配基和配体可以牢固地结合形成复合物。具有亲和作用分子以共价键形式与不溶性载体相连作为固定相吸附剂。亲和层析的载体称为基质，与基质共价连接的化合物称为配基。

亲和层析的简要过程如下：首先将支持物—配体络合物通过适当的缓冲液装到柱中，然后将蛋白质粗提物加到柱顶，当溶液通过层析柱时，可与配体结合的蛋白被固定在柱上，而大多数杂质则径直通过。杂质被除去后，再用适当的方法将吸附于柱上的蛋白洗脱下来。亲和层析纯化过程简单、迅速，分离效率高，适用于分离含量极少又不稳定的活性物质。

亲和层析的理想载体的特点：①非特异性吸附少的惰性物质；②机械性能好，具有一定的颗粒形式，流速恒定；③不溶于水且高度亲水；④理化性质稳定；⑤多孔的网状结构，通透性好，大分子能自由通过；⑥可供活化的化学基团丰富；⑦能抵抗微生物和醇的作用。

作为固相载体的物质有皂土、石英 / 玻璃微球、聚丙烯酰胺凝胶、葡聚糖凝胶、氧化铝、纤维素和琼脂糖等。其中，皂土、玻璃微球吸附能力较弱，不能防止非特异性吸附，纤维素的非特异性吸附能力强，聚丙烯酰胺凝胶是最常用的载体。

琼脂糖凝胶具有亲水性强、理化性质稳定、不受细菌和酶的作用等优点。它具有疏松的网状结构，在缓冲液离子浓度大于 0.05mol/L 时，对蛋白质几乎没有非特异性吸附。琼脂糖凝胶极易被溴化氢活化，活化后性质稳定，0.1 mol/L NaOH 或 1 mol/L HCl 处理 2h~3h 及蛋白质变性剂 7mol/L 尿素或 6mol/L 盐酸胍处理，不会引起性质改变，易于再生和反复使用。

亲和层析的步骤

① 琼脂糖活化：Sepharose4B 放在布氏漏斗中抽干，少量的 $NaHCO_3$ 洗涤，转入 100mL 烧杯中，冰浴置于磁力搅拌器上；取 2g 溴化氰溶解（通风橱），倒入琼脂糖，滴加 2mol/LNaOH 调 pH 值至 11，反应 10min。转入布氏漏斗，以冰水抽洗成中性，再以 $NaHCO_3$ 抽洗。

② 将需偶联的抗原（或抗体）蛋白与活化的琼脂糖结合。

③ 装柱：一般 1.5×15cm 的层析柱可装偶联蛋白的琼脂糖约 30mL。

④ 洗柱：以 $NaHCO_3$ 洗涤至洗出液的 OD280 < 0.02 为止。收集液测得的 OD280 × 洗脱液的总体积即为未偶联蛋白的含量，由此可计算偶联率。

⑤ 吸附与解吸附：PBS 洗脱至洗出液 OD280 < 0.02 为止；甘氨酸—HCl 缓冲液收集解吸附下来的成分，$NaHCO_3$ 中和以免蛋白变性；先后以尿素、PBS 或生理盐水洗涤，平衡后可继续使用。于 20% 的乙醇在 4℃下保存，防止冷冻和干裂。

⑥ 结果判定：蛋白经双相琼脂糖电泳进行纯度鉴定；经生理盐水透析后浓缩或冻干保存。

3. 离子交换层析

以离子交换剂为固定相，根据流动相中的组分离子和交换剂上的平衡离子结合力大小的不同而进行分离的层析方法称为离子交换层析（Ion Exchange Chromatography），简称 IEC。

离子交换层析的原理为被分离物质所带的电荷可与离子交换剂所带的相反电荷结合，这种带电分子与固定相之间的结合作用是可逆的，改变 pH 值或逐渐增加缓冲液的离子强度，离子交换剂上结合的物质可以由于发生交换而被洗脱下来。通过化学反应将带电基团引入到惰性支持物上，形成离子交换剂。蛋白质分子是带电大分子，带电状态在不同液相环境中会发生变化。根据蛋白质分子带电状态的不同，在一定 pH 条件下，离子交换层析可分离蛋白质。根据基团所带的电荷不同离子交换剂可分为阴离子交换剂和阳离子交换剂。离子交换剂是由纤维素、葡聚糖凝胶、树脂、琼脂糖凝胶、聚丙烯酰胺凝胶等不溶于水的网状结构高分子聚合物骨架组成。

离子交换层析的过程简要如下：

（1）预处理和装柱：装柱前将离子交换纤维素少量碎的不易沉淀的颗粒洗去，以保证均匀度较好（已溶胀好的凝胶不需要此步）。洗涤好的纤维素先平衡至所需的 pH 值和离子强度，减压除气泡。溶胀后，用稀酸或稀碱处理交换剂，使之成为阳/阴离子交换剂型。阴离子交换剂用"碱—酸—碱"处理，最终转为 OH^- 型/盐型交换剂；阳离子交换剂用"酸—碱—酸"处理。为了避免颗粒大小不等的交换剂在自然沉降时分层，要适当加压装柱，使分辨率提高。

（2）加样与洗脱：初始缓冲液的 pH 值和离子强度与样品相同，pH 值范围应在交换剂与被结合物有相反电荷的范围。上样量不要超过柱的负荷能力，柱的负荷能力可根据交换容量计算，上样量通常为交换剂交换总量的 1%~5%；吸附柱上已结合样品，改变溶液的 pH 值/离子强度或同时改变 pH 值与离子强度，可将样品洗脱。逐步改变 pH 或离子强度，可以完全分离更复杂的组分，最常用的方法是连续梯度洗脱：将两个容器置于同一水平面，一个容器盛有一定 pH 的缓冲液，另一个容器含有高盐浓度或不同 pH 值的缓冲液，两容器联通，第一个容器与柱相连，当溶液由第一个容器流入柱时，第二个容器中的溶液就会自动补充，经搅拌与第一个容器的溶液相混合，流入柱中的缓冲液的 pH 值与离子强度是梯度变化的。

（3）洗脱条件：洗脱液一般是床体积的几十倍；为了使紧密吸附的物质能被洗脱下来，洗脱梯度要足够高；洗脱梯度上升不宜过快；目的物过早解吸，会引起区带扩散，而目的物过晚解吸，峰形会变宽。

（4）柱的再生：NaCl 可用于离子交换纤维素的洗柱；NaOH 可用于含强吸附物的洗柱；脂溶性物质可用非离子型去污剂洗柱。阴离子交换剂宜用0.002%氯已定（洗必泰）保存，阳离子交换剂可用乙基硫柳汞（0.005%）或0.02%叠氮钠保存。

（二）高效液相色谱

二十世纪六十年代末，在经典的液/气相色谱法的基础上，高效液相色谱法这一新型分离分析技术得到发展。高效液相色谱法的原理与经典色谱法的分离机制大致相同。两个组分的分配系数不同，因而流动相携带的物质的移动速度不同，色谱过程相当于物质分子在相对运动的两相间的一个分配平衡的过程，即色谱柱中形成了差速迁移而被分离是由于物质在流动相与固定相之间的分配系数不同。蛋白质是一种长链高分子化合物，相对分子量大，在溶液中的扩散系数小、黏度大、易变性，这增加了蛋白质分离、分析的困难。在高效液相色谱（high performance liquid chromatography，HPLC）技术中，分配色谱、亲和色谱、离子交换色谱和凝胶排阻色谱都能够用于蛋白质的分离与鉴定。

1. 高效液相色谱仪　高效液相色谱仪的组分有：储液器、泵、进样器、色谱柱、检测器、记录仪等，也可分为五大系统：进样系统、分离系统、高压输液系统、检测系统和记录系统。储液器中的流动相被高压泵打入系统，样品经进样器进入流动相，被流动相载入色谱柱（固定相）内，由于样品溶液中的各组分在两相中具有不同的分配系数。用甲醇、水及流动相冲洗柱子，柱子达到平衡后，进样分离，分离后的组分依次流入检测器中进行检测，所测得的信号被记录器记录下来。样品制备时，分离后的组分依次和洗脱液一起排入流出物收集器中收集。

高效液相色谱仪只要求样品能制成溶液，不受样品挥发性的限制，流动相可选择的范围宽，固定相的种类繁多，因而可以分离热不稳定和非挥发性的各种分子量的蛋白质。

2. 高效液相色谱法的特点

（1）分离效能高：采用微粒径固定相填料，液相色谱填充柱100000/m可达理论塔板数，远远高于经典色谱。

（2）选择性高：由于可通过流动相的设计控制和改善分离过程，高效液相色谱法拥有了无限选择性。

（3）检测灵敏度高：高效液相色谱的高柱效，使组分的局部浓度明显增大，大大提高了检测器的灵敏度。

（4）分析速度快：高压输液泵和耐高压固定相的使用，流动相流速可以加快，完成一个样品的分离分析时间仅需几分钟到几十分钟。

第四节　聚丙烯酰胺凝胶电泳

电泳是指带电荷的粒子或分子在电场中向着其相反电荷的电极移动的现象，大分子的蛋白质、多肽、病毒粒子或小分子氨基酸、核苷酸等在电场中都可作定向泳动。电泳可以分析检测样品中蛋白的物理属性（大小和等电点等）、含量和纯度等，通过凝胶电泳也可以实现对蛋白质的纯化和微量制备，常用的方法就是从凝胶中回收目的蛋白质条带，电泳为生命科学的研究提供了重要的手段。本部分主要介绍聚丙烯酰胺凝胶电泳，聚丙烯酰胺等电聚焦的介绍详见其他章节。

一、聚丙烯酰胺凝胶电泳原理简介

聚丙烯酰胺凝胶电泳（Poly acrylamide gel electrophoresis，PAGE）是最常见的分离蛋白质和寡核苷酸的电泳技术。

PAGE 以聚丙烯酰胺凝胶作为介质，其原理为：聚丙烯酰胺凝胶是由单体丙烯酰胺和甲叉双丙烯酰胺由自由基催化聚合而成。化学聚合法和光聚合法是催化聚合的两种常用方法。过硫酸铵（APS）是化学聚合的催化剂，四甲基乙二胺（TEMED）是其加速剂。在聚合过程中，四甲基乙二胺催化过硫酸铵产生自由基，过硫酸铵引发丙烯酰胺单体聚合，同时甲叉双丙烯酰胺与丙烯酰胺链间产生甲叉键交联，从而形成三维网状结构。聚丙烯酰胺凝胶具有分子筛效应，凝胶的多孔性取决于链的长度以及交联度；双丙烯酰胺／丙烯酰胺比例越大，凝胶孔隙越小；这种多孔性也决定了聚丙烯酰胺凝胶电泳的有效分离范围，胶浓度与蛋白分离范围详见表 3-1。

表 3-1 常用胶浓度与蛋白分离范围

胶浓度 /%	分离范围 / $\times 10^3$	胶浓度 /%	分离范围 / $\times 10^3$
5	36~200	12.5	14~100
7.5	24~200	15	14~60
10	14~200		

　　根据聚丙烯酰胺凝胶电泳有无浓缩效应,可将其分为连续系统和不连续系统。连续系统中电泳缓冲液 pH 值及凝胶浓度相同,蛋白质在电场作用下依靠电荷效应和分子筛效应进行分离。不连续系统中由于电泳缓冲液离子成分、pH、凝胶浓度以及电位梯度不连续,蛋白质在电场中不仅有电荷效应、分子筛效应,还具有浓缩效应,因而其分离条带清晰度及分辨率均较前者佳。大多数情况下,聚丙烯酰胺凝胶电泳采用的是不连续缓冲系统。

　　同时它又有两种形式:非变性聚丙烯酰胺凝胶电泳(Native-PAGE)及变性聚丙烯酰胺凝胶(SDS-PAGE);Native-PAGE 在电泳的过程中,蛋白质能够保持结构完整,其电泳受到以下因素的影响:蛋白形状、分子量、净电荷、是否形成蛋白质复合物。SDS-PAGE 仅根据蛋白质亚基分子量的不同就可以达到蛋白质分离的目的。

二、聚丙烯酰胺凝胶电泳的分类

（一）不连续聚丙烯酰胺凝胶电泳

　　由电极缓冲液、浓缩胶和分离胶组成。浓缩胶是由 AP 催化聚合而成的大孔胶,pH 为 6.8、胶浓度低、交联度低、蛋白带负电荷少。凝胶缓冲液为 pH6.8 的 Tris-HCl,电极缓冲液为 pH8.3 的 Tris-甘氨酸,在电泳过程中,电极缓冲液中甘氨酸负离子解离较少,氯离子是快离子(先导电解质),蛋白的迁移速率介于两者之间。氯离子后面会形成低电导区,导致产生较高的电场强度,促使蛋白质和甘氨酸根离子迅速移动,并形成稳定的界面。蛋白质聚集在移动界面附近浓缩成一中间层,从而产生浓缩效应。

　　分离胶是由 AP 催化聚合的小孔胶,pH 为 8.8、胶浓度高、交联度高。在分离胶缓冲体系中,蛋白质带负电荷增多,电极缓冲液中甘氨酸负离子与氯离子一样解离较多,迁移速度加快,局部电位梯度变小,蛋白质的迁移速率最慢。在电场作用下，各个蛋白根据其分子大小和所带电荷不同，而表现出不同的迁移速率。不同大小的蛋白质由于其自身的电荷效应以及聚丙烯酰胺凝胶的分子筛效应而分离开。SDS-聚丙烯酰胺凝胶电泳浓缩胶和分离胶的配方详见表 3-2 和表 3-3。

表 3-2　SDS-聚丙烯酰胺凝胶电泳浓缩胶配方

5% 的浓缩胶		
体积 /mL	5	10
ddH_2O	3.45	6.9
30% 的丙烯酰胺混合液	0.825	1.65
1.5M Tris-HCl（pH6.8）	0.625	1.25
10%SDS	0.05	0.1
10% 过硫酸铵	0.05	0.1
TEMED	0.005	0.01

表 3-3　SDS-聚丙烯酰胺凝胶电泳分离胶配方

6%分离胶		
体积 /mL	10	20
ddH_2O	5.3	10.6
30%丙烯酰胺混合液	2.0	4.0
1.5M Tris-HCl（pH8.8）	2.5	5.0
10% SDS	0.1	0.2
10%过硫酸铵	0.1	0.2
TEMED	0.008	0.016
8%分离胶		
体积 /mL	10	20
ddH_2O	4.6	9.3
30%丙烯酰胺混合液	2.7	5.3
1.5M Tris-HCl（pH8.8）	2.5	5.0
10% SDS	0.1	0.2
10%过硫酸铵	0.1	0.2
TEMED	0.006	0.012
10%分离胶		
体积 /mL	10	20
ddH_2O	4.0	7.9
30%丙烯酰胺混合液	3.3	6.7
1.5M Tris-HCl（pH8.8）	2.5	5.0
10% SDS	0.1	0.2
10%过硫酸铵	0.1	0.2
TEMED	0.004	0.008

续表 3-3

12%分离胶		
体积 /mL	10	20
ddH$_2$O	3.3	6.6
30%丙烯酰胺混合液	4.0	8.0
1.5M Tris-HCl（pH8.8）	2.5	5.0
10% SDS	0.1	0.2
10%过硫酸铵	0.1	0.2
TEMED	0.004	0.008
15%分离胶		
体积 /mL	10	20
ddH$_2$O	2.3	4.6
30%丙烯酰胺混合液	5.0	10.0
1.5M Tris-HCl（pH8.8）	2.5	5.0
10% SDS	0.1	0.2
10%过硫酸铵	0.1	0.2
TEMED	0.004	0.008

（二）变性聚丙烯酰胺凝胶电泳

变性聚丙烯酰胺凝胶电泳是 1967 年由夏皮罗（Shapiro）建立的，其原理为样品介质和丙烯酰胺凝胶中加入离子去污剂 SDS（十二烷基磺酸钠）和强还原剂后，蛋白质亚基的电泳迁移率主要取决于亚基分子量的大小，电荷因素可以忽略，所以根据蛋白亚基分子量的不同而分离蛋白。

SDS 是阴离子去污剂，作为变性剂它能破坏分子内和分子间的氢键，使蛋白去折叠，破坏蛋白分子的二、三级结构，解聚形成多肽链。同时解除后的氨基酸侧链和 SDS 结合成带负电荷的 SDS– 蛋白质复合物，这种复合物有效结合大量的 SDS，所带的电荷量大大超过了蛋白质的原有电荷，这样就消除了不同分子间的电荷差异和结构差异。样品中加入强还原剂（巯基乙醇或二硫苏糖醇）后能破坏半胱氨酸残基间的二硫键，使组成蛋白质的多个亚基分离开来而形成多条肽链。多肽链和 SDS 结合形成复合物，所带的负电荷大大超过了蛋白原有电荷，这样就消除了不同分子间的电荷差异和结构差异，电泳迁移率就取决于分子的大小，可以用来测定蛋白质的分子量。

SDS–PAGE 一般采用不连续缓冲系统，相较于连续缓冲系统，其具有较高的分辨率。蛋白质在凝胶中的分离就主要以分子筛效应进行。它们以相等的迁移速度从浓缩胶进入分离胶，进入分离胶后，由于聚丙烯酰胺的分子筛作用，小分子的蛋白质可以容易地通过凝胶孔径，阻力小，迁移速度快；大分子蛋白质则受到较大的阻力而被滞后，这样蛋白质在电泳过程中就会根据其各自分子量的大小而被分离。因而 SDS 聚丙烯酰胺凝胶电泳可以用于测定蛋白质的分子量。SDS 与蛋白质的结合量是与蛋白质的分子量呈比例的，因此在进行 SDS 电泳时，蛋白质分子的迁移速度取决于分子大小。15KD~200KD 之间的分子量范围内的蛋白质的迁移率和分子量的对数呈线性关系，符合以下公式：$logMW=K-bX$，式中 MW 为分子量，X 为迁移率，K、b 均为常数。若将已知分子量的标准蛋白的迁移率对分子量对数做图，可获得标准曲线。可根据未知蛋白在电泳中的迁移率对应标准曲线，求得未知蛋白质的分子量。

SDS- 聚丙烯酰胺凝胶电泳经常应用于提纯过程中纯度的检测，纯化的蛋白质通常在 SDS 电泳上应只有一条带，但如果蛋白质是由不同的亚基组成的，它在电泳中可能会形成分别对应于各个亚基的几条带。SDS —聚丙烯酰胺凝胶电泳具有较高的灵敏度，一般只需要不到微克级的蛋白质，而且通过电泳还可以同时得到关于分子量的情况，这些信息对于了解未知蛋白及设计提纯过程都是非常重要的。

（三）非变性聚丙烯酰胺凝胶电泳

非变性聚丙烯酰胺凝胶电泳是指蛋白质在从样品制备到电泳分离的整个过程中都不含有变性剂，使蛋白质在电泳分离过程中保持原来的结构和状态。决定蛋白质迁移的因素主要有：蛋白质大小、形状以及蛋白质的固有电荷。其所用电泳装置和变性聚丙烯酰胺凝胶电泳相同，同样也可采用均一胶或梯度胶电泳。非变性聚丙烯酰胺凝胶电泳可用于分析蛋白质多聚化、蛋白质磷酸化等。

（四）聚丙烯酰胺梯度凝胶电泳

梯度凝胶是聚丙烯酰胺的浓度由上到下逐渐增加的凝胶。随着丙烯酰胺浓度增加，凝胶孔径变小。蛋白质在凝胶中迁移，孔径变小会阻碍蛋白的进一步迁移。蛋白的迁移受到阻碍后，其带型不会随着时间的延长而有所变化。梯度胶具有更大范围分子量的蛋白质可以在一个胶上电泳，很容易获得 $10^4 \sim 2 \times 10^5$ 分子质量范围的线性图；分辨率更高，特别是低分子质量范围的蛋白质条带更加清晰，具有相近分子量的蛋白质有可能被区分开来等其他胶所不具有的优点。常用的梯度胶浓度范围是3% ~30%的线性或凹性梯度，应根据目的蛋白的大小选择合适的胶浓度范围，胶浓度范围与目的蛋白大小的关系详见图 3-4。梯度胶重溶液的梯度详见表 3-5。

表 3-4　检测蛋白的范围和梯度胶的配制范围

项目	轻溶液	重溶液
丙烯酰胺浓度	5%	30%
有效分离蛋白大小	200×10^3 以下	10×10^3 以下

表 3-5　配制梯度胶的丙烯酰胺凝胶重溶液

贮藏	重溶液丙烯酰胺浓度 /%								
	10	12	13	14	15	16	17	18	20
40% 丙烯酰胺	3.75	4.5	4.88	5.25	5.63	6.0	6.38	6.75	7.5
1.5M Tris-HCl（pH8.8）	3.75	3.75	3.75	3.75	3.75	3.75	3.75	3.75	3.75
10%SDS	0.15	0.15	0.15	0.15	0.15	0.15	0.15	0.15	0.15
H_2O	7.3	6.55	6.17	5.8	5.42	5.05	4.67	4.3	3.55
蔗糖 /g	2.25	2.25	2.25	2.25	2.25	2.25	2.25	2.25	2.25
10% 过硫酸铵	0.05	0.05	0.05	0.05	0.05	0.05	0.05	0.05	0.05

（五）小分子多肽凝胶电泳

在 SDS-PAGE 中，影响蛋白质分辨率的因素有丙烯酰胺的浓度、交联度（单、液体系中，蛋白质的分离范围从分子量10000到约1000000。低于10KD 的蛋白质和多肽往往需要采用必要的更改措施才能得到可信的蛋白质聚集带并防止条带扩散，采用优化的 Tricine 胶系统能够分离小至0.5KD 的多肽。）由于 SDS-PAGE 属于变性的系统，所以此法不适用于蛋白质和多肽的功能性分析。

三、SDS- 聚丙烯凝胶电泳的操作

（一）试剂及配制

1. 30% 丙烯酰胺储存液（ACR：Bis=29：1）。

2. 10%SDS：SDS 1g 加 ddH$_2$O 至 10mL。

3. 10% 过硫酸铵：过硫酸铵 1g 加 ddH$_2$O 至 10mL。

4. TEMED（四甲基乙二胺）。

5. 2% 溴酚蓝：水溶性钠型溴酚蓝 2g 加 ddH$_2$O 至 100mL。

6. 1.5M Tris-HCl 缓冲液（pH8.8）：Tris17.8g 加适量 ddH$_2$O 溶解，用 1M HCl 调 pH 至 8.8，加 ddH$_2$O 定容至 100mL。

7. 1M Tris-HCl 缓冲液（pH6.8）：Tris12.1g 加适量 ddH$_2$O 溶解，用 1M HCl 调 pH 至 6.8，加 ddH$_2$O 定容至 100mL。

8. 上样缓冲液：甘油 2mL，10%SDS 4mL，1M Tris-HCl 缓冲液（pH6.8）1mL，2% 溴酚蓝 2mL，1mg/mLDTT2mL，混匀，分装 EP 管，4℃冰箱保存。

9. Tris- 甘氨酸电泳缓冲液（10×）：甘氨酸 141.1g，Tris30g，SDS10g，ddH$_2$O 定容至 1000mL 调 pH 至 8.3。

（二）操作步骤

1. 安装垂直板电泳装置，检查装置是否密封完好。

2. 制备 SDS 聚丙烯酰胺凝胶：先配制分离胶，灌入安装好的垂直板中，立即在胶面上加盖一层双蒸水，静置待凝胶聚合后（约 20min）去除水相；再配制浓缩胶，灌入垂直板中至玻璃板顶部 0.5cm 处，插入梳子，避免混入气泡，静置待胶聚合后，加入电泳缓冲液，拔出梳子。

3. 上样：每孔加入 20μL 样品

4. 电泳：接通电泳，将电压调至 80V 左右。当溴酚蓝进入分离胶后，把电压提高到 150V，电泳至溴酚蓝距离胶底部 1cm 处，停止电泳。得到的电泳条带可以用于后续实验(例如Western Blot 的转膜等实验)进行纯度浓度的鉴定。

（三）注意事项

1. SDS 与蛋白质的结合按质量成比例（即：1.4g SDS /g 蛋白质），蛋

白质含量不可以超标，否则 SDS 结合量不足。

2. 用 SDS 聚丙烯酰胺凝胶电泳法测定蛋白质相对分子量时，必须制作标准曲线。不能利用这次的标准曲线作为下次用。并且 SDS-PAGE 测定分子量存在一定的误差（10％）。

3. 如果该电泳中出现拖尾、染色带的背景不清晰等现象，可能是 SDS 不纯、样品溶解效果不佳或分离胶浓度过大引起的。

4. APS 应该现用现配，TEMED 不稳定，易被氧化成黄色。通常胶在 30min~1h 内凝。如果凝得太慢，可能是 TEMED 或 APS 剂量不够或失效。如果凝得太快，可能是 APS 和 TEMED 用量过多，此时胶太硬易裂，电泳时易烧胶。

（四）聚丙烯酰胺凝胶电泳中蛋白的回收

电泳得到的目的蛋白需要从凝胶中回收，通过将蛋白条带从 PAGE- 胶上切下来，经过洗脱可达到回收目的蛋白的目的。洗脱法分为自由洗脱和电洗脱，自由洗脱就是把胶条置于缓冲液中，蛋白质在缓冲液中溶解。电洗脱则需要把胶条置于电场中进行洗脱。目的蛋白洗脱之后经过置换可得到纯的蛋白。

四、聚丙烯酰胺凝胶电泳的特点

1. pH 对整个反应体系的影响是至关重要的。SDS-PAGE 不连续电泳中，制胶缓冲液使用的是 Tris — HCl 缓冲系统，而电泳缓冲液使用的是 Tris-甘氨酸。在浓缩胶中，其 pH 呈弱酸性，因此甘氨酸解离很少，其在电场的作用下，泳动效率低；而 Cl$^-$ 离子很高，两者之间形成导电性较低的区带，蛋白分子就在二者之间泳动。由于导电性与电场强度成反比，这一区带便形成了较高的电压梯度，压着蛋白质分子聚集到一起，浓缩为一狭窄的区带。当样品进入分离胶后，pH 值增加，甘氨酸大量解离，泳动速率增加，直接紧随氯离子之后，同时由于分离胶孔径的缩小，在电场的作用下，蛋白分子根据其固有的带电性和分子大小进行分离。

2. 根据样品分离目的不同，主要有三种处理方法：还原 SDS 处理、非还原 SDS 处理、带有烷基化作用的还原 SDS 处理。

3. 聚丙烯酰胺的作用：丙烯酰胺为蛋白质电泳提供载体，其凝固的好坏直接关系到电泳成功与否，与促凝剂及环境密切相关。

4. 有些蛋白质由亚基（如血红蛋白）或两条以上肽链组成，它们在巯基乙醇和 SDS 的作用下解离成亚基或多条单肽链。因此对于这一类蛋白质，SDS– 聚丙烯酰胺凝胶电泳法测定的只是它们的相对分子量。

5. 有的蛋白质电荷异常或结构异常或带有较大辅基，不能采用该法测相对分子量。

6. 提高 SDS–PAGE 电泳分辨率的途径：聚丙烯酰胺的充分聚合，可提高凝胶的分辨率。凝胶在室温凝固后，在室温下放置一段时间使用。即配即用会导致凝胶凝固不充分，4℃冰箱放置可导致 SDS 结晶。一般凝胶可在室温下保存 4 天，SDS 可水解聚丙烯酰胺。

7. 一般常用氨基黑、考马斯亮蓝、银染色三种染料。

聚丙烯酰胺凝胶电泳具有如下优点：复性良好、分离能力好、化学性质稳定、机械性能好；操作简便、时间短、分离范围广；通过增减丙烯酰胺单体和交联剂（N,N' – 亚甲基双丙烯酰胺）的浓度，可以调节凝胶的孔径大小；在酸性或碱性缓冲液中均可进行电泳、可加入两性电解质进行等电点电泳；由于染色技术的进步，可以进行定量，也可检测出极微量的斑点（琼脂糖电泳）等。

第五节　蛋白质分析

在蛋白质的纯化过程中涉及多种理化指标的分析，针对不同用途的纯化蛋白，在蛋白质的浓度、纯度及活性等方面均有不同的要求。因此，对其纯化效果的评估是蛋白质分离提纯过程中重要的一步。

一、蛋白质浓度测定的方法

蛋白质浓度的测定是生物化学研究中最常用、最基本的分析方法。常用的经典方法包括凯氏定氮法（Kjeldah）、双缩脲法、Folin–酚试剂法（Lowry法）、紫外吸收法等，还有最近新兴的考马斯亮蓝（Bradford）法和二喹啉甲酸法（BCA法）。

这些方法各有千秋，凯氏定氮法操作相对复杂，但结果准确，往往以定氮法测定的蛋白质作为其他方法的标准蛋白质，但仅以氮含量标定蛋白质的含量也有可能受三聚氰胺等的干扰。双缩脲法虽然灵敏度差，但可用于无需十分精确的蛋白质快速测定。近年来，Bradford法和二喹啉甲酸法（BCA法）由于具有快捷、灵敏度高、干扰因素少等优点，应用越来越广泛。下面对各个方法的原理做简单介绍。

（一）凯氏定氮法

凯氏定氮法的原理为：每100g蛋白质含氮量16g。样品与浓硫酸共热，含氮有机物经消化分解产生氨，氨又与硫酸作用，形成硫酸铵。经强碱碱化使之分解放出氨，通过蒸气将氨蒸至酸液中，根据此酸液被中和的程度可计算样品的氮含量。

为了加速消化，可加入硫酸铜作催化剂，加入硫酸钾以提高溶液的沸点。收集氨可用硼酸溶液，滴定则用强酸。

计算所得结果为样品总氮量，如需求得样品中的蛋白含量，应将总氮量减去非蛋白氮。如需进一步求得样品中蛋白质的含量，用样品中的蛋白氮乘以6.25即可。

（二）双缩脲法

双缩脲（$NH_2CONHCONH_2$）在碱性溶液中与硫酸铜反应生成紫红色化合物，称为双缩脲反应，蛋白质分子中含有许多肽键（—CONH—），在碱性溶液中也能与Cu^{2+}反应生成紫红色化合物。还具有两个酰胺基或两个直接连接的肽键，或通过一个中间碳原子相连的肽键，这类化合物都有双缩脲反应。在一定范围内，其颜色的深浅与蛋白质浓度成正比，而与蛋白质分子量及氨基酸成分无关，故可用比色法来测定蛋白质含量。

双缩脲法是测定蛋白质浓度的常用方法之一，操作简便、迅速、受蛋白质种类性质的影响较小，但灵敏度较差，而且特异性不高。除了—CONH—有此反应外，—CONH$_2$、—CH$_2$NH$_2$、—CS—NH$_2$ 等基团也有此反应。

（三）紫外分光光度法

蛋白质分子中含有共轭双键的酪氨酸、色氨酸、苯丙氨酸等芳香族氨基酸及环状的结构可以产生 $\pi \rightarrow \pi^*$ 跃迁，它们具有吸收紫外光的性质，其吸收高峰在 280nm 波长处，且在此波长内吸收峰的光密度值与其浓度成正比关系，因而不可作为蛋白质定量测定的依据，但由于各种蛋白质的酪氨酸和色氨酸的含量不同，故要准确定量必须要有待测蛋白质的纯品作为标准来比较，或者已经知道其消光系数作为参考。

三种氨基酸的近紫外吸收带（pH=6），丙氨酸的 λ_{max}=275，ε=200；酪氨酸的 λ_{max}=275，ε=1300；色氨酸的 λ_{max}=275，ε=5000。另外不少杂质在 280nm 波长下也有一定吸收能力，可能发生干扰，其中尤以核酸（嘌呤和嘧啶碱）的影响最为严重，核酸的最大吸收峰在 260nm 处，因此溶液中同时存在核酸时，必须同时测定 OD$_{260nm}$ 和 OD$_{280nm}$，然后根据两种波长的吸光度的比值，通过经验公式校正，以消除核酸的影响而推测出蛋白质的真实含量，其公式为：

蛋白质浓度 mg/mL=1.55 A$_{280}^{1cm}$ − 0.76 A$_{260}^{1cm}$ 其中：纯的蛋白质A$_{280}^{1cm}$ / A$_{260}^{1cm}$=1.75

此种计算方法误差较大，若采用 A$_{280}$/A$_{260}$ 的紫外吸收，则精确度大为提高，经多次定量分析比较，正负误差仅为 2% 左右，计算经验公式为：

蛋白质浓度 mg/mL=A$_{260}$/ [27+120（A$_{280}$/A$_{260}$）]

本法操作简便迅速，且不消耗样品（可以回收），多用于纯化蛋白质的微量测定。主要缺点：当待测蛋白质与标准蛋白质中的酪氨酸与色氨酸含量差异较大时，则产生一定误差。

（四）考马斯亮蓝染色法

考马斯亮蓝结合法是近年来发展起来的蛋白质定量测定法，考马斯亮蓝能与蛋白质的疏水微区相结合，这种结合具有高敏感性，考马斯亮蓝

G250 的最大吸收峰在 465nm，当它与蛋白质结合形成复合物时，其最大吸收峰变为 595nm。

在一定范围内，考马斯亮蓝蛋白质复合物呈青色，在 595nm 下，光密度与蛋白质含量成线性关系，可以用于蛋白质含量的测定。此种方法更简单、快捷，灵敏度和准确性更高，目前已广泛应用。

（五）BCA 检测法

BCA 比色法是依据在碱性溶液中，蛋白质分子中的肽键与 Cu^+ 形成络合物，并将 Cu^{2+} 还原为 Cu^+，Cu^+ 与 BCA 形成稳定的深紫色复合物，于 562nm 处有最大吸收峰，其强度与蛋白质浓度成正比。此法最大的特点是抗干扰性强，BCA 法的灵敏度与 Folin– 酚法相似。

（六）Folin– 酚法

Folin– 酚法的显色原理是根据双缩脲反应，蛋白质分子中的肽键（—CONH—）在碱性溶液中与 Cu^+ 形成化合物，在 Cu^+ 的催化下，磷钼酸被蛋白质中的芳香族氨基酸残基还原，产生深蓝色物质，其最大吸收峰在 745~750nm 处，在一定浓度范围内，吸光度与蛋白质中色氨酸与酪氨酸含量成正比。Folin– 酚试剂可以强化双缩脲反应，提高了灵敏度。通常此法的测定范围在 20~250μg，最低检测限度为 5μg。

二、测定蛋白质纯度的方法

蛋白质的纯度是指一定条件下所提取的蛋白质的相对均一性，即没有杂蛋白的干扰。如果是从天然产物中和众多蛋白中分离目的蛋白，那么检测其分离效果的主要指标是看其纯度。其检测方法主要有色谱法、电泳法和免疫化学法。在实际操作中可根据蛋白质的性质和后续实验所要求的纯度标准，选择适当的方法进行检测。

（一）电泳法

目前常用的通过电泳来测定蛋白质纯度的方法主要包括 SDS–PAGE、等电聚焦、毛细管电泳法等。SDS–PAGE 法是基于蛋白质分子量之间的差异来检测蛋白纯度的，因此更适用于含有相同假期的蛋白质；等电聚焦法是基于蛋白质等电点的差异来分离的。如果一系列不同 pH 条件下的电泳结果均为一条带则结果更为可靠。

（二）色谱法

目前高效液相色谱技术常被用于蛋白质纯度的鉴定，当洗脱时，谱图呈单一、对称、尖锐的峰形，则表明蛋白样品纯度较高。

（三）免疫化学法

通过免疫技术来鉴定蛋白质的纯度，其原理是抗原－抗体反应。某一特定的抗原只能刺激某种特异性的抗体的形成，好几种抗原物质则相应地产生几种抗体。

三、测定蛋白质的活性

蛋白质的高分子特性形成了复杂特定的空间结构，从而表现出蛋白质特异性的生物活性。在提取、制备具有生物活性的蛋白质、多肽和酶时，要特别注意防止发生蛋白质变性。样品可以通过各种生物活性的测定方法测定，验证提取和分离效果。蛋白的活性一般根据催化物的反应速度来测定，因此不同蛋白活性的测定方法差异较大。

（孙晓琳）

参考文献

郭葆玉 .2010. 基因组学与蛋白质组学实验技术及常见问题对策 [M]. 北京：人民卫生出版社 .

王克夷 .2007. 蛋白质导论 [M]. 北京：科学出版社 .

王玉明 .2011. 医学生物化学与分子生物实验技术 [M]. 北京：清华大学出版社 .

沃兴德 .2009. 蛋白质电泳与分析 [M]. 北京：军事医学科学出版社 .

药立波 .2014. 医学分子生物实验技术 [M].3 版 . 北京：人民卫生出版社 .

张建社，褚武英，陈韬 .2009. 蛋白质分离与纯化技术——生物医学实验技术系列丛书 [M]. 北京：军事医学科学出版社 .

第四章　分子杂交与印迹技术

核酸分子杂交是利用已知顺序的核酸链作为探针来鉴定 DNA 或 RNA 的特殊顺序的技术。由于其特异性强、灵敏度高、定位准等优点，目前已被广泛应用于分子生物学、生理学、遗传学、病理学等基础医学学科的研究。

第一节　核酸杂交的基本理论

一、DNA 变性、复性与杂交

（一）DNA 的变性（denaturation）

DNA 分子是由两条反向平行的脱氧多核苷酸链所组成，其中一条链的碱基与另一条的碱基之间以氢键连接，并以 A–T，G–C 互补，整个 DNA 分子呈双螺旋结构。在某些理化因素作用下，链间氢键断裂，形成两条单链结构，这种现象称为 DNA 变性。

DNA 在溶液中发生变性伴随着一系列的物理化学性质的改变，如紫外吸收强度的增加，此种现象称为增色效应（hyperchromicity）；溶液黏度的降低；沉降速度增加等。这些物理常数常用来研究各种 DNA 结构和功能。对某一 DNA 来说，其紫外吸收强度（A260）是双链 DNA 单链 DNA，紫外吸收强度的增加与变性（解链）程度成正比。若将 A260 的增加与温度的关系作图，可得解链曲线（图 4–1）。DNA 的热变性常称为 DNA 的"融解"（melting），解链曲线的中点所示温度称为 Tm 或称为融点，Tm 表示使 50% DNA 分子解链的温度。不同种类 DNA 有不同的解链曲线，也有不

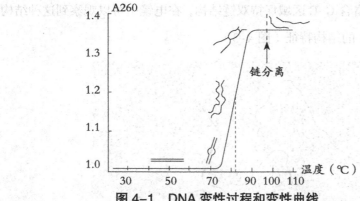

图 4-1　DNA 变性过程和变性曲线

同的 Tm，Tm 随 G+C 百分含量呈线性增加（图 4-2）。每增加 1% G+C 含量，Tm 增加约 0.4℃，这是由于 G/C 碱基对之间的氢键多于 A/T 对之故。溶液的离子强度对 Tm 有较大的影响，单价阳离子浓度每增加 10 倍，Tm 增加 16.6℃。某些化学试剂能显著影响 Tm 值，例如甲酰胺能破坏氢键，使 Tm 大大降低。

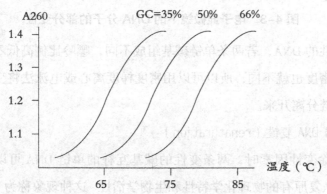

图 4-2　G+C 含量对变性的影响

DNA 变性有两个阶段，第一阶段部分解链，已解开部分不规则卷曲；第二阶段为完全解开，形成两条单链，此时若迅速冷却，每条链自身卷曲，部分区域形成链内双螺旋。第一阶段变形可以逆转，即当温度降低时，已解开的链又会重新盘绕，形成完整的天然双螺旋。第二阶段 DNA 双链完全分开，很难恢复到天然构型。

轻度变性，往往只有 A-T 分开，G-C 不分开，富含 A-T 的区域就形成小"泡"，富含 G–C 区域保持双链结构，在电镜中可以观察到这种结构，从而推测 DNA 的结构特征（图 4–3）。

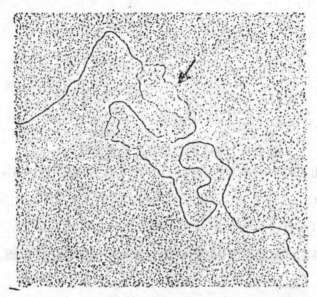

图 4–3　电子显微镜下的 DNA 分子的部分变性

已变性的 DNA，若两条单链碱基组成不同，嘌呤比例高低不一，分子量和分子密度也就不同，所以可以用密度梯度离心或电泳法将变性后形成的两条单链分离开来。

（二）DNA 复性（renaturation）

在去除变性因素时，两条变性的碱基互补的单链 DNA 可以恢复成双链结构，恢复原有的物理化学特性和生物学活性，这种现象称为 DNA 复性，或称为退火（annealing）。影响变性与复性过程的主要因素是温度、DNA 浓度、复性时间和盐浓度、变性剂浓度。一般来说，DNA 浓度愈高，复性愈快，因为在一定时间里，互补的单链 DNA 发生碰撞的几率愈高。时间愈长，发生复性愈多。高盐浓度易于复性，有变性剂存在，不易复性。

解离的核酸互补链，重新形成碱基配对的螺旋结构的复性速度取决于下列四个参数：

1. 正离子浓度　离子作为反离子减少两条互补链的磷酸基团的负电荷

排斥力，一般复性反应都采用 0.18mol/L Na$^+$ 浓度。

2. **反应温度**　复性反应都需要在一定的温度下进行，用以破坏和弱化链内的二级结构。一般复性温度都采用低于该 DNA Tm 25℃的温度，即 60~65℃左右。

3. **DNA 浓度**　DNA 复性反应服从于二级反应动力学，所以 DNA 浓度决定分子间的碰撞频率，影响复性反应的速度。

4. **DNA 片段大小**　DNA 片段越大，扩散速度越低，使 DNA 片段线状单链互相发现、互补的机会减少。因此在复性试验中，有时将 DNA 切成小片段，再进行复性。

（三）分子杂交（molecular hybridization）

指具有一定同源序列的两条核酸单链（DNA 或 RNA），在一定条件下按碱基互补配对原则经过退火处理，形成异质双链的过程。

利用这一原理，就可以使用已知序列的单链核酸片段作为探针，去查找各种不同来源的基因组 DNA 分子中的同源基因或同源序列。

1. **核酸探针**

（1）探针的概念：放射性同位素、生物素或荧光染料进行标记的已知序列的核酸片段，即为探针（probe）。探针可用于分子杂交，杂交后通过放射自显影、荧光检测或显色技术，使杂交区带显现出来。

（2）探针的种类及其选择：基因探针根据标记物不同可粗分为放射性探针和非放射性探针两大类；根据探针的来源及核酸性质不同又可分为DNA 探针、RNA 探针、cDNA 探针及寡核苷酸探针等几类。

1）DNA 探针：DNA 探针是最常用的核酸探针，指长度在几百碱基对以上的双链DNA 或单链 DNA 探针。现已获得的DNA 探针数量很多,有细菌、病毒、原虫、真菌、动物和人类细胞 DNA 探针。探针多为某一基因的全部或部分序列，或某一非编码序列。

DNA 探针（包括 cDNA 探针）的优点：

① 这类探针多克隆在质粒载体中，可以无限繁殖，取之不尽，制备方

法简便。

②不易降解（相对 RNA 而言），一般能有效抑制 DNA 酶活性。

③DNA 探针的标记方法较成熟，有多种方法可供选择，如缺口平移，随机引物法等，能用于同位素和非同位素标记。

2）cDNA 探针：cDNA（complementary DNA）探针是指互补于 mRNA 的 DNA 分子，是由逆转录酶催化合成的。该酶以 RNA 为模板，根据碱基配对原则，按照 RNA 的核苷酸顺序合成 DNA（其中 U 与 A 配对）。cDNA 探针是目前应用最为广泛的一种探针。

3）RNA 探针：RNA 探针是一类很有前途的核酸探针，由于 RNA 是单链分子，所以它与靶序列的杂交反应效率极高。早期采用的 RNA 探针是细胞 mRNA 探针和病毒 RNA 探针，这些 RNA 是在细胞基因转录或病毒复制过程中得到标记的，标记效率往往不高，且受到多种因素的制约。这类 RNA 探针主要用于研究目的，而不是用于检测。

前述三种探针均是可克隆的，一般情况下，只要有克隆的探针，就不用寡核苷酸探针。在 DNA 序列未知而必须首先进行克隆以便绘制酶谱和测序时，也常应用克隆。

克隆探针的优点：①特异性强，从统计学角度而言，较长的序列复杂度高，随机碰撞互补序列的机会较短序列少。②可获得较强的杂交信号，因为克隆探针较寡核苷酸探针掺入的可检测标记基团更多。

4）寡核苷酸探针：根据已知的核酸序列，采用 DNA 合成仪合成一定长度的寡核苷酸片段，亦可作为探针使用。若不知核酸序列，可根据蛋白质的氨基酸顺序推导出核酸顺序，但要考虑到密码子的兼并性。多用于克隆筛选和点突变分析。

人工合成的寡核苷酸探针有下述优点：

①短的探针比长探针杂交速度快，特异性强。

②可以在短时间内大量制备。

③在合成中进行标记制成探针。

④ 可合成单链探针，避免了双链 DNA 探针在杂交中的自我复性，提高杂交效率。

⑤ 寡核苷酸探针可以检测小 DNA 片段，在严格的杂交条件下，可用于检测在序列中单碱基对的错配。

筛选寡核苷酸探针的原则：

① 长 18~50bp，较长探针杂交时间较长，合成量低；较短探针特异性会差些。

② 碱基成分：G+C 含量为 40%~60%，超出此范围则会增加非特异杂交。

③ 探针分子内不应存在互补区，否则会出现抑制探针杂交的 "发夹" 结构。

④ 避免单一碱基重复出现（不能多于 4 个），如—CCCCC—。

⑤ 一旦选定某一序列符合上述标准，最好将序列与核酸库中的核酸序列比较，探针序列应与含靶序列的核酸杂交，而与非靶区域的同源性不能超过 70% 或有连续 8 个或更多的碱基同源，否则该探针不能用。

2. 标记物 目前基因检测方法中以同位素标记（^{32}P、^{35}S 等）DNA 探针灵敏度最高，但由于放射性污染、半衰期短、需要特别的安全防护条件等，限制了同位素标记探针的广泛应用。因此，非同位素标记探针的研制引起了重视。

（1）放射性核素：核酸探针传统的标记物是用放射性同位素，常用的有：^{32}P dNTP、^{3}H dNTP、^{35}S dNTP。

1）放射性同位素标记核酸的优点

① 灵敏性高：一般可达到 0.5~5pg 或更低浓度核酸的检测水平，可以检测极少量或拷贝数少的基因组。

② 特异性高：用放射自显影法，样品中存在的无关核酸或非核酸成分不会干扰检测结果，准确率高，假阳性率低。

③ 方法简便。

2）放射性同位素标记技术的缺点

① 半衰期短，必须经常标记探针：如 ^{32}P 半衰期只有 14.3 天，放射强

度逐日变化。^{35}S 的半衰期可达 88 天，但衰变能量只有 ^{32}P 的 1/10，灵敏度较低，只能用于多拷贝基因的检测。^{3}H 的半衰期虽长达 12.26 年，但衰变能低，灵敏度太低。

② 费用高：α–^{32}P 标记的 dATP（400Ci/mmol），需要进口试剂，价格高。

③ 检测时间长：用放射自显影需要较长的曝光时间（1~15 天）。

④ 其他：放射性同位素对人体有害，实验室和环境易被污染，放射性废物处理困难。因此，推广使用受到限制。

（2）非放射性标记物

1）优点：①无放射性污染；②稳定性好；③探针可长时间保存。

2）缺点：灵敏度及特异性不高。

3）非放射性标记物的种类

① 半抗原：生物素、地高辛，利用半抗原的抗体进行免疫学检测。

② 配体：生物素还是一种抗生物素蛋白 avidin 和链亲和素 streptavidin 的配体。

③ 荧光素：异硫氰酸荧光素和罗丹明，可被紫外线激发出荧光而被检测到。

④ 光密度或电子密度标记物：金、银。

4）生物素标记：生物素标记的核苷酸是最广泛使用的一种，如生物素 –11–dUTP，可用缺口平移或末端加尾标记法。实验发现生物素可共价连接在嘧啶环的 5 位上，合成 TTP 或 UTP 的类似物。

5）地高辛标记探针：地高辛（Digoxigenin）又称异羟基洋地黄毒苷，这种类固醇半抗原仅限于洋地黄类植物，其抗体与其他任何固醇类似物如人体中的性激素等无交叉反应。先将地高辛连接至 dUTP 上，生成地高辛配基（Dig–dUTP），再用随机引物法将地高辛配基掺入 DNA 制成探针。然后用抗地高辛抗体与碱性磷酸酶的复合物和 NBT–BCIP 底物显色检测，灵敏度达 0.1pg DNA。此种探针有高度的灵敏性和特异性，安全稳定，操作简便，可避免内源性干扰，是一种很有推广价值的非放射性标记探针。

3. 核酸杂交方法　核酸分子杂交可按作用环境大致分为液相杂交和固相杂交两种类型。

（1）固相杂交：固相杂交是将参加反应的一条核酸链先固定在固体支持物上，另一条核酸链游离在溶液中。由于固相杂交后，未杂交的游离片段可容易地漂洗除去，膜上留下的杂交物容易检测和能防止靶 DNA 自我复性等优点，故该法最为常用。

常用的固相杂交类型有：菌落原位杂交、斑点杂交、狭缝杂交、Southern 印迹杂交、Northern 印迹杂交、组织原位杂交和夹心杂交等。

（2）液相杂交：液相杂交是指待测核酸和探针都存在于杂交液中，探针与待测核酸在液体环境中按照碱基互补配对形成杂交分子的过程。液相杂交是研究最早的杂交类型，但应用的普遍程度较固相杂交低。

液相杂交的特点：无需支持物。待测核酸分子不用固定在支持物上。其弊端是由于杂交后过量的未杂交探针存在于溶液中，在已有杂交结合物检测水平条件下检测误差较高。故液相杂交在过去较少应用。近年来由于杂交检测技术不断进步，商业检测试剂盒的开发等，液相杂交技术得到了迅速发展。

常用的液相杂交类型有：吸附杂交、发光液相杂交、液相夹心杂交、复性速率液相分子杂交等。

（3）影响杂交灵敏度的因素

1）时间与杂交灵敏度：核酸杂交一般采用杂交过夜 12h 以上。但有实验结果表明，杂交反应在 6h 之内就已完成，再延长反应时间，灵敏度也不再提高。文献报道用生物素标记探针进行杂交，1~2h 内可出现杂交信号，但也有文献报道，尽管在 4h 内可出现杂交信号，但其灵敏度未达最高，与6h 杂交结果相差 1 个数量级。

2）温度与杂交灵敏度：温度是杂交反应中重要的因素，一般采用比Tm 值低 25℃的温度，常用温度为 24~68℃。温度升高或降低均会使灵敏度下降。

3）探针浓度与杂交灵敏度：一般来说，杂交灵敏度随探针浓度的增加而增加，但若探针浓度太高，非特异信号也会增强，随着探针浓度逐渐提高，灵敏度的增加幅度逐渐减小。

4）甲酰胺浓度与灵敏度：理论上甲酰胺可降低核酸的 Tm 值，使氢键易于打断，每加入 1% 的甲酰胺可使 Tm 值降低 0.72℃。

核酸杂交反应是多因素、多水平的反应体系，各因素各水平之间存在交互影响。

（4）杂交信号检测

1）放射自显影：利用放射线在 X 线片上的成影作用来检测杂交信号，称为放射自显影。

2）非放射性核素探针的检测：

偶联反应：

① 半抗原——通过抗原 – 抗体反应与显色体系偶联。

② 配体——亲和法与显色体系偶联：生物素 – 抗生物素蛋白 – 酶（Avidin–Biotin–Enzyme–Complex，ABC）。

显色反应：通过连接抗体或生物素蛋白的显色物质如酶、荧光素等进行杂交信号的检测。

① 酶学检测：是最常用的检测方法，通过酶促反应使底物形成有色产物。最常用的酶是辣根过氧化物酶和碱性磷酸酶，也有使用酸性磷酸酶和 β – 半乳糖苷酶。

② 荧光检测：常用的有异硫氰酸荧光素（FITC）和罗丹明，可被紫外线激发出荧光而被检测到。主要应用于原位杂交。

③ 化学发光法：是指在化学反应过程中伴随的发光反应。目前常用的是辣根过氧化物酶（HRP）催化鲁米诺（luminol）伴随的发光反应。适合于 Southern、Northern 及斑点杂交。

④ 电子密度标记：利用重金属的高电子密度，在电子显微镜下进行

检测，适合于细胞原位杂交。

第二节　常用印记杂交方法

一、Southern 印记杂交法

（一）实验原理

Southern 印迹杂交技术包括两个主要过程：一是将待测定核酸分子通过一定的方法转移并结合到一定的固相支持物（硝酸纤维素膜或尼龙膜）上，即印迹（blotting）；二是固定于膜上的核酸同位素标记的探针在一定的温度和离子强度下退火，即分子杂交过程。该技术是 1975 年英国爱丁堡大学的 E.M.Southern 首创的，Southern 印迹杂交故因此而得名。

早期的 Southern 印迹是将凝胶中的 DNA 变性后，经毛细管的虹吸作用，转移到硝酸纤维膜上。近年来印迹方法和固定支持滤膜都有了很大的改进，印迹方法如电转法、真空转移法；滤膜则发展了尼龙膜、化学活化膜（如 APT、 ABM 纤维素膜）等。利用 Southern 印迹法可进行克隆基因的酶切、图谱分析、基因组中某一基因的定性及定量分析、基因突变分析及限制性片段长度多态性分析（RFLP）等。

（二）实验方法

以哺乳动物基因组 DNA 为例，介绍 Southern 印迹杂交的基本步骤。

1. 待测核酸样品的制备

（1）制备待测 DNA：基因组 DNA 从动物组织（或）细胞制备。

① 采用适当的化学试剂裂解细胞，或者用组织匀浆器研磨破碎组织中的细胞；

② 用蛋白酶和 RNA 酶消化大部分蛋白质和 RNA；

③ 用有机试剂（酚/氯仿）抽提方法去除蛋白质。

（2）DNA 限制酶消化：基因组 DNA 很长，需要将其切割成大小不同的片段之后才能用于杂交分析，通常用限制酶消化 DNA。一般选择一种

限制酶来切割 DNA 分子，但有时为了某些特殊的目的，分别用不同的限制酶消化基因组 DNA。切割 DNA 的条件可根据不同目的设定，有时可采用部分和充分消化相结合的方法获得一些具有交叉顺序的 DNA 片段。消化 DNA 后，加入 EDTA，65℃加热灭活限制酶，样品即可直接进行电泳分离，必要时可进行乙醇沉淀，浓缩 DNA 样品后再进行电泳分离。

2. 琼脂糖凝胶电泳分离待测 DNA 样品

（1）基本原理：Southern 印迹杂交是先将 DNA 样品（含不同大小的 DNA 片段）按片段长短进行分离，然后进行杂交。这样可确定杂交靶分子的大小。因此，制备 DNA 样品后需要进行电泳分离。

在恒定电压下，将 DNA 样品放在 0.8%~1.0% 琼脂糖凝胶中进行电泳，标准的琼脂糖凝胶电泳可分辨 70~80000bp 的 DNA 片段，故可对 DNA 片段进行分离。但需要用不同的胶浓度来分辨这个范围内的不同的 DNA 片段。原则是分辨大片段的 DNA 需要用浓度较低的胶，分辨小片段 DNA 则需要浓度较高的胶。

琼脂糖凝胶是由琼脂糖形成的网状物质，具有分子筛作用。在相应的电泳缓冲液中，DNA 在电场的作用下由负极向正极泳动，分子越大，泳动速度越慢；反之，分子小则泳动速度快，而大小相同的分子则泳动速度相同。因此在恒定的电场下，经过一段时间的电泳后，DNA 按分子大小在凝胶中形成许多条带，大小相同的分子处于同一条带。另外为了便于测定待测 DNA 分子量的大小，往往同时在样品邻近的泳道中加入已知分子量的 DNA 样品，即标准分子量 DNA（DNA marker）进行电泳。DNA marker 可以用放射性核素进行末端标记，通过这种方式，杂交后的标准分子量 DNA 也能显影出条带。

在制备凝胶和电泳过程中需要注意的几个问题是：1）尽可能在使用之前配制新鲜凝胶；2）如果使用的胶比较薄，铺胶后 1h 内使用；3）胶中不要含有 EB，否则会引起非特异性背景；4）电泳结束后用 1μg/mL 的 EB 染色，然后用水脱色（如果胶里含的是 RNA，则使用无 RNA 酶的水），以保证核酸的完整性。

（2）基本步骤

①制备琼脂糖凝胶，尽可能薄。DNA样品与上样缓冲液混匀，上样。

一般而言，对地高辛杂交系统，所需DNA样品的浓度较低，每道加2.5~5μg人类基因组DNA；如果基因组比人类DNA更复杂（如植物DNA）则上样量可达10μg；每道上质粒DNA<1ng。

②分子质量标志物（DIG标记）上样。

③电泳，使DNA条带很好地分离。

④评价靶DNA的质量。在电泳结束后，0.25~0.50μg/mL EB染色15~30min，紫外灯下观察凝胶。

3. 电泳凝胶预处理

（1）原理：DNA样品在制备和电泳过程中始终保持双链结构。为了有效地实现Southern印迹转移，对电泳凝胶做预处理十分必要。分子量超过10kb的较大的DNA片段与较短的小分子量DNA相比，需要更长的转移时间。所以为了使DNA片段在合理的时间内从凝胶中移动出来，必须将最长的DNA片段控制在2kb以下。DNA的大片段必须被打成缺口以缩短其长度。因此，通常是将电泳凝胶浸泡在0.25mol/L的HCl溶液中做短暂的脱嘌呤处理之后，移至碱性溶液中浸泡，使DNA变形并断裂形成较短的单链DNA片段，再用中性pH的缓冲液中和凝胶中的缓冲液。这样，DNA片段经过碱变性作用，亦会保持单链状态而易于同探针分子发生杂交作用。

（2）基本步骤

1）如果靶序列>5kb，则需进行脱嘌呤处理：把凝胶浸在0.25mol/LHCl中，室温轻轻晃动，直到溴酚蓝从蓝变黄。

注意：处理人类基因组DNA不超过10min；处理植物基因组DNA不超过20min。然后把凝胶浸在灭菌双蒸水中。

2）如果靶序列<5kb，则直接进行下面的步骤：把凝胶浸在变性液

（0.5mol/LNaOH，1.5mol/LNaCl）中，室温 2×15min，轻轻晃动。再把凝胶浸在灭菌双蒸水中，之后将凝胶浸在中和液中（0.5mol/L Tris-HCl，pH7.5，1.5mol/L NaCl），室温 2×15min，最后放至 20×SSC 中平衡凝胶至少 10min。

4. 转膜　即将凝胶中的单链 DNA 片段转移到固相支持物上。而此过程最重要的是保持各 DNA 片段的相对位置不变。DNA 是沿与凝胶平面垂直的方向移出并转移到膜上，因此，凝胶中的 DNA 片段在碱变性过程已经变性成单链并已断裂，转移后各个 DNA 片段在膜上的相对位置与在凝胶中的相对位置仍然一样，故而称为印迹（blotting）。

用于转膜的固相支持物有多种，包括硝酸纤维素膜（NC 膜）、尼龙（Nylon）膜、化学活化膜和滤纸等，转膜时可根据不同需要选择不同的固相支持物用于杂交。其中常用的是 NC 膜和 Nylon 膜。

（1）细管虹吸印迹法：此法是利用浓盐酸转移缓冲液的推动作用将凝胶中的 DNA 转移到固相支持物上。容器中的转移缓冲液含有高浓度的 NaCl 和柠檬酸钠，上层吸水纸的虹吸作用使缓冲液通过滤纸桥、滤纸、凝胶、硝酸纤维素膜或尼龙膜向上运动，同时带动凝胶中的 DNA 片段垂直向上运动而滞留在膜上。

步骤：

① 20×SSC 浸湿一张 whatman 3mm 滤纸放在支撑平台上，此平台要比凝胶稍大，形成一个"桥"。

②凝胶反放在浸湿的 whatman 3mm 滤纸上，注意两者之间不能有气泡。

③照凝胶的大小剪一张尼龙膜。

④膜放在凝胶上。

⑤尼龙膜上放一张 whatman 3mm 滤纸、一叠吸水纸，上置一玻璃板，其上放一重约 0.2~0.5kg 的物品。

⑥ 20×SCC 的转移缓冲液中充分转移 18~24h，及时换掉浸湿的吸水纸。

⑦用以下方法把 DNA 固定在膜上：

紫外交联：把膜（DNA面朝上）放在用2×SCC浸湿的whatman 3mm滤纸上，把湿膜暴露在短波紫外光（254nm）下1~3min。在无菌双蒸水中浸润膜后在空气中晾干膜。

干燥：在2×SCC中短暂洗膜。120℃ 30min干烤固定或80℃ 2h干烤固定。

⑧ 如果不立即进行下一步杂交反应，则可把膜保存在两张whatman 3mm滤纸之间，放在密封袋中4℃保存。

（2）电转移法：此法是通过电泳作用将凝胶中的DNA转移到固相支持物上。其基本方法是将滤膜与凝胶贴在一起，并将凝胶与滤膜一起置于滤纸之间，固定于凝胶支持夹，将支持夹置于盛有转移电泳缓冲液的转移电泳槽中，凝胶平面与电场方向垂直，附有滤膜的一面朝向正极。在电场的作用下凝胶中的DNA片段向与凝胶平面垂直的方向泳动，从凝胶中溢出，滞留在滤膜上形成印迹。该法具有简单、快速、高效转移DNA的特点，尤其适用于用毛细管虹吸转移不理想的大片段DNA。一般只需2~3h，至多8h即可完成转移过程。但应用这种方法需注意：不能选用硝酸纤维素膜作为固相支持物；应用循环冷却水装置以保证转移缓冲液温度不会太高；转移缓冲液不能用高盐缓冲液，以免产生强电流破坏DNA。

具体步骤如下：

① 将凝胶浸泡于1×TBE或TAE中。

② 准备好电转移装置的凝胶支持夹，裁剪4张与凝胶大小相同的whatman 3mm滤纸和一张尼龙膜浸泡于1×TBE或TAE中。

③ 依次将凝胶、尼龙膜、滤纸和海绵垫叠放在凝胶支持夹中，各层之间不能有气泡滞留。

④ 将凝胶支持夹安放在充满1×TBE或TAE的电转仪中。

⑤ 尼龙膜一侧置正极，凝胶一侧置负极，300~600mA恒流，4~8h，循环水冷却或置冷室中。

⑥ 电转移完毕，尼龙膜用1×TBE或TAE漂洗，用干燥滤纸吸干，

80℃真空烘烤 2h 或短波紫外照射固定备用。

（3）**真空转移法**：此法原理与毛细管虹吸法相同，只是以滤膜在下，凝胶在上的方式将其放置在一个真空室上，利用真空作用将转膜缓冲液从上层容器中通过凝胶和滤膜抽到下层真空室中，同时带动核酸片段转移到置于凝胶下面的固相支持物上（尼龙膜或硝酸纤维素膜上）。

真空转移法的最大优点是迅速，可在转膜的同时进行 DNA 变性与中和，整个过程约需 30~60min。但在操作中应注意两个问题，一是真空压力不能太大，若压力过大，凝胶被压缩，转移效率会降低；二是真空转移液要密封严，防止漏气影响压力的产生。

5. 探针标记　用于 Southern 印迹杂交的探针可以是纯化的 DNA 片段或寡核苷酸片段。探针可以用放射性物质标记或用地高辛标记，放射性标记灵敏度高，效果好；地高辛标记没有半衰期，安全性好。人工合成的短寡核苷酸可以用 T4 多聚核苷酸激酶进行末端标记。探针标记的方法有随机引物法、切口平移法和末端标记法。

6. 预杂交（prehybridization）　将固定于膜上的 DNA 片段与探针进行杂交之前，必须先进行一个预杂交的过程。因为能结合 DNA 片段的膜同样能够结合探针 DNA，在进行杂交前，必须将膜上所有能与 DNA 结合的位点全部封闭，这就是预杂交的目的。预杂交是将转印后的滤膜置于一个浸泡在水浴摇床的封闭塑料袋中进行，袋中装有预杂交液，使预杂交液不断在膜上流动。预杂交液实际上就是不含探针的杂交液，可以自制或从公司购买，不同的杂交液配方相差较大，杂交温度也不同。但其中主要含有鲑鱼精子 DNA（该 DNA 与哺乳动物的同源性极低，不会与 DNA 探针杂交）、牛血清等，这些大分子可以封闭膜上所有非特异性吸附位点。

（1）具体步骤

① 配制预杂交液

6×SSC

5×Denhardt's 试剂

0.5% SDS

50%（v/v）甲酰胺

ddH$_2$O

100 ug/mL 鲑鱼精子 DNA 变性后加入

② 把预杂交液放在灭菌的塑料瓶中，在水浴中预热至杂交温度。

③ 将表面带有目的 DNA 的硝酸纤维素滤膜放入一个稍宽于滤膜的塑料袋，用 5~10mL 2×SSC 浸湿滤膜。

④ 将鲑鱼精子 DNA 置沸水浴中 10min，迅速置冰上冷却 1~2min，使 DNA 变性。

⑤ 从塑料袋中除净 2×SSC，加入预杂交液，每平方滤膜加 0.2mL。

⑥ 加入变性的鲑鱼精子 DNA 置终浓度 200μg/mL。

⑦ 尽可能除净袋中的空气，用热封口器封住袋口，上下颠倒数次以使其混匀，置于 42℃水浴中温浴 4h。

（2）注意事项

① 每平方硝酸纤维素膜需预杂交液 0.2mL。

② 预杂交液制备时可用或不用 poly（A）RNA。

③ 当使用 ^{32}P 标记的 cDNA 作探针时，可以在预杂交液或杂交液中加入 poly（A）RNA 以避免探针同真核生物 DNA 中普遍存在的富含胸腺嘧啶的序列结合。

④ 按照探针、靶基因和杂交液的特性确定合适的杂交温度。如果使用标准杂交液，靶序列 DNA GC 含量为 40%，则杂交温度为 42℃。

7. Southern 杂交

（1）原理：转印后的滤膜在预杂交液中温浴 4~6h，即可加入标记的探针 DNA（探针 DNA 预先经加热变性成为单链 DAN 分子），即可进行杂交反应。杂交是在相对高离子强度的缓冲盐溶液中进行。杂交过夜，然后在较高温度下用盐溶液洗膜。离子强度越低，温度越高，杂交的严格程度越高，也就是说，只有探针和待测顺序之间有非常高的同源性时，才能在低盐高温的杂交条件下结合。

（2）步骤

① 将标记的 DNA 探针置沸水浴 10min，迅速置冰上冷却 1~2min，使 DNA 变性。

② 从水浴中取出含有滤膜和预杂交液的塑料袋，剪开一角，将变性的 DNA 探针加到预杂交液中。

③ 尽可能除去袋中的空气，封住袋口，滞留在袋中的气泡要尽可能地少，为避免同位素污染水浴，将封好的杂交袋再封入另一个未污染的塑料袋内。

④ 置 42℃水浴温浴过夜（至少 18h）。

8. **洗膜**　取出 NC 膜，在 2×SSC 溶液中漂洗 5min，然后按照下列条件洗膜：

2×SSC/0.1%SDS，42℃，10min

1S×SCC/0.1%SDS，42℃，10min

0.5S×SCC/0.1%SDS，42℃，10min

0.2×SSC/0.1%SDS，56℃，10min

0.1×SSC/0.1%SDS，56℃，10min

采用核素标记的探针或发光剂标记的探针进行杂交还需注意的关键一步就是洗膜。在洗膜过程中，要不断振荡，不断用放射性检测仪探测膜上的放射强度。当放射强度指示数值较环境背景高 1~2 倍时，即停止洗膜。洗完的膜浸入 2×SSC 中 2min，取出膜，用滤纸吸干膜表面的水分，并用保鲜膜包裹。注意保鲜膜与 NC 膜之间不能有气泡。

9. **放射性自显影检测**

① 将滤膜正面向上，放入暗盒中（加双侧增感屏）。

② 在暗室内，将 2 张 X 光底片放入曝光暗盒，并用透明胶带固定，合上暗盒。

③ 将暗盒置 -70℃低温冰箱中使滤膜对 X 光底片曝光（根据信号强弱

决定曝光时间，一般为 1~3 天）。

④ 从冰箱中取出暗盒，置室温 1~2h，使其温度上升至室温，然后冲洗 X 光底片（洗片时先洗一张，若感光偏弱，则多加两天曝光时间，再洗第二张片子）。

（三）实验结果

在膜上，阳性反应呈带状。

（四）实验中应注意以下问题

1. 转膜必须充分，要保证 DNA 已转到膜上。

2. 杂交条件及漂洗是保证阳性结果和背景反差对比好的关键。

3. 洗膜不充分会导致背景太深，洗膜过度又可能导致假阴性。

4. 若用到有毒物质，必须注意环保及安全。

二、Northern 印记杂交法

（一）基本原理与注意事项

Northern 印迹杂交（Northern blotting）是一种将 RNA 从琼脂糖凝胶中转印到硝酸纤维素膜上的方法。DNA 印迹技术由 Southern 于 1975 年创建，称为 Southern 印迹技术，RNA 印迹技术正好与 DNA 相对应，故被称为 Northern 印迹杂交，与此原理相似的蛋白质印迹技术则被称为 Western 印记杂交技术。

Northern 印迹杂交的 RNA 吸印与 Southern 印迹杂交的 DNA 吸印方法类似，只是在进样前用甲基氢氧化银、乙二醛或甲醛使 RNA 变性，而不用 NaOH，因为它会水解 RNA 的 2'- 羟基基团。

RNA 变性后有利于在转印过程中与硝酸纤维素膜结合，它同样可在高盐中进行转印，但在烘烤前与膜结合得并不牢固，所以在转印后用低盐缓冲液洗脱，否则 RNA 会被洗脱。在胶中不能加 EB，因为它会影响 RNA 与硝酸纤维素膜的结合。为测定片段大小，可在同一块胶上加分子量标记物一同电泳，之后将标记物切下、上色、照相，样品胶则进行 Northern 转印。琼脂糖凝胶中分离功能完整的 mRNA 时，甲基氢氧化银是一种强力、可逆变性剂，但是有毒，因而许多人喜用甲醛作为变性剂。所有操作均应避免 RNase 的污染。

（二）操作步骤

1. 用 RNAZap 去除用具表面的 RNase 酶污染　用 RNAZap 擦洗梳子、电泳槽、刀片等，然后用 DEPC 水冲洗二次，去除 RNAZap。

2. 制胶

① 称取 0.36mg 琼脂糖加入三角锥瓶中，加入 32.4mL DEPC 水后，微波炉加热至琼脂糖完全熔解。60℃空气浴平衡溶液（需加 DEPC 水补充蒸发的水分）。

② 在通风橱中加入 3.6mL 的 10×Denaturing Gel buffer（变性胶缓冲液），轻轻振荡混匀。注意尽量避免产生气泡。

③ 将熔胶倒入制胶板中，插上梳子，如果胶溶液上存在气泡，可以用热的玻璃棒或其他方法去除，或将气泡推到胶的边缘。注：胶的厚度不能超过 0.5cm。

④ 胶在室温下完全凝固后，将胶转移到电泳槽中，加 1×MOPS Gel Running buffer（MOPS 电泳缓冲液）盖过胶面约 1cm，小心拔出梳子。（配制 250mL　1×MOPS Gel Running buffer，在电泳过程中补充蒸发的缓冲液。）

3. RNA 样品的制备　在 RNA 样品中加入 3 倍体积的 formaldehyde load dye（甲醛负载染料）和适当的 EB（终浓度为 10ug/mL）。混匀后，65℃空气浴 15min。短暂低速离心后，立即放置于冰上 5min。

4. 电泳

① 将 RNA 样品小心加到点样孔中。

② 在 5 V/cm 下跑胶（5×14cm）。在电泳过程中，每隔 30 min 短暂停止电泳，取出胶，混匀两极的电泳液后继续电泳。当胶中的溴酚蓝（500bp）接近胶的边缘时终止电泳。

③ 紫外灯下，检验电泳情况，并用尺子测量 18S、28S、溴酚蓝到点样孔的距离。注意不要让胶在紫外灯下曝光太长时间。

5. 转膜

① 用 3% 双氧水浸泡真空转移仪后，用 DEPC 水冲洗。

② 用 RNAZap 擦洗多孔渗水屏和塑胶屏，用 DEPC 水冲洗二次。

③ 连接真空泵和真空转移仪，剪取一块适当大小的膜（膜的四边应大于塑胶屏孔口 5mm），膜在 Transfer buffer（转膜缓冲液）浸湿 5min 后，放置在多孔渗水屏的适当位置。

④ 盖上塑胶屏，盖上外框，扣上锁。

⑤ 将胶的多余部分切除，切后的胶四边要能盖过塑胶屏孔，并至少盖过边缘约 2mm，以防止漏气。

⑥ 将胶小心放置在膜的上面，膜与胶之间不能有气泡。

⑦ 打开真空泵，使压强维持在 50~58 mbar；立即将 transfer buffer 加到胶面和四周。每隔 10min 在胶面上加 1mL transfer buffer，真空转移 2h。

⑧ 转膜后，用镊子夹住膜，于 1×MOPS Gel Running buffer 中轻轻泡洗 10s，去除残余的胶和盐。

⑨ 用吸水纸吸取膜上多余的液体后，将膜置于 UV 交联仪中自动交联。

⑩ 将胶和紫外交联后的膜，在紫外灯下检测转移效率。（避免太长的紫外曝光时间）

⑪ 将膜在 –20℃保存。

6. 探针的制备

① 在 1.5mL 离心管中配制以下反应液：

模板 DNA（25ng）	1 μL
随机引物	2 μL
灭菌水	11 μL
总体积：	14 μL

② 95℃加热 3min 后，迅速放置于冰上冷却 5min。

③ 在离心管中按下列顺序加入以下溶液：

10×Buffer	2.5 μL

dNTP	2.5 μL
111 TBq/mmol[α-^{32}P]dCTP	5 μL
Exo-free Klenow 片段	1 μL

④ 混匀后（25μL），37℃下反应 30min。短暂离心，收集溶液到管底。

⑤ 65℃加热 5min 使酶失活。

7. 探针的纯化及比活性测定

① 准备凝胶：将 1g 凝胶加入 30mL 的 DEPC 水中，浸泡过夜。用 DEPC 水洗涤膨胀的凝胶数次，以除去可溶解的葡聚糖。换用新配制的 TE（pH7.6）。

② 取 1mL 一次性注射器，去除内芯推杆，将注射器底部用硅化的玻璃纤维塞住，在注射器中装填 Sephadex G-50 凝胶。

③ 将注射器放入一支 15mL 离心管中，注射器把手架在离心管口上。1600g 离心 4min，凝胶压紧后，补加 Sephadex G-50 凝胶悬液，重复此步骤直至凝胶柱高度达注射器 0.9mL 刻度处。

④ 100μL STE 缓冲液洗柱，1600g 离心 4min。重复 3 次。

⑤ 倒掉离心管中的溶液后，将一去盖的 1.5mL 离心管置于管中，再将装填了 Sephadex G-50 凝胶的注射器插入离心管中，注射器口对准 1.5mL 离心管。

⑥ 将标记的 DNA 样品加入 25μL STE，取出 0.5μL 点样于 DE8-paper 上，其余上样于层析柱上。

⑦ 1600g 离心 4min，DNA 将流出被收集在去盖的离心管中，而未掺入 DNA 的 dNTP 则保留在层析柱中。取 0.5μL 已纯化的探针点样于 DE8-paper.

⑧测比活性（试剂比活要求 :106 cpm/mL）。

8. 预杂交

① 将预杂交液在杂交炉中 68℃预热，并漩涡使未溶解的物质溶解。

② 加入适当的 ULRAhyb 到杂交管中（以 100cm² 膜面积加入 10mL

ULRAhyb 杂交液），42℃预杂交 4h。

9. 探针变性

① 用 10 mM EDTA 将探针稀释 10 倍。

② 90℃热处理稀释探针 10min 后，立即放置于冰上 5min。

③ 短暂离心，将溶液收集到管底。

10. 杂交

① 加入 0.5mL ULTRAhyb 到变性的探针中，混匀后，将探针加到预杂交液中。

② 42℃杂交过夜（14~24h）。

杂交完后，将杂交液收集起来于 –20℃保存。

11. 洗膜

① 低严紧性洗膜：加入 Low Stringency Wash Solution#1（100 cm² 膜面积加入 20mL 洗膜溶液），室温下，摇动洗膜 5min 两次。

② 高严紧性洗膜：加入 High Stringency Wash Solution#2（100cm² 膜面积加入 20mL 洗膜溶液），42℃摇动洗膜 20min 两次。

12. 曝光

① 将膜从洗膜液中取出，用保鲜膜包住，以防止膜干燥。

② 检查膜上放射性强度，估计曝光时间。

③ 将 X 光底片覆盖于膜上，曝光。

④ 冲洗 X 光底片，扫描记录结果。

13. 去除膜上的探针 将 200mL 0.1%SDS（由 DEPC 水配制）煮沸后，将膜放入，室温下让 SDS 冷却到室温，取出膜，去除多余的液体，干燥后，可以保存几个月。

（三）优缺点

1. 过程较多，耗时较长。

2. Northern 杂交步骤中转膜和洗膜都将造成样品和探针的损失，使灵敏度下降。

三、菌落原位杂交法

（一）基本原理

菌落原位杂交是将细菌从培养平板转移到硝酸纤维素滤膜上，然后将滤膜上的菌落裂菌以释出 DNA。将 NDA 烘干固定于膜上与 ^{32}P 标记的探针杂交，放射自显影检测菌落杂交信号，并与平板上的菌落对位。

（二）操作步骤

① DNA 的变性；②变性 DNA 在硝酸纤维素膜上的固定；③预杂交；④杂交；⑤洗膜；⑥结果显示。

（三）优缺点

用简单的滤纸即可完全将菌落转移。由于大菌落所包含的质粒拷贝数多于相应的小菌落，因此产生的杂交信号较强，减少了曝光时间（室温）。此外，由于滤纸法省去了真空烤膜和预杂交操作，缩短了整个分析时间。虽然滤纸法具有上述优点，但它并不能完全代替硝酸纤维素膜杂交法，尤其是对高密度菌落的杂交筛选。另外，滤纸的强度较差，操作过程中要仔细、小心。

四、斑点杂交法

（一）基本原理

斑点杂交法是将被检标本点到膜上，烘烤固定。为使点样准确方便，有多种多管吸印仪（manifolds），如 Minifold I 和 II、Bio-Dot（Bio - Rad）和 Hybri - Dot，它们有许多孔，样品加到孔中，在负压下就会流到膜上呈斑点状或狭缝状，反复冲洗进样孔，取出膜烤干或紫外线照射以固定标本，这时的膜就可以进行杂交。

（二）主要步骤

1. DNA 斑点杂交

（1）先将膜在水中浸湿，再放到 15×SSC 中。

（2）将 DNA 样品溶于水或 TE，煮沸 5min，冰中速冷。

（3）用铅笔在滤膜上标好位置，将 DNA 点样于膜上。每个样品一般点 50μL（2~10μg DNA）。

（4）将膜烘干，密封保存备用。

2. RNA 斑点杂交 与上法类似，每个样品至多加 $10\mu g$ 总 RNA（经酚/氯仿或异硫氰酸胍提取纯化）。方法是将 RNA 溶于 $5\mu L$ DEPC 水，加 $15\mu L$ 甲醛/SSC 缓冲液（$10\times SSC$ 中含 0.15mol/L 甲醛）使 RNA 变性。然后取 $5\sim8\mu L$ 点样于处理好的滤膜上，烘干。

整个 RNA 实验中，要防止激活内源性 RNase，有许多种预防措施，有一种是在样品中加入核糖核苷氧矾基复合物。

3. 完整细胞斑点杂交 应用类似检测细菌菌落的方法，可以对细胞培养物的特异序列进行快速检测。将整个细胞点到膜上，经 NaOH 处理，使 DNA 暴露、变性和固定，再按常规方法进行杂交与检测。有人曾用此法从 105 个培养细胞中检测到少至 5pg 的 Epstein - Barr 病毒 DNA。

（三）优缺点

总的来说，这三种方法耗时短，可做半定量分析，一张膜上可同时检测多个样品。

1. RNA 斑点杂交中标本处理技术可以简化，不用提取和纯化 RNA，用含 0.5%Nonidet P40 的低渗缓冲液对多种动物细胞作简单处理，离心去掉细胞核和细胞碎片，就得到基本不带 DNA 而富含 RNA 的细胞质提取物，这一粗 RNA 在高盐下用甲醛变性，不需加工直接点到硝酸纤维素膜上。本法可以快速检测大量标本。

2. 完整细胞斑点印迹法可以用于筛选大量标本，因为它是使细胞直接在膜上溶解，所以 DNA 含量甚至比常用的提取法还高，又不影响与 ^{32}P 标记的探针杂交。但它不适于非放射性标记探针，因为 DNA 纯度不够。

五、狭缝杂交法

与斑点印迹一样的原理，斑点印迹为圆形，而狭缝印迹为线状。一般来说，斑点印迹更为清晰，定量更为准确。

六、核酸原位杂交法

原位杂交技术的基本方法包括：①杂交前准备，包括固定、取材、玻片和组织的处理、如何增强核酸探针的穿透性、减少背景染色等；②杂交；③杂交后处理；④显示（visualization），包括放射自显影和非放射性标记的组织化学或免疫组织化学显色。

（一）固定

原位杂交固定的目的是为了保持细胞形态结构，最大限度地保存细胞内的 DNA 或 RNA 的水平；使探针易于进入细胞或组织。DNA 是比较稳定的，mRNA 是相对稳定的但易被酶合成和降解。RNA 更易被酶降解，在 RNA 的定位上，如果要使 RNA 的降解减少到最低限度，取材后应尽快予以冷冻或固定。在解释结果时应考虑到取材至进入固定剂或冰冻这段时间对 RNA 保存所带来的影响，因组织中 mRNA 的降解是很快的。

1. 最常用多聚甲醛固定组织，因其不会与蛋白质产生广泛的交叉连接，不会影响探针穿透细胞或组织。

2. 醋酸、酒精的混合液和 Bouin's 固定剂也能获得较满意的效果。

3. mRNA 的定位：将组织固定于 4% 多聚甲醛磷酸缓冲液中 1~2h，在冷冻前浸入 15% 蔗糖溶液中，置 4℃冰箱过夜，次日切片或保存在液氮中，恒冷箱切片机或振荡切片机切片。

4. 组织也可在取材后直接置入液氮冷冻，切片后才将其浸入 4% 多聚甲醛约 10min，空气干燥后保存在 –70℃下。如冰箱温度恒定，在 –70℃切片可保存数月之久不会影响杂交结果。

在病理学活检取材时多用福尔马林固定和石蜡包埋，这种标本对检测 DNA 和 mRNA 有时也可获得杂交信号，但石蜡包埋切片由于与蛋白质交联的增加，影响核酸探针的穿透，因而杂交信号常低于冰冻切片。同时，在包埋的过程中可减少 mRNA 的含量。其他固定剂如应用多聚甲醛蒸气固定干燥后的冷冻切片也可获满意效果。

各种固定剂均有各自的优缺点，如沉淀性（Precipitating）固定剂：酒精/醋酸混合液、Bouin's 液、Carnoy's 液等能为增加核酸探针的穿透性提供最佳条件，但它们不能最大限度地保存 RNA，而且对组织结构有损伤。

戊二醛较好地保存RNA和组织形态结构,但由于和蛋白质产生广泛的交联,从而大大地影响了核酸探针的穿透性。

（二）玻片和组织切片的处理

1. 玻片的处理 玻片包括盖片和载玻片,应用热肥皂水刷洗,自来水清洗干净后,置于清洁液中浸泡24h,清水洗净烘干,95%酒精中浸泡24h后蒸馏水冲洗、烘干,烘箱温度最好在150℃或以上,过夜以去除任何RNA酶。盖玻片在有条件时最好用硅化处理,锡箔纸包裹无尘存放。

要应用黏附剂预先涂抹在玻片上,干燥后待切片时应用,以保证在整个实验过程中切片不致脱落。常用的黏附剂有铬矾明胶液,其优点是价廉易得,黏附效果较差。多聚赖氨酸液具有较好的黏附效果,但价格昂贵。一种新的黏附剂APES黏附效果好,价格较多聚赖氨酸便宜,制片后可长期保存应用。

2. 增强组织的通透性和核酸探针的穿透性 增强组织通透性常用的方法如应用稀释的酸洗涤、去垢剂（detergent）或称清洗剂 Triton X100、酒精或某些消化酶如蛋白酶 K、胃蛋白酶、胰蛋白酶、胶原蛋白酶和淀粉酶（diastase）等。这种广泛的去蛋白作用可增强组织的通透性和核酸探针的穿透性,提高杂交信号,但同时也会减少RNA的保存量和影响组织结构的形态,因此,在用量及孵育时间上应慎为掌握。蛋白酶 K（Proteinase K）的消化作用的浓度及孵育时间视组织种类、应用固定剂种类、切片的厚薄而定。一般应用蛋白酶 K $1\mu g/mL$（于 0.1 mol/L Tris/50 mmol/L EDTA,pH8.0 缓冲液中）,37℃孵育 15~20min,以达到充分的蛋白消化作用而不致影响组织的形态。蛋白酶 K 还具有消化包围着靶 DNA 的蛋白质的作用,从而提高杂交信号。甘氨酸是蛋白酶 K 的抑制剂,常用 0.1 mol/L 的甘氨酸溶液（在 PBS 中）清洗以终止蛋白酶 K 的消化作用,Burns 等报道应用胃蛋白酶（Pepsin）20~100 $\mu g/mL$（用 0.1 N HCl 配）37℃、30min 进行消化,所获实验结果优于蛋白酶 K。为保持组织结构,通常用4% 多聚甲醛再固定。

3. 减少背景染色 背景染色的形成是诸多因素导致的。杂交后的酶处理和杂交后的洗涤均有助于减少背景染色。在多聚甲醛固定后，浸入乙酸酐（acetic anhydride）和三乙醇胺（triethanolamine）中以降低静电效应，减少探针对组织的非特异性背景染色。预杂交（prehybridization）是减少背景染色的一种有效手段。预杂交液和杂交液的区别在于前者不含探针和硫酸葡聚糖。将组织切片浸入预杂交液中可达到封闭非特异性杂交点的目的，从而减少背景染色。在杂交后洗涤中采用低浓度的 RNA 酶溶液（20μg/mL）洗涤一次，以减少残留的内源性的 RNA 酶，减低背景染色。

4. 防止 RNA 酶的污染　由于在手指皮肤及实验用玻璃皿上均可能有 RNA 酶，为防止其污染影响实验结果，在整个杂交前处理过程都需戴消毒手套。所有实验用玻璃器皿及镊子都应于实验前一日置高温（240℃）烘烤以达到消除 RNA 酶的目的。要破坏 RNA 酶，其最低温度必须在 150℃左右。

（三）杂交（Hybridization）

杂交是将杂交液滴于切片组织上，加盖硅化的盖玻片，或采用无菌的蜡膜代替硅化的盖玻片，加盖片防止孵育过程中杂交液蒸发。在盖玻片周围加液体石蜡封固或加橡皮泥封固。硅化的盖玻片的优点是清洁无杂质，光滑不会产生气泡和影响组织切片与杂交液的接触，盖玻片自身有一定重量能使有限的杂交液均匀覆盖。可将有硅化盖玻片进行杂交的载玻片放在盛有少量 5×SSC 或 2×SSC（standard saline citrate ,SSC）溶液的湿盒中进行孵育。

（四）杂交后处理（Post hybridization treatment）

杂交后处理包括系列不同浓度，不同温度的盐溶液的漂洗。特别是因为大多数的原位杂交实验是在低严格度条件下进行的，非特异性的探针片段黏附在组织切片上，从而增强了背景染色。RNA 探针杂交时产生的背景染色特别高，但能通过杂交后的洗涤有效地减少背景染色，获得较好的反差效果。在杂交后漂洗中的 RNA 酶液能将组织切片中非碱基配对 RNA 除去。一般遵循的共同原则是盐溶液浓度由高到低而温度由低到高。必须注意的是漂洗的过程中，切勿使切片干燥。干燥的切片即使用大量的溶液漂洗也很难减少非特异性结合，从而增强了背景染色。

（五）显示（Visualization）

显示又可称为检测系统（Detection system）。根据核酸探针标记物的种类分别进行放射自显影或利用酶检测系统进行不同的显色处理。细胞或组织的原位杂交切片在显示后均可进行半定量的测定，如放射自显可利用人工或计算机辅助的图像分析检测仪（computer assisted image analysis）检测银粒的数量和分布的差异。非放射性核酸探针杂交的细胞或组织可利用酶检测系统显色，然后利用显微分光光度计或图像分析仪对不同类型数量的核酸显色强度进行检测。但做半定量测定必须注意严格控制实验的同一条件，如切片的厚度，取材至固定的间隔时间等。如为放射自显影，核乳胶膜的厚度与稀释度等必须保持一致。

（六）对照实验和结果的判断

对照实验的设置须根据核酸探针和靶核苷酸的种类和现有的可能条件去选定，常用的对照实验有下列几种。

1. 将 cDNA 或 cRNA 探针进行预杂交（吸收实验）。

2. 与非特异性（载体）序列和不相关探针杂交（置换实验）。

3. 将切片应用 RNA 酶或 DNA 酶进行预处理后杂交。应用同义 RNA 探针（Sense probe）进行杂交。

4. 以不加核酸探针杂交液进行杂交（空白实验）。

5. 用已知确定为阳性或阴性组织进行杂交对照。

6. 应用未标记探针做杂交进行对照。

七、Western 印记杂交法

（一）原理

是将蛋白质电泳、印迹、免疫测定融为一体的特异性蛋白质的检测方法。其原理是：生物中含有一定量的目的蛋白，先从生物细胞中提取总蛋白或目的蛋白，将蛋白质样品溶解于含有去污剂和还原剂的溶液中，经

SDS-PAGE 电泳将蛋白质按分子量大小分离，再把分离的各蛋白质条带原位转移到固相膜（硝酸纤维素膜或尼龙膜）上，接着将膜浸泡在高浓度的蛋白质溶液中温浴，以封闭其非特异性位点。然后加入特异性抗体（一抗），膜上的目的蛋白（抗原）与一抗结合后，再加入能与一抗专一性结合的带标记的二抗（通常一抗用兔来源的抗体时，二抗用羊抗兔免疫球蛋白抗体），最后通过二抗上带标记化合物（一般为辣根过氧化物酶或碱性磷酸酶）的特异性反应进行检测。根据检测结果，从而可得知被检生物细胞内目的蛋白的表达与否、表达量及分子量等情况。

（二）步骤

① 用已制备好的 SDS-PAGE 分离的蛋白凝胶。

② 用一张滤纸，剪成与胶同样大小，在转移电泳缓冲液中预湿，放在 Scotch-Brit 板上，在胶的阴性端放上滤纸，胶的表面用该缓冲液浸湿，排出所有气泡。

③ 在胶的阳极面放置同样大小浸湿的硝酸纤维素膜，排出气泡，再在滤膜的阳极端放置一张滤纸，排出气泡，再放一个 Scotch-Brit 板。

④将以上"三明治"样装置放入一个塑料支撑物中间，将支撑物放入电转移装置中，加入电转移缓冲液。

⑤ 接通电源：使胶上的蛋白转移到硝酸纤维素膜上，电压为 14V 4℃转移 4h 或过夜。

⑥ 将滤膜放入丽春红 S 溶液中 5min，蛋白染色水中脱色 2min，照相，用印度墨水将分子量标准染色，在水中完全脱色。

⑦ 将滤膜放在塑料袋中，每 3 张加入 5mL 封闭缓冲液（1g 速溶去脂奶粉溶于 100mL PBS 中），封闭特异性抗体结合位点，室温 1h，摇动，倒出封闭缓冲液。

⑧ 在封闭缓冲液中稀释第一抗体，加入后室温放置 1h，将滤膜转到塑料盒中，用 200mL PBS 洗四次，摇动。

⑨ 在封闭缓冲液中稀释辣根过氧化物酶标记的二抗，重复步骤⑧。

⑩ 将滤膜放在 100mL 新配制的 DAB 底物溶液中，大约 2~3min 就可显色，用水冲洗终止反应，照相。

⑪ 结果分析：分析阳性（显色）条带的分子量大小，而且根据信号（颜色）强弱分析蛋白表达量。

（娜琴）

参考文献

马文丽.2011.分子生物学实验手册[M].北京：人民军医出版社.

马文丽，郑文岭.2007.核酸分子杂交技术[M].北京：化学工业出版社.

穆国俊,杨先泉.2012.遗传学实验教程[M].北京：中国农业大学出版社.

舒海燕，田保明.2008.遗传学实验[M].郑州：郑州大学出版社.

查锡良，药立波.2013.生物化学与分子生物学[M].北京：人民卫生出版社.

第五章　重组 DNA 技术

重组 DNA 技术（recombinant DNA technology），又称 DNA 克隆（DNA cloning）或分子克隆（molecular cloning）或基因工程（genetic engineering）技术，就是对不同生物的遗传物质，在体外进行剪切、组合和拼接；使遗传物质重新组合；然后通过载体转入微生物、植物和动物细胞内；进行无性繁殖；并使所需要的基因在细胞中表达，产生出人类所需要的产物或组建成新的生物类型：是在体外将两个或两个以上 DNA 分子重新组合并在适当的细胞中增殖形成新 DNA 分子的过程。其主要过程包括：应用工具酶在体外将目的 DNA 片段与能自主复制的载体 DNA 连接成重组 DNA 分子，进而在受体细胞中复制、扩增，从而获得单一 DNA 分子的大量拷贝。还可对目的基因进行人工控制下的表达并获得表达产物（蛋白质或肽）。

第一节　概述

克隆在生物学中其名词含义系指一个细胞或个体以无性繁殖的方式产生一群细胞或一群个体，在不发生突变的情况下，具有完全相同的遗传性状，常称无性繁殖（细胞）系；其动词（clone,cloned,cloning）含义指在生物体外用重组技术将特定基因插入载体分子中，即分子克隆技术或重组 DNA 技术（图 5-1）。

一、重组 DNA 技术基本步骤

① 从生物有机体基因组中，分离带有目的基因的 DNA 片段。

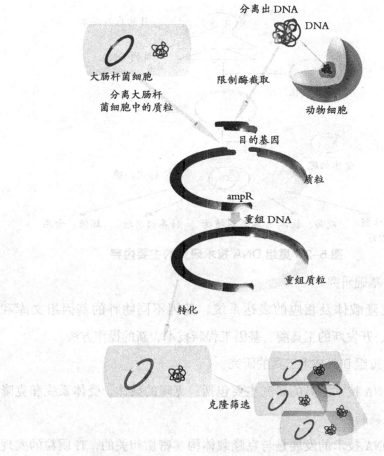

分离出 DNA

DNA

大肠杆菌细胞

限制酶截取

动物细胞

分离大肠杆
菌细胞中的质粒

目的基因

质粒

ampR

重组 DNA

重组质粒

转化

克隆筛选

图 5-1 DNA 重组技术

② 将带有目的基因的外源 DNA 片段连接到能够自我复制的并具有选择标记的载体分子上，形成重组 DNA 分子。

③ 将重组 DNA 分子转移到适当的受体细胞并与之一起增殖。

④ 从大量的细胞繁殖群体中，筛选出获得了重组 DNA 分子的受体细胞，并筛选出已经得到扩增的目的基因。

⑤ 将目的基因克隆到表达载体上，导入寄主细胞，使之在新的遗传背景下实现功能表达，研究核酸序列与蛋白质功能之间的关系。

二、重组 DNA 技术研究的内容

重组 DNA 技术研究的内容主要包括以下几个方面（图 5-2）。

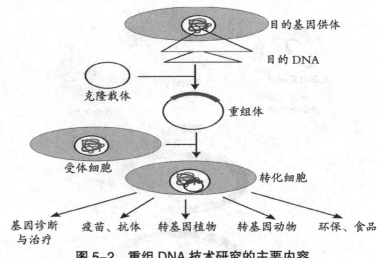

目的基因供体

目的 DNA

克隆载体

重组体

受体细胞

转化细胞

基因诊断 与治疗　疫苗、抗体　转基因植物　转基因动物　环保、食品

图 5-2　重组 DNA 技术研究的主要内容

（一）基础研究

构建克隆载体及相应的表达系统、基因不同物种的基因组文库和 cDNA 文库、开发新的工具酶、基因工程新技术、新的操作方法。

（二）重组 DNA 技术工具的研究

重组 DNA 技术工具的研究主要包括：克隆的载体、受体系统和克隆过程用的工具酶。

重组 DNA 技术的发展是与克隆载体构建密切相关的，Ti 质粒的发现使植物基因工程研究迅速发展起来；动物病毒克隆载体的构建，使动物基因工程研究也有一定的进展。可以认为构建克隆载体是基因工程技术路线中的核心环节。构建适合于高等动植物转基因的表达载体和定位整合载体是今后研究的重要内容。

重组 DNA 技术的受体细胞与载体是一个系统的两个方面。受体是克隆载体的宿主，是外源目的基因复制和表达的场所。单细胞、组织、器官和个体均可以作为受体。原核生物受体：E.coli。真核生物受体：酵母是单细胞真核生物受体。植物受体：愈伤组织、细胞和原生质，部分组织和器官。动物受体：生殖细胞和早期胚胎细胞作为基因工程受体。人的体细胞也可以作为基因工程受体。

DNA 克隆就是应用酶学的方法，在体外将各种来源的遗传物质与 DNA 克隆载体结合成一具有自我复制能力的 DNA 分子——复制子，继而通过转化或转染宿主细胞筛选出含有目的基因的转化子细胞，再进行扩增、提取获得大量同一 DNA 分子，即 DNA 克隆，又称重组 DNA。在重组 DNA 技术中，常需要一些基本工具酶进行基因操作。重组 DNA 技术常用工具酶有：限制性核酸内切酶、DNA 连接酶、DNA 聚合酶Ⅰ、Taq DNA 聚合酶等。在所有工具酶中，限制性核酸内切酶具有特别重要的意义。

（三）重组 DNA 技术的研究

自从 1951 年美国学者 E. 莱德伯格（Lederberg）等发现了分子克隆技术中广泛应用的噬菌体是大肠杆菌的温和 λ 噬菌体以来，分子克隆技术经过 30 余年的飞速发展，在 20 世纪 80 年代初，由于基因工程需重组 DNA 多拷贝复制，建立无性系，故"分子克隆"被用作重组 DNA 技术的另一个代名词。

1980 年首次采用合成生物学（synthetic biology）的概念来表述基因重组技术，随着基因组计划的成功，系统生物学突现为前沿，2000 年 E. 库尔（E.Kool）重新定义合成生物学为基于系统生物学的遗传工程，DNA 重组技术与转基因生物技术从而发展到了人工设计与合成全基因、基因调控网络，乃至基因组的一个新的历史时期。

重组 DNA 技术的理论研究来源于两个方面的基础理论研究：限制性核酸内切酶（简称限制酶）和基因载体（简称载体）。重组 DNA 技术中所用的载体主要是质粒和温和噬菌体两类，而在实际应用中的载体几乎都是经过改造的质粒或温和噬菌体。

应用重组 DNA 技术可以克隆和扩增某些原核生物和真核生物的基因，从而可以进一步研究它们的结构和功能。重组 DNA 技术的成就和提出的问题促进了遗传学、生物化学、微生物学、生物物理学和细胞学等学科的发展，并且有助于这些不同学科的结合。正在形成的一门新兴学科——生物工艺学或生物工程学，就是这种趋势的反映。

（四）重组 DNA 技术目的基因的研究

基因是一种极其重要的资源，1990 年开始，美国、英国、日本、德国、法国等国实施"人类基因组计划"，我国 1999 年 9 月获准参加这一计划，承担 1% 的测序任务。由此可见，获取目的基因也同样是重组 DNA 技术研究的重要内容。

重组 DNA 技术研究的基本任务是开发人民需要的基因产物，这样的基因叫做目的基因。获得目的基因的方法：主要通过构建基因组文库或 cDNA 文库，从中筛选出特殊需要的基因。简单的原核生物目的基因可从细胞核中直接分离得到，但人类的基因分布在 23 对染色体上，较难从直接法得到。简短的目的基因可在了解一级结构或通过了解多肽链一级结构氨基酸编码的核苷酸序列的基础上人工合成。但多数的目的基因由 mRNA 合成 cDNA（complementary DNA，反转录 DNA）得到。cDNA 通过各种方式与载体连接，克隆可得到全长 cDNA 或片段，用于探针制备、序列分析、基因表达等研究。

（五）重组 DNA 技术产品的研究

分子生物学技术是带动生命科学的前沿学科，也是医学向分子水平发展的先导。作为分子生物学技术中最重要、最有实用价值的重组 DNA 操作技术，已经为临床医学、药学和法医学等带来了革命性的变化。基因操作技术在医学方面的价值主要包括：提供多种发现疾病相关基因和认识疾病的分子机制的新策略；高效率、低成本生产人类疾病治疗和预防用的生物活性蛋白质；建立新的疾病诊断方法——基因诊断方法；纠正人类基因缺陷的方法——基因治疗；发展出新的法医学鉴定方法。

重组 DNA 技术的发展在医学上最重要的成就表现在治疗用生物活性蛋白或疫苗的生产和使用。重组 DNA 技术在大量生产生物活性蛋白的疫苗方面有着传统的生物提取法无法比拟的优越性。具有特定生物学活性的蛋白质在生物学和医学研究方面具有重要的理论和应用价值，这些蛋白质可以通过克隆其基因使之在宿主细胞中大量表达而获得。这尤其适用于那些来源特别有限的蛋白质。利用基因工程方法表达克隆基因还可以获得自然界本不存在的一些蛋白质。克隆基因可以放在大肠杆菌、枯草杆菌、酵母、昆虫细胞、培养的哺乳类动物细胞或整体动物中表达。

在基因诊断领域，利用重组 DNA 技术作为工具，直接从 DNA 水平监测人类遗传性疾病的基因缺陷，因而比传统的诊断手段更加可靠。利用 DNA 碱基互补的原理，用已知的带有标记的 DNA 通过核酸杂交的方法检测未知的基因。在基因治疗领域，将外源正常基因导入靶细胞，取代突变基因，补充缺失基因或关闭异常基因，达到从根本上治疗疾病的目的。基因治疗是 21 世纪的一大热点领域，被认为是征服肿瘤、心血管疾病、糖尿病尤其是遗传性疾病最有希望的手段。

目前，基因工程在其他方面的应用也取得了令人振奋的成果。如日本科学家利用基因工程使家蚕丝心蛋白基因与绿色荧光蛋白基因相互融合，得到的家蚕蚕丝可发出绿色的光泽。人们利用花卉的花色基因改变花的颜色、利用花形基因改变花的形状、利用香味基因改变花的香味等等，以使我们的生活环境更加色彩斑斓。发酵工业中用大肠杆菌生产人的生长激素释放抑制因子是第一个成功的实例。在 9 升细菌培养液中，这种激素的产量大约等于从 50 万头羊的脑中提取得到的量。这是把人工合成的基因连接到小型多拷贝质粒 pBR322 上，并利用乳糖操纵子 β－半乳糖苷酶基因的高效率启动子，构成新的杂种质粒而实现的。利用遗传工程手段还可以提高微生物本身所产生的酶的产量。例如可以把大肠杆菌连接酶的产量提高 500 倍。动植物育种工作中已经有一些研究明确地预示着重组 DNA 技术在这些方面的潜力。例如把来自兔的 β－血红蛋白基因注射到小鼠受精卵的核内，再将这种受精卵放回到小鼠输卵管内使它发育，在生下来的小鼠的肝细胞中发现有兔的 β－血红蛋白基因和兔的 β－血红蛋白基因。

第二节　重组 DNA 操作需要的工具酶

在重组 DNA 技术中，要利用各种不同的工具酶来对目的基因及载体进行相应的加工处理。重组 DNA 技术最主要的工具酶是限制性核酸内切酶（简称限制性内切酶或限制酶，RE）和 DNA 连接酶。限制性核酸内切酶具有识别双链 DNA 分子内部的特异序列，并裂解磷酸二酯键的功能，对目的 DNA 及载体进行特异性切割，使之适合特定方式的连接，被称为基因工程的"手术刀"。DNA 连接酶可将两个 DNA 片段连接成一个重组 DNA，被称为基因工程的"缝合线"。常用的工具酶是应用于分子克隆中的各种酶的总称，包括核酸序列分析、标记探针制备、载体构建、目的基因制取、重组 DNA 制备等所需要的酶类。

一、限制性核酸内切酶

（一）限制性核酸内切酶概述

限制性核酸内切酶是能够识别和切割双链 DNA 内部特定核苷酸序列的一类核酸酶，简称为限制性内切酶。限制性内切酶天然存在于细菌体内，与相伴存在的甲基化酶共同构成细菌的限制 – 修饰体系，以限制外源 DNA 和保护自身 DNA，对细菌性状的稳定遗传具有重要意义。

根据裂解 DNA 的方式等方面的差异，通常将限制性核酸内切酶分为三类：Ⅰ、Ⅱ、Ⅲ 类。基因工程中常用Ⅱ型，Ⅱ型限制性核酸内切酶可对 DNA 进行可控制的精确切割。限制性核酸内切酶命名原则，以 *Hin* d Ⅲ 为例：①第一个字母为细菌属的词首字母，斜体大写；②第二、第三个字母是细菌种的词首字母，斜体小写；③第四个字母（有时无）代表获得该酶的特定菌株，大写或小写；④用罗马数字表示发现的先后次序（见图 5-3）。

图 5-3　限制性核酸内切酶命名原则

（二）限制性核酸内切酶的切割位点及结果

重组 DNA 技术中常用的 Ⅱ 型限制性内切酶可以识别特异的核苷酸序列，通常为 4、6、8 个碱基对。这些序列中，许多属于回文结构（palindrome），即同一条单链以中心轴对折可形成互补的双链，也就是说序列中两条链按 5'→3' 方向的碱基序列完全一致。限制性内切酶在识别位点或其周围切割双链 DNA，切割后产生的片段具有不同的末端。如形成没有单链突出的末端，称为平端或钝端（blunt end），如 Sma I 的切割作用；如形成有单链突出的称为黏性末端（cohesive end）。黏性末端中有 5' 突出的黏性末端，如 BamH I 的切割作用；也有 3' 突出的黏性末端，如 Pst I 的切割作用。

Sma I 切点

5' · · · CCC ▼ GGG · · · 3'   5' · · · GGG · · · 3'

3' · · · GGG ▲ CCC · · · 5'   3' · · · CCC · · · 5'

Sma I 的识别序列、切割部位   Sma I 切割产生的平端

BamH I 切点

5' · · · G ▼ GATC C · · · 3'   5' · · · GATCC · · · 3'

3' · · · C CTAG ▲ G · · · 5'   G · · · 5'

BamH I 的识别序列和切割部位   BamH I 切割产生的 5' 突出的黏性末端

Pst I 切点

5' · · · CTGCA ▼ G · · · 3'   G · · · 3'

3' · · · G ▲ ACGTC · · · 5'   3' · · · ACGTC · · · 5'

Pst I 的识别序列和切割部位   Pst I 切割产生的 3' 突出的黏性末端

有些限制性核酸内切酶虽然识别的序列不完全相同，但切割 DNA 后可以产生相同的黏性末端，称为配伍末端（compatible end），切割产生配伍末端的两个酶称同尾酶。配伍末端可以相互连接，产生平端的不同的酶切割 DNA 后，也可以彼此连接。但是以这种方式连接后的 DNA 片段

中，不再含有原来两个同尾酶的酶切位点。如 BamH I 和 Bgl II 水解不同的 DNA 分子，产生相同的黏性末端，连接后的序列不能再被 BamH I 和 Bgl II 识别。

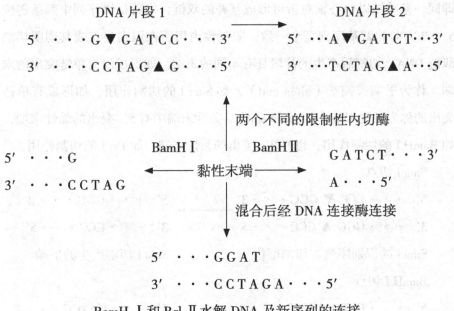

DNA 片段 1   DNA 片段 2

5′ ···G▼GATCC···3′   5′ ···A▼GATCT···3′

3′ ···CCTAG▲G···5′   3′ ···TCTAG▲A···5′

两个不同的限制性内切酶

5′ ···G   BamH I   BamH II   GATCT···3′

3′ ···CCTAG   ←——黏性末端——→   A···5′

混合后经 DNA 连接酶连接

5′ ···GGAT

3′ ···CCTAGA···5′

BamH I 和 Bgl II 水解 DNA 及新序列的连接

（三）影响限制性核酸内切酶活性的因素

1. DNA 纯度 在 DNA 样品中若含有蛋白质，或制备过程所用的样品中没有去除干净乙醇、酚、SDS、EDTA、氯仿和某些高浓度金属离子，均会降低限制性核酸内切酶的催化活性，甚至使限制酶不起作用。

2. 限制性核酸内切酶的缓冲液 限制性核酸内切酶的标准缓冲液包括氯化钠、氯化镁或氯化钾、Tris-HCl、巯基乙醇或二硫苏糖醇（DTT）以及牛血清白蛋白（BSA）等。使用所有限制酶均可发挥活性的一种缓冲液。不同限制性内切酶对氯化钠盐浓度的要求不同，这是不同限制酶缓冲液组成上的一个主要的不同。据此可分为高盐、中盐和低盐缓冲液，在进行双酶解或多酶解时，若这些酶切割可在同种缓冲液中作用良好，则几种酶可同时酶切；若这些酶所要求的缓冲液有所不同，可采用以下方法进行消化反应：先用要求低盐缓冲液的限制性内切酶消化 DNA，然后补足适量的 NaCl，再用要求高盐缓冲液的限制酶消化；先用一种酶进行酶解，然后用乙醇沉淀酶解产物，再重悬于另一缓冲液中进行第二次酶解。

　　3. 酶切消化反应的温度　影响限制性内切酶活性的一个重要因素是 DNA 消化反应的温度。限制性内切酶不同，则各自的最适反应温度也不同。多数限制性内切酶的最适反应温度是 37℃，少数限制性内切酶的最适反应温度低于或高于 37℃。

　　4. DNA 的分子结构　DNA 的分子构型对限制性内切酶的活性有很大影响，如消化超螺旋的 DNA 比消化线性 DNA 用酶量要高出许多倍。有些限制性内切酶消化它们自己的处于不同部位的限制位点，效率也有明显差异。而限制性内切酶反应的终止通常是采用 65℃条件下温浴 5min；加终止反应液（如 0.5mol/L 的 EDTA 使之在溶液中的终浓度达到 10mol/L）螯合 Mg^{2+}，以终止反应。

　　二、DNA 聚合酶

　　DNA 聚合酶（DNA polymerase）催化 DNA 合成的反应，在重组 DNA 技术中用于 DNA 的体外合成。经常使用的 DNA 聚合酶有大肠杆菌 DNA 聚合酶 I（全酶）、大肠杆菌 DNA 聚合酶 I 的 Klenow 片段（Klenow 酶）、T4 DNA 聚合酶以及耐高温 DNA 聚合酶等。这些 DNA 聚合酶的共同特点在于，它们都能够把脱氧核糖核苷酸连续地加到双链 DNA 分子引物链的 3′-羟基末端上。

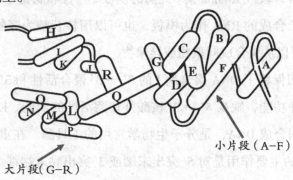

图 5-4　大肠杆菌 DNA 聚合酶 I

（一）大肠杆菌 DNA 聚合酶 I

大肠杆菌 DNA 聚合酶 I（DNApolymerase I，DNApol I）是 1958 年首先在大肠杆菌中发现的，称 DNA 聚合酶 I。纯化的 DNApol I 由一条多肽链组成，约含 1000 个氨基酸残基，分子量约为 109KD（图 5-4）。

DNA 聚合酶 I 在空间结构上近似球体，在酶分子上有一个深沟（cleft），带有正电荷，这是该酶的活性中心位置，在此位置上至少有 6 个结合位点：①模板 DNA 结合位点；② DNA 生长链或引物结合位点；③引物末端结合位点，用以结合专一引物或 DNA 生长链的 3' –OH；④脱氧核苷三磷酸结合位点；⑤ 5'→3' 外切酶活性位点，用以结合生长链前方的 5' – 端脱氧核苷酸并切除之；⑥ 3'→5' 外切酶活性位点，用以结合和切除生长链上未配对的 3' – 端核苷酸。

DNA 聚合酶 I 具有多种催化功能：① 5'→3' 聚合作用，沿着引物 3' –OH 末端，以 dNTP 为底物，按模板 DNA 上的指令逐个将核苷酸加上去；② 3'→5' 外切酶活性，起校对作用；③ 5'→3' 外切酶活性，切除修复作用。在重组 DNA 技术中 DNA 聚合酶 I 的主要作用是通过切口平移的方式制备用于核酸分子杂交分析用的 DNA 探针。

（二）Klenow 酶

大肠杆菌 DNA 聚合酶 I 经过枯草杆菌蛋白酶处理后，酶分子分裂成两个片段，小片段的分子量为 34KD，大片段分子量为 76KD，通常将大片段称为 Klenow 片段或 Klenow 酶。此酶的模板专一性和底物专一性均较差，它可以用人工合成的 RNA 作为模板，也可以用核苷酸为底物。在无模板和引物时还可以从头合成同聚物或异聚物。

Klenow 酶保留了 DNA 聚合酶 I 的 5'→3' 聚合活性和 3'→5' 核酸外切酶活性两种功能，缺少 5'→3' 核酸外切酶活性的功能。Klenow 酶能按模板碱基序列合成 DNA，是分子生物学常用的工具酶。在重组 DNA 技术中 Klenow 酶的主要作用是对 5' 突出末端或 3' 突出黏末端都可以催化产生平末端，用于后续的平端连接，也可以用于 5' 突出末端的标记；随机引物法进行 DNA 标记；Sanger 双脱氧法进行 DNA 测序；cDNA 第二链的合成或定点突变反应第二链的合成。

（三）T4 DNA 聚合酶

T4 DNA 聚合酶（T4DNAPolymerase）与大肠杆菌 DNA 聚合酶 I 的 Klenow 片段相似，也是一条多肽链，分子量亦相近，但氨基酸组成不同。T4 DNA 聚合酶也是一种模板依赖的 DNA 聚合酶，可以结合在有引物的单链 DNA 模板上，从 $5' \rightarrow 3'$ 方向催化 DNA 合成反应。T4 DNA 聚合酶具有 $3' \rightarrow 5'$ 外切酶活性，但不具有 $5' \rightarrow 3'$ 外切酶活性。

T4 DNA 聚合酶由于同时具有 $5' \rightarrow 3'$ DNA 聚合酶活性和 $3' \rightarrow 5'$ 外切酶活性，可以用于将 $5'$ 端突出末端补平或 $3'$ 端突出末端削平。T4 DNA 聚合酶的 $3' \rightarrow 5'$ DNA 外切酶活性对于单链 DNA 要比双链 DNA 活性更高，即单链 DNA 要比双链 DNA 中的非配对链部分更容易被 T4 DNA 聚合酶所消化。

T4 DNA 聚合酶还可通过置换反应进行标记 DNA 探针合成；在定点突变过程中进行第二链的合成；不依赖于连接反应的 PCR 产物克隆；利用大肠杆菌 Klenow 大片段聚合酶 $5' \rightarrow 3'$ 聚合酶活性和 T4 DNA 聚合酶 $3' \rightarrow 5'$ 外切酶特性构建植物高效表达载体 pBLT[35]Svp4-ST。

（四）Taq DNA 聚合酶

Taq DNA 聚合酶是从一种水生栖嗜热杆菌（Thermus aquaticus）中分离提取出来的，是已发现的耐热 DNA 聚合酶中活性最高的一种，达 200,000 单位 /mg。Taq DNA 聚合酶可以耐受 90℃以上的高温而不失活，这在需要高温环境的 PCR 反应中有着重要意义。Taq DNA 聚合酶在 97.5℃时的半衰期为 9min。它的最适温度为 75~80℃，72℃时能在 10 秒内复制一段 1000bp 的 DNA 片段。这种较高的酶活性有明显的温度依赖性。低温下，Taq DNA 聚合酶表现活性明显降低，90℃以上时合成 DNA 的能力有限。因此 Taq DNA 聚合酶取代了之前常用于 PCR 反应的大肠杆菌中的 DNA 聚合酶。PCR 反应中应用 Taq DNA 聚合酶，不需要每个循环加酶，使 PCR 技术变得非常简捷，大大降低了成本，PCR 技术得以大量应用，并逐步应用于临床。

Taq DNA 聚合酶具有 5′→3′ 外切酶活性,但不具有 3′→5′ 外切酶活性,因而在 DNA 合成中对某些单核苷酸错配没有校正功能,保真性相对较低,出错率大约为 1×10^{-5}/bp。

Taq DNA 聚合酶还具有非模板依赖性活性,可将 PCR 双链产物的每一条链 3′ 端加入单核苷酸尾,故可使 PCR 产物具有 3′ 突出的单 A 核苷酸尾;另一方面,在仅有 dTTP 存在时,它可将平端的质粒的 3′ 端加入单 T 核苷酸尾,产生 3′ 端突出的单 T 核苷酸尾。应用这一特性,可实现 PCR 产物的 T-A 克隆法。

三、逆转录酶

逆转录酶(reverse transcriptase)又称为 RNA 指导的 DNA 聚合酶。普遍使用的是来源于禽类骨髓母细胞瘤病毒(avian myeloblastosis virus AMV)的逆转录酶。逆转录酶具有三种酶活性,即 RNA 指导的 DNA 聚合酶,RNA 酶,DNA 指导的 DNA 聚合酶。以 mRNA 为模板合成 cDNA,是逆转录酶的最主要用途(图 5-5)。

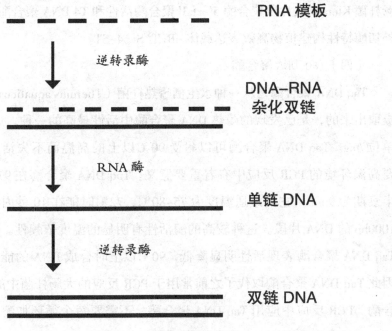

图 5-5　逆转录酶的作用

　　在重组 DNA 技术中用逆转录酶获取目的基因。某 mRNA 纯化后作为模板，用逆转录酶催化 dNTP 聚合为互补 DNA（cDNA），生成 RNA/DNA 杂化双链。用酶或碱去除杂化双链上的 RNA，剩下的 DNA 单链再作第二链合成的模板，以 Klenow 片段催化聚合，形成双链 cDNA，是编码蛋白质的基因。

　　在分子生物学技术中，逆转录酶作为重要的工具酶被广泛用于建立基因文库、获得目的基因等工作。

四、DNA 连接酶

　　DNA 连接酶（DNA Ligase）是基因工程的重要工具酶之一，主要是连接 DNA 片段之间的磷酸二酯键，起连接作用。基因工程中，大肠杆菌 DNA 连接酶只连接黏性末端，而噬菌体 T4 DNA 连接酶既可连接黏性末端，又可连接平末端。

　　大肠杆菌 DNA 连接酶最初是在大肠杆菌细胞中发现的，在分子生物学中扮演一个既特殊又关键的角色。它是一种封闭 DNA 链上的缺口酶，借助 ATP 水解提供的能量催化 DNA 链的 3′－羟基末端和 5′－磷酸末端形成 3′，5′磷酸二酯键，把两个 DNA 片段连接成一个片段。但这两条链必须是与同一条互补链配对结合的（T4DNA 连接酶除外），而且必须是两条紧邻 DNA 链才能被 DNA 连接酶催化成磷酸二酯键。大肠杆菌 DNA 连接酶的主要功能就是在 DNA 聚合酶 I 催化聚合，填满双链 DNA 上的单链间隙后封闭 DNA 双链上的缺口。这在 DNA 复制、修复和重组中起着重要的作用，连接酶有缺陷的突变株不能进行 DNA 复制、修复和重组。

　　在基因工程技术中最常使用的是噬菌体 T4 DNA 连接酶。T4 DNA 连接酶分子是一条多肽链，其活性很容易被 0.2mol/L 的 KCl 和精胺所抑制。T4 DNA 连接酶是 ATP 依赖的 DNA 连接酶，催化两条 DNA 双链上相邻的 5′－磷酸基和 3′－羟基之间形成磷酸二酯键。它的连接效率高，可连接 DNA–DNA，DNA–RNA，RNA–RNA，既可连接双链 DNA 的平末端，也可用于连接相容黏末端及其中的单链切口。另外，NH_4Cl 可以提高大肠杆菌 DNA

连接酶的催化速率，而对 T4 DNA 连接酶则无效。无论是 T4 DNA 连接酶，还是大肠杆菌 DNA 连接酶都不能催化两条游离的 DNA 链相连接。

五、其他 DNA 修饰酶

在重组 DNA 的过程中，DNA 修饰酶能对 DNA 进行化学修饰，修饰的位点可以在碱基，也可以在脱氧核糖。修饰的方法可以是甲基化、乙基化等等。最常见的比如大肠杆菌中的 DNA 甲基化酶，它修饰大肠杆菌自己的 DNA，相当于给自己的 DNA 打上标志，而外源 DNA（如侵入的噬菌体）没有这样的标志，就会被大肠杆菌的核酸酶降解掉，通过这样的系统，它能识别自我和非我物质。

还有一些其他的酶对 DNA 或 RNA 进行必要的修饰，以利于克隆的进行。现将一些重组 DNA 常用的工具酶概括于表 5-1。

表 5-1 重组 DNA 技术中常用的工具酶

酶	主 要 功 能
限制性内切酶	识别 DNA 特异序列、切割 DNA
DNA 连接酶	催化 DNA 中相邻的 5′ 磷酸基和 3′ 羟基末端之间形成磷酸二酯键，使 DNA 切口封合或使两个 DNA 分子或片段连接
大肠杆菌 DNA 聚合酶 I	通过切口平移的方式制备用于核酸分子杂交分析用的 DNA 探针；合成 cDNA 的第二链
Klenow 片段	cDNA 第二链合成，双链 DNA 3′ 末端标记等
Taq DNA 聚合酶	PCR 技术中的耐热 DNA 聚合酶
逆转录酶	合成 cDNA；替代 DNA 聚合酶 I 进行填补，标记或 DNA 序列分析
多聚核苷酸激酶	催化多聚核苷酸 5- 末端磷酸化
末端转移酶	在 3- 羟基末端进行多聚物加尾
碱性磷酸酶	切除核酸末端磷酸基

第三节 克隆载体

载体（vector）是指在基因工程重组 DNA 技术中可以携带外源 DNA（目的基因）进入宿主细胞、并进而实现扩增目的基因或表达有意义蛋白质的 DNA 分子。用于 DNA 重组的理想载体应该符合以下条件：

① 能在宿主细胞中复制繁殖，而且最好具有自主复制能力，保证重组

DNA 分子可以在宿主细胞内得到扩增;

②具有较多的拷贝数,易与宿主细胞的染色体 DNA 分开,便于分离提纯;

③分子量相对较小,易于操作,并能够容纳较大分子量的目的基因;

④容易插入外来核酸片段,插入后不影响其进入宿主细胞和在细胞中复制。这就要求载体 DNA 上要具有较多可以使用的单一限制性内切酶位点用于目的基因的克隆;

⑤有一个或多个容易被识别筛选的标记(如对抗菌素的抗性、营养缺陷型或显色表型反应等),当其进入宿主细胞或携带着外来的核酸序列进入宿主细胞都容易被辨认和分离出来;

⑥具有较高的遗传稳定性。

目前在重组 DNA 中常用的载体包括质粒(plamid)、噬菌体(phage)、柯斯质粒载体(cosmid vector)、病毒和人工染色体(artificial chromosome)等类型。其中最常用的是质粒。

一、质粒载体

质粒是一种相对分子质量较小、独立存在于细菌染色体外的、具有自主复制能力的环状双链 DNA 分子。分子量小的为 2000~3000 个碱基对,大的可达数千个碱基对,有的一个细菌中有一个,有的一个细菌中有多个。质粒在细胞中以游离超螺旋状存在,很容易制备。质粒 DNA 可通过转化引入宿主菌。在细胞中有两种状态,一是"紧密型",二是"松弛型"。质粒常用松弛型,复制快、拷贝数多,质粒分子能通过细菌间的接合由一个细菌向另一个细菌转移,能在宿主细胞内独立自主地进行复制,也可整合到细菌染色体 DNA 中,随着染色体 DNA 的复制而复制,并在细胞分裂时恒定地传给子代细胞。质粒往往带有某些特殊的不同于宿主细胞的遗传信息,所以质粒在细菌内的存在会赋予宿主细胞一些新的遗传性状,如对某些抗菌素或重金属产生抗性等。根据宿主菌的表型可识别质粒的存在,这一性质被用于筛选和鉴定转化细菌。

质粒载体通常是以细菌质粒的各种元件为基础重新组建的人工构建质粒。质粒载体一般只能接受小于 15 kb 的外源 DNA 插入片段。插入片段过大，会导致重组载体扩增速度减慢，甚至使插入片段丢失。常用的质粒载体有 pBR322、pUC 和 pGEM 系列等多种。质粒载体不仅用于转化细菌，也可以用于转化酵母、哺乳动物细胞和昆虫细胞等。质粒载体可以用于目的基因的克隆和表达。

（一）pBR322 质粒载体

pBR322 质粒载体是目前在基因克隆中广泛使用的一种大肠杆菌质粒载体，是由人工构建的重要质粒，有万能质粒之称。质粒载体符号 pBR322 中的 "p" 代表质粒； "BR" 代表两位研究者姓氏的字首， "322" 是实验编号。它是由 pSF2124、pMB1 及 pSC101 三个亲本质粒经复杂的重组过程构建而成的。

质粒载体 pBR322 是研究得最多，使用最早且应用最广泛的大肠杆菌质粒载体之一。pBR322 是由三个不同来源的部分组成的：第一部分来源于 pBR322 质粒易位子 Tn3 的氨苄青霉素抗性基因（ampr）；第二部分来源于 pSC101 质粒的四环素抗性基因（tetr）；第三部分则来源于派生质粒 pMB1 的 DNA 复制起点（ori），具有如下优点：

① pBR322 质粒载体的大小为 4361bp，相对分子质量较小。

② 它带有一个复制起始位点，保证了该质粒只在大肠杆菌的细胞中行使复制的功能。

③ 具有两种抗生素抗性基因——氨苄青霉素（amp）和四环素（tet）抗性基因，可供作转化子的选择标记。pBR322 DNA 分子内具有多个限制酶识别位点，外源 DNA 插入某些位点会导致抗菌素抗性基因失活，利用质粒 DNA 编码的抗菌素抗性基因的插入失活效应，可以有效地检测重组体质粒。同时，由于其为人工构建质粒，虽然带有抗药性基因，但已不能在自然界的宿主细胞间转移，同时应用安全菌株，亦不会引起抗生素抗性基因传播。

④ 在细菌中的分子个数高，即具有较高的拷贝数，经过氯霉素扩增以后，每个细胞中可累积 1000~3000 份拷贝，该特性为重组体 DNA 的制备提供了极大的方便。

在 pBR322 质粒载体的构建过程中的一个重要目标是缩小基因组的体积，移去一些对基因克隆载体无关紧要的 DNA 片段、限制酶识别位点，同时还要设法使质粒同存在的任何易位子统统失去功能。易位子的转移（即易位）有可能导致选择标记的丧失，甚至也有可能使克隆的 DNA 片段丧失或重排。构建 pBR322 质粒还必须通过体内易位或体外重组加入可选择的抗药性标记。图 5-6 表示了质粒载体的形体结构。

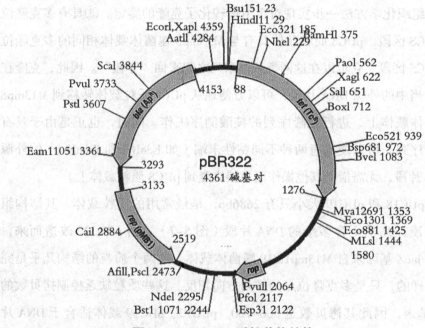

图 5-6　pBR322 质粒载体结构

（二）pUC 质粒载体

pUC 质粒载体是在 pBR322 质粒载体的基础上，组入了一个在其 5′ -端带有一段多克隆位点的 lacZ 基因，而发展成为具有双功能检测特性的新型质粒载体系列。一种典型的 pUC 系列的质粒载体，包括如下四个组成部分：①来自 pBR322 质粒的复制起点（ori）；②氨苄青霉素抗性基因（ampr），但它的 DNA 核苷酸序列已经发生了变化，不再含有原来的核酸内切限制酶的单识别位点；③大肠杆菌 β－半乳糖酶基因（lacZ）的启动子及其编码 α－肽链的 DNA 序列，此结构特称为 lacZ 基因；④位于 lacZ 基因中的靠近 5′－端的一段多克隆位点（MCS）区段，但它并不破坏该基因的功能。

pUC 质粒载体有着明显的优点：①具有更小的分子量和更高的拷贝数，如 pUC8 为 2750bP，pUC18 为 2686bP。pUC8 质粒平均每个细胞即可达 500~700 个拷贝。②适用于组织化学方法检测重组体，pUC8 质粒结构中具有来自大肠杆菌 lac 操纵子的 lacZ 基因，所编码的 α－肽链可参与 α－互补作用。因此，在应用 pUC8 质粒为载体的重组实验中，可用 Xgal 显色的组织化学方法一步实现对重组体转化子克隆的鉴定。③具有多克隆位点 MCS 区段，pUC8 质粒载体具有与 M13mp8 噬菌体载体相同的多克隆位点 MCS 区段，它可以在这两类载体系列之间来回"穿梭"。因此，克隆在 MCS 当中的外源 DNA 片段，可以方便地从 pUC8 质粒载体转移到 M13mp8 噬菌体载体上，进行克隆序列的核酸测序工作。同时，也正是由于具有 MCS 序列，可以使具有两种不同黏性末端（如 EcoR I 和 BamH I）的外源 DNA 片段，无需借助其他操作而直接克隆到 pUC8 质粒载体上。

pUC18 和 pUC19 大小只有 2686bp，是最常用的质粒载体，其结构组成紧凑，几乎不含多余的 DNA 片段（图 5-7）。由 pBR322 改造而来，其中 lacZ 基因来自 M13mp18/19 噬菌体载体。这两个质粒的结构几乎是完全一样的，只是多克隆位点的排列方向相反。这些质粒缺乏控制拷贝数的 rop 基因，因此其拷贝数达 500~700。pUC18、pUC19 载体适合于 DNA 片段的克隆、进行 DNA 测序、对外源基因进行表达等（图 5-7）。pUC 系列载体含有一段 lacZ 蛋白氨基末端的部分编码序列，在特定的受体细胞中可表现 α－互补作用。因此在多克隆位点中插入了外源片段后，可通过 α－互补作用形成蓝色和白色菌落筛选重组质粒，以判断载体中有无 DNA 片段的插入。同时还可以通过载体上的 lac promoter 表达外源基因，对插入载体中的 DNA 片段进行测序等。

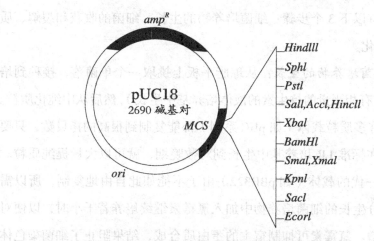

图 5-7　pUC18 质粒载体图谱

（三）pGEM-3Z/4Z 质粒载体

pGEM-3Z/4Z 由 pUC18/19 增加了一些功能片段改造而来，大小为 2.74kb。与 pUC18/19 相比，在多克隆位点的两端添加了噬菌体的转录启动子，如 Sp6 和 T7 噬菌体的启动子。pGEM-3Z 和 pGEM-4Z 的差别在于二者互换了两个启动子的位置。

（四）多功能质粒载体

在上述载体的基础上，人们设计出一些多功能的质粒载体，这类质粒载体综合了以上质粒的特点。除了作为质粒载体的基本要素外，综合了上述功能要素，如多克隆位点、α-互补、噬菌体启动子和单链噬菌体的复制与包装信号。这类质粒典型的有 pBluescript Ⅱ KS（±），这类质粒一般由 4 个质粒组成一套系统，其差别在于多克隆位点方向相反（根据多克隆位点两端 Kpn Ⅰ 和 Sac Ⅰ 的顺序，用 KS 或 SK 表示），或单链噬菌体的复制启始方向相反（或者说，引导 DNA 双链中不同链合成单链 DNA，用+或-表示）。pBluescript Ⅱ KS（±）的多克隆位点与 pUC18/19 的不同，且使用 f1 噬菌体的复制与包装信号序列。

（五）质粒提取

1. 提纯质粒 DNA　已经有许多方法用于从细菌中提纯质粒 DNA，这些方法都含有以下 3 个步骤：细菌培养物的生长、细菌的收获和裂解、质粒 DNA 的纯化。

（1）细菌培养物的生长：从琼脂平板上挑取一个单菌落，接种到培养物中（在含有相当量的抗生素的液体培养基中生长），然后从中纯化质粒。现在使用的许多质粒载体（如 pUC 系列）都能复制到很高的拷贝数，只要将培养物放在标准 LB 培养基中生长到对数晚期，就可以大量提纯质粒。然而，较长一代的载体（如 pBR322）由于不能如此自由地复制，所以需要在得到部分生长的细菌培养物中加入氯霉素继续培养若干小时，以便对质粒进行扩增。氯霉素可抑制宿主的蛋白质合成，结果阻止了细菌染色体的复制，然而，松弛型质粒仍可继续复制，在若干小时内，其拷贝数持续递增。这样，像 pBR322 一类的质粒，从经氯霉素处理和未经处理的培养物中提取质粒的产量截然不同，前者大为增高。多年来，加入足以完全抑制蛋白质合成的氯霉素已成为标准的操作，用该方法提取的质粒 DNA 量，对于分子克隆中几乎所有想象到的工作任务都能够完成。

（2）细菌的收获和裂解：细菌的收获可通过离心来进行，而细菌的裂解则可以采用多种方法中的任意一种，这些方法包括用非离子型或离子型去污剂、有机溶剂或碱进行处理及用加热处理等。选择哪一种方法取决于 3 个因素：质粒的大小、大肠杆菌菌株及裂解后用于纯化质粒 DNA 的技术。尽管针对质粒和宿主的每一种组合分别提出精确的裂解条件不切实际，但仍可据下述一般准则来选择适当方法，以取得满意的结果。

① 大质粒（大于 15kb）容易受损，故应采用漫和裂解法从细胞中释放出来。将细菌悬于蔗糖等渗溶液中，然后用溶菌酶和 EDTA 进行处理，破坏细胞壁和细胞外膜，再加入 SDS 一类去污剂溶解球形体。这种方法最大限度地减小了从具有正压的细菌内部把质粒释放出来所需要的作用力。

② 可用更剧烈的方法来分离小质粒。在加入 EDTA 后，有时还在加入溶菌酶后让细菌暴露于去污剂，通过煮沸或碱处理使之裂解。这些处理可破坏碱基配对，故可使宿主的线状染色体 DNA 变性，但闭环质粒 DNA 链

由于处于拓扑缠绕状态而不能彼此分开。当条件恢复正常时，质粒 DNA 链迅速得到准确配置，重新形成完全天然的超螺旋分子。

③ 一些大肠杆菌菌株（如 HB101 的一些变种衍生株）用去污剂或加热裂解时可释放相对大量的糖类，随后用氯化铯 – 溴化乙锭梯度平衡离心进行质粒纯化时它们会惹出麻烦。糖类会在梯度中紧靠超螺旋质粒 DNA 所占位置形成一致密的、模糊的区带，因此很难避免质粒 DNA 内污染有糖类，而糖类可抑制多种限制酶的活性。故从诸如 HB101 和 TG1 等大肠杆菌菌株中大量制备质粒时，不宜使用煮沸法。

④ 当从表达内切核酸酶 A 的大肠杆菌菌株（如 HB101）中小量制备质粒时，建议不使用煮沸法。因为煮沸不能完全灭活内切核酸酶 A，以后在温浴（如用限制酶消化）时，质粒 DNA 会被降解。但如果通过一个附加步骤（用酚 – 氯仿进行抽提）可以避免此问题。

⑤ 目前这一代质粒的拷贝数都非常高，以至于不需要用氯霉素进行选择性扩增就可获得高产。然而，某些工作者沿用氯霉素并不是要增加质粒 DNA 的产量，而是要降低细菌细胞在用于大量制备的溶液中所占的体积。大量高度黏稠的浓缩细菌裂解物，处理起来煞为费事，而在对数中期在增减物中加入氯霉素可以避免这种现象。有氯霉素存在时从较少量细胞获得的质粒 DNA 的量与不加氯霉素时从较大量细胞所得到的质粒 DNA 的量大致相等。

（3）质粒 DNA 的纯化：含有目的基因的 DNA 片段，即便进入到宿主细胞内，仍然是不能进行增殖的。它必须与适当的能够自我复制的 DNA 分子，例如质粒、噬菌体或病毒分子等结合之后，才能够通过转化或其他途径导入寄主细胞，并像正常的质粒或病毒一样增殖和易于检测。

常使用的所有质粒 DNA 的纯化方法都利用了质粒 DNA 相对较小及共价闭合环状这样两个性质。例如，用氯化铯 – 溴化乙锭梯度平衡离心分离质粒和染色体 DNA 就取决于溴化乙锭与线状以及与闭环 DNA 分子的结合量有所不同。溴化乙锭通过嵌入碱基之间而与 DNA 结合，进而使双螺旋解旋。由此导致线状 DNA 的长度有所增加，作为补偿，将在闭环质粒 DNA 中引入超螺旋单位。最后，超螺旋度大为增加，从而阻止了溴化乙锭分子的继续嵌入。但线状分子不受此限，可继续结合更多的染料，直至达到饱和（每 2 个碱基对大约结合 1 个溴化乙锭分子）。由于染料的结合量有所差别，线状和闭环 DNA 分子在含有饱和量溴化乙锭的氯化铯中的浮力密度也有所不同。多年来，氯化铯 – 溴化乙锭梯度平衡离心已成为制备大量质粒 DNA 的首选方法。然而该过程既昂贵又费时，为此发展了许多替代方法。其中主要包括利用离子交换层析、凝胶过滤层析、分级沉淀等分离质粒 DNA 和宿主 DNA 的方法。分离质粒载体的 DNA 有许多种不同的方法，其共同的步骤是先用溶菌酶处理含有质粒载体的寄主菌培养物，以除去它们的细胞壁，然后再加入 SDS 之类的去污剂，使之发生温和的溶菌作用。于是质粒 DNA、多聚核糖体、可溶性蛋白质、tRNA 等细胞内的大分子物质便逐步地释放出来，而核染色体的 DNA 则仍然附着在细胞的残渣碎片上，需经过离心处理才能使它们同质粒 DNA 分开。将离心所得的含有质粒 DNA 的上清液，加酚处理脱去蛋白，剩下 DNA 混合物，然后用乙醇沉淀就可以得到质粒 DNA。下面介绍一种具体方法。

1）聚乙二醇沉淀法提取质粒 DNA

① 将核酸溶液所得转入 15mL Corex 管中，再加 3mL 用冰预冷的 5mol/L LiCl 溶液，充分混匀，于 4℃下以 10 000 转 / 分离心 10min。LiCl 可沉淀高分子 RNA。

② 将上清转移到另一个 30mL Corex 管内，加等量的异丙醇，充分混匀，于室温以 10 000 转 / 分离心 10min，回收沉淀的核酸。

③ 小心去掉上清，敞开管口，将管倒置以使最后残留的液滴流尽。于室温用 70% 乙醇洗涤沉淀及管壁，流尽乙醇，用与真空装置相连的吸管吸去附于管壁的所有液滴，敞开管口并将管倒置，在纸巾上放置几分钟，以使最后残余的痕量乙醇蒸发殆尽。

④ 用 500μL 含无 DNA 酶的胰 RNA 酶（20μg/mL）的 TE（pH8.0）

溶解沉淀，将溶液转到一微量离心管中，于室温放置 30min。

⑤ 加 $500\mu L$ 含 13% 聚乙二醇的 $1.6mol/L$ NaCl，充分混合，用微量离心机于 $4℃$ 以 12000 转 / 分离心 5min，以回收质粒 DNA。

⑥ 吸出上清，用 $400\mu L$ TE（pH8.0）溶解质粒 DNA 沉淀。用酚、酚 – 氯仿、氯仿各抽提 1 次。

⑦ 将水相转到另一微量离心管中，加 $100\mu L$ $10mol/L$ 乙醇铵，充分混匀，加 2 倍体积（约 1mL）乙醇，于室温放置 10min，于 $4℃$ 以 $12\ 000$ 转 / 分离心 5min，以回收沉淀的质粒 DNA。

⑧ 吸去上清，加 $200\mu L$ 处于 $4℃$ 以 $12\ 000$ 转 / 分离心 2min。

⑨ 吸去上清，敞开管口，将管置于实验桌上直到最后可见的痕量乙醇蒸发殆尽。

⑩ 用 $500\mu L$ TE（pH8.0）溶解沉淀后测量 OD 260，计算质粒 DNA 的浓度，然后将 DNA 贮于 $-20℃$。

2. 质粒 DNA 的小量制备 质粒 DNA 的小量制备可采用下述的碱裂解法或煮沸法。

（1）细菌的收获和裂解

1）细菌的收获：

① 将 2mL 含相应抗生素的 LB 加入到容量为 15mL 并通气良好（不盖紧）的试管中，然后接入一单菌落，于 $30℃$ 剧烈振摇下培养过夜。

② 将 1.5mL 培养物倒入微量离心管中，用微量离心机于 $4℃$ 以 12000 转 / 分离心 30 秒，将剩余的培养物贮存于 $4℃$。

③ 吸去培养液，使细菌沉淀尽可能干燥。除去上清的简便方法是用一次性使用的吸头与真空管道相连，轻缓抽吸，并用吸头接触液面。当液体从管中吸出时，尽可能使吸头远离细菌沉淀，然后继续用吸头通过抽真空除去附于管壁的液滴。

2）碱裂解：

① 将细菌沉淀所得重悬于 $100\mu L$ 用冰预冷的溶液 I 中，剧烈振荡。

溶液Ⅰ：50mmol/L 葡萄糖；25mmol/L Tris-HCl（pH8.0）；10mmol/LEDTA（pH8.0）。溶液Ⅰ可成批配制，每瓶约 100mL，在 6.895×10^4Pa 高压下蒸汽灭菌 15min，贮存于 4℃。须确使细菌沉淀在溶液Ⅰ中完全分散，将两个微量离心管的管底部互相接触震荡，可使沉淀迅速分散。

② 加 200μL 新配制的溶液Ⅱ。溶液Ⅱ：0.2mol/L NaOH（临用前用 10mol/L 贮存液现用现稀释）；1%SDS。盖紧管口，快速颠倒离心管 5 次，以混合内容物。应确保离心管的整个内表面均与溶液Ⅱ接触。不要振荡，将离心管放置于冰上。

③ 加 150μL 用冰预冷的溶液Ⅲ。溶液Ⅲ：5mol/L 乙酸钾 60mL；冰乙酸 11.5mL；水 28.5mL。盖紧管口，将管倒置后和振荡 10 秒钟的溶液Ⅲ在黏稠的细菌裂解物中分散均匀，之后将管置于冰上 3~5min。

④ 用微量离心机于 4℃ 12000 转 / 分离心 5 分钟，将上清转移到另一离心管中。

⑤ 可做可不做：加等量酚 – 氯仿，振荡混匀，用微量离心机于 4 ℃以 12000 转 / 分离心 2min，将上清转移到另一离心管中。有些工作者认为不必用酚 – 氯仿进行抽提，然而由于一些未知的原因，省略这一步，往往会得到可耐受限制酶切反应的 DNA。

⑥ 用 2 倍体积的乙醇于室温沉淀双链 DNA。振荡混合，于室温放置 2min。

⑦ 用微量离心机于 4℃以 12 000 转 / 分离心 5min。

⑧ 小心吸去上清液，将离心管倒置于一张纸巾上，以使所有液体流出，再将附于管壁的液滴除尽。除去上清的简便方法是用一次性使用的吸头与真空管道相连，并用吸头接触液面。当液体从管中吸出时，尽量使吸头远离核酸沉淀，然后继续用吸头通过抽真空除去附于管壁的液滴。

⑨ 用 1mL 70% 乙醇于 4℃洗涤双链 DNA 沉淀后，再按步骤⑧所述方法去掉上清，在空气中将核酸沉淀干燥 10min。

此法制备的高拷贝数质粒（如 pUC），其产量一般约为：每毫升原细菌培养物 3~5μg。如果要通过限制酶切割反应来分析 DNA，可取 1μL DNA 溶液加到另一含 8μL 水的微量离心管内，加 1μL 10×限制酶缓冲液和 1 单位所需限制酶，在适宜条件温浴 1~2h。将剩余的 DNA 贮存于 –20℃。此方法按适当比例放大可适用于 100mL 细菌培养物。

3）煮沸裂解：

① 将细菌沉淀，所得重悬于 350μL STET 中。STET：0.1mol/L NaCL；10mmol/L Tris–HCl（pH8.0）；1mmol/L EDTA（pH8.0）；5% Triton X–100。

② 加 25μL 新配制的溶菌酶溶液（10mg/mL），用 10mmol/L Tris–HCl（pH8.0）配制，振荡 3 秒钟以混匀。如果溶液中 pH 低于 8.0，溶菌酶就不能有效发挥作用。

③ 将离心管放入煮沸的水浴中，时间恰为 40 秒。

④ 用微量离心机于室温以 12 000 转 / 分离心 10min。

⑤ 用无菌牙签从微量离心管中去除细菌碎片。

⑥ 在上清中加入 40μL 5mol/L 乙酸钠（pH5.2）和 420μL 异丙醇，振荡混匀，于室温放置 5min。

⑦ 用微量离心机于 4℃以 12 000 转 / 分离心 5 分钟，回收核酸沉淀。

⑧ 小心吸去上清液，将离心管倒置于一张纸巾上，以使所有液体流出。再将附于管壁的液滴除尽。除去上清的简便方法是用一次性使用的吸头与真空管道相连，轻缓抽吸，并用吸头接触液面。当液体从管中吸出时，尽可能使吸头远离核酸沉淀，然后继续用吸头通过抽真空除去附于管的液滴。

⑨ 加 1mL 70% 乙醇，于 4℃以 12 000 转 / 分离心 2min。

⑩ 按步骤⑧所述再次轻轻地吸去上清，这一步操作要格外小心，因为有时沉淀块贴壁不紧，去除管壁上形成的所有乙醇液滴，打开管口，放于室温直至乙醇挥发殆尽，管内无可见的液体。

⑪ 用 50μL 含无 DNA 酶的胰 RNA 酶（20μg/mL）的 TE（pH8.0）溶解核酸稍加振荡，贮存于 –20℃。

当从表达内切核酸酶 A 的大肠杆菌株（如 HB101）中小量制备 DNA 时，

建议舍弃煮沸法。因为煮沸步骤不能完全灭活内切核酸酶 A，以后在 Mg^{2+} 存在下温浴时质粒 DNA 可被降解。在上述方案的步骤⑨之间增加一步，即用酚 – 氯仿进行抽提，可以避免这一问题。

（2）质粒 DNA 小量制备的问题与对策

裂解和煮沸法都极其可靠，重复性也很好，而且一般没有多么麻烦。多年来，在我们使用这两种方法的过程中，只碰到过两个问题：

① 有些工作者首次进行小量制备时，有时会发现质粒 DNA 不能被限制酶所切割，这几乎总是由于从细菌沉淀或从核酸沉淀中去除所有上清液时注意得不够。大多数情况下，用酚 – 氯仿对溶液进行抽提可以去除小量制备物中的杂质。如果依然存在，可用离心柱层析纯化 DNA。

② 在十分偶然的情况下，个别制备物会出现无质粒 DNA 的现象。这几乎肯定是由于核酸沉淀颗粒已同乙醇一起被弃去。

3. 质粒 DNA 的大量制备

（1）在丰富培养基中扩增质粒：许多年来，一直认为在氯霉素存在下扩增质粒只对生长在基本培养基上的细菌有效，然而在带有 pMBl 或 ColEl 复制子的高拷贝数质粒的大肠杆菌菌株中，采用以下步骤可提高产量至每 500mL 培养物 2~5mg 质粒 DNA，而且重复性也很好。

① 将 30mL 含有目的质粒的细菌培养物培养到对数晚期。培养基中应含有相应抗生素，用单菌落或从单菌落中生长起来的小量液体物进行接种。

② 将含相应抗生素的 500mL LB 或肉汤培养基（预加温至 37℃）放入 25mL 对数晚期的培养物，于 37℃剧烈振摇培养 25h（摇床转速 300 转/分），所得培养物的 OD600 值约为 0.4。

③ 可做可不做：加 2.5mL 氯霉素溶液（34mg/mL 溶于乙醇），使终浓度为 170μg/mL。像 pBR322 一类在宿主菌内只以中等拷贝数扩增的质粒，有必要进行扩增。一些质粒（如 pUC 质粒）可复制达到很高的拷贝数，因此无需扩增。这些质粒只要从生长达到饱和，即可从细菌培养物中大量提纯。但用氯霉素进行处理，具有抑制细菌复制的优点，可缩小细菌裂解物

的体积和降低黏稠度，极大地简化质粒纯化的过程。所以一般说来，尽管要在生长中的细菌培养物里加入氯霉素略显不便，但用氯霉素处理还是利大于弊。

④ 于 37℃剧烈振摇（300 转 / 分），继续培养 12~16h。

（2）细菌的收获和裂解

1）收获：①于 4℃以 4000 转 / 分离心 15min，弃上清，敞开离心管口并倒置离心管使上清全部流尽。②将细菌沉淀重悬于 100mL 用冰预冷的 STE 中。STE：0.1mol/L NaCl；10mmol/L Tris–HCl（pH8.0）；1mmol/L EDTA（pH8.0）。按步骤①所述方法离心，以收集细菌细胞。

2）碱裂解：

① 将洗过的 500mL 培养物的细菌沉淀物重悬于 10mL 溶液 I（如前述）中。

② 加 1mL 新配制的溶菌酶溶液（如前述）。当溶液的 pH 值低于 8.0 时，溶菌酶不能有效工作。

③ 加 20mL（40mL）新配制的溶液 II（如前述）。盖紧瓶盖，缓缓颠倒离心瓶数次，以充分混匀内容物。于室温放置 5~10min。

④ 加 15mL（20mL）用冰预冷的溶液 III（如前述）。封住瓶口，摇动离心瓶数次以混匀内容物，此时应不再出现分明的两个液相。置冰上放 10min，应形成一白色絮状沉淀。于 0℃放置后所形成的沉淀应包括染色体 DNA、高分子量 RNA 和钾 –SDS– 蛋白质 – 膜复合物。

⑤ 于 4℃以 4000 转 / 分离心 15min。如果细菌碎片贴壁不紧，可以 5000 转 / 分再度离心 20min，然后尽可能将上清全部转到另一瓶中，弃去残留在离心管内的黏稠状液体。未能形成致密沉淀块的原因通常是由于溶液 III 与细菌裂解物混合不充分。

⑥ 上清过滤至一个 250mL 离心瓶中，加 0.6 倍体积的异丙醇，充分混匀，于室温放置 10min。

⑦ 于室温以 500 转 / 分离心 15min，回收核酸。

⑧ 小心倒掉上清，敞开瓶口倒置离心瓶使残余上清液流尽，于室温用 70%乙醇洗涤沉积管壁。倒出乙醇，用与真空装置相连的一次性使用的吸头吸出附于瓶壁的所有液滴，于室温将瓶倒置放在纸巾上，使最后残余的痕量乙醇挥发殆尽。

⑨ 用 3mL TE（pH8.0）溶解核酸沉淀。

⑩ 纯化。

二、噬菌体载体

噬菌体是一类细菌病毒，有双链噬菌体和单链丝状噬菌体两大类。前者为 λ 噬菌体类，后者包括 M13 噬菌体和 f1 噬菌体。λ 噬菌体是早期分子遗传学使用的主要研究工具之一。由于它能够携带的外源 DNA 片段的长度较大，而且其感染能力也大于质粒载体的细菌转化能力，所以 λ 噬菌体一直被作为基因组文库和 cDNA 文库的克隆载体，在分子生物学的发展中发挥了重要作用。λ 噬菌体的基因组 DNA 是双链，长约 48kb，约含 50 个基因，其中 50% 的基因对噬菌体的生长和裂解寄主菌是必需的，分布在噬菌体 DNA 两端。中间是非必需区，进行改造后组建一系列具有不同特点的载体分子。λ 噬菌体在宿主体外与蛋白质结合包装为含有双链线状 DNA 分子的颗粒。根据克隆的方式不同，λ 噬菌体载体可以分为插入型载体和取代（置换）型载体两类。

M13 噬菌体属于丝状噬菌体，是一种独特的载体系统，为单链闭合环状 DNA，大小约 6.4kb，它只能侵袭具有 F 基因的大肠杆菌，但不裂解寄主菌。M13DNA（RF）进入大肠杆菌后复制成双链的复制型 DNA，像质粒一样自主复制，制备方法同质粒。M13 噬菌体载体的克隆位点区含有 β - 半乳糖苷酶基因（LacZ）的调控序列。M13 曾经被广泛用于单链外源 DNA 的克隆和制备单链 DNA 以进行 DNA 序列分析、体外定点突变和核酸杂交等。

三、柯斯质粒

柯斯（Cos）质粒（又称黏粒载体）是由质粒和 λ 噬菌体的 cos 黏性末端构建而成的载体系列，是噬菌体—质粒混合物。其基因组中含有质粒的复制起始位点、一个或多个限制性内切酶位点、抗药性基因标记和 λ 噬菌体的 cos 黏性末端。cos 黏性末端（cohensive end, cos）是指 λ 噬菌体线状分子两端分别存在的 12 个核苷酸的单链结构。柯斯质粒兼有 λ 噬菌体和质粒两方面的优点，大小约为 4~6 kb，能够携带长度为 31~45 kb 的外源 DNA 片段，也能像一般质粒一样携带小片段 DNA，直接转化寄主菌，而且能被包装成为具有感染能力的噬菌体颗粒。柯斯质粒常被用于构建真核细胞的基因组文库。

四、人工染色体

人工染色体是为了克隆更大的 DNA 片段而发展起来的新型载体，包括酵母人工染色体（yeast artificial chromosome，YAC）、细菌人工染色体（bacterial artificial chromosome，BAC）和哺乳动物人工染色体（mammalian artificial chromosome，MAC）。其中 YAC 在人类基因组计划和其他基因组项目的实施中起到了关键性作用。

第四节　基因克隆的方法

重组 DNA 技术是特指对特异基因或 DNA 序列进行的体外或体内操作，主要包括以下基本步骤（图 5-8）：

① 获取目的基因并进行必要的改造；

② 选择和修饰克隆载体；

③ 将目的基因与载体连接获得含有目的基因的重组体；

④ 将重组体导入相应细胞（称为宿主细胞）；

⑤ 筛选含有重组 DNA 的细胞并进行必要的鉴定；

⑥ 表达产物的分离、纯化，以及进一步的应用等。

一、获得目的基因的方法

对基因组中某个基因通过克隆扩增，获得该基因进行研究或应用，称这种基因为目的基因。

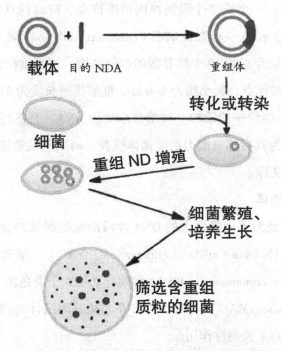

载体　目的 NDA　　　　　重组体

转化或转染

细菌

重组 ND 增殖

细菌繁殖、
培养生长

筛选含重组
质粒的细菌

图 5-8　以质粒为载体的 DNA 克隆过程

目的基因是指待研究或待应用的特定基因，也就是需要克隆或表达的基因。在已知目的基因部分核苷酸序列或全部核苷酸序列的情况下，目前获得目的基因的方法主要有以下几种：基因人工化学合成法，基因组文库法、cDNA 文库法和 PCR 法等。

（一）从基因文库中获取目的基因

基因文库包括基因组文库和部分基因文库。将含有某种生物不同基因的许多 DNA 片段，导入受体菌的群体中储存，各个受体菌分别含有这种生物的不同的基因，称为基因文库（图 5-9）。如果这个文库包含了某种生物的所有基因，那么，这种基因文库叫做基因组文库（genomic library 或 gene bank）。如果这个文库只包含了某种生物的一部分基因，这种基因文库叫做部分基因文库，例如 cDNA 文库，首先得到 mRNA，再反转录得 cDNA，形成文库。cDNA 文库与基因组文库的区别在于 cDNA 文库在 mRNA 拼接过程中已经除去了内含子等成分，便于 DNA 重组时直接使用。

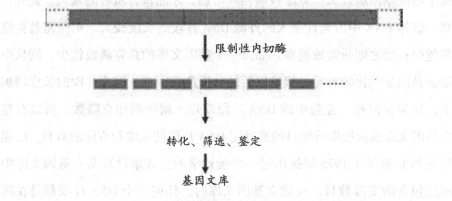

限制性内切酶

转化、筛选、鉴定

基因文库

图 5-9　基因文库

　　基因组文库法是一种直接从基因组中分离目的基因的方法。直接从组织或细胞中提取大分子量 DNA，用合适的限制性内切酶将 DNA 消化成许多片段，将所有的 DNA 片段都与载体连接，并引入宿主细胞进行扩增，得到含有所有的 DNA 克隆的混合体，即基因组文库。在这个文库中，不同的细菌所携带的重组 DNA 分子可能为不同的基因组 DNA 片段，经过筛选、鉴定，即可找到我们感兴趣的目的基因。理想的基因组文库中所有克隆的 DNA 片段的总和应为整个基因组 DNA 序列的 2~3 倍，克隆与克隆之间应有重叠序列，以保证从文库中筛选得到完整的基因。

　　用重组 DNA 技术将某种生物细胞的总 DNA 或染色体 DNA 的所有片段随机地连接到基因载体上，然后转移到适当的宿主细胞中，通过细胞增殖而构成各个片段的无性繁殖系（克隆），在制备的克隆数目多到可以把某种生物的全部基因都包含在内的情况下，这一组克隆的总体就被称为某种生物的基因文库。同一定义也适用于某种生物的线粒体 DNA 或叶绿体 DNA 的基因文库。由于制备 DNA 片段的切点是随机的，所以每一克隆内所含的 DNA 片段既可能是一个或几个基因，也可能是一个基因的一部分或除完整基因外还包含着两侧的邻近 DNA 序列。

　　一个基因文库中应包含的克隆数目与该生物的基因组的大小和被克隆 DNA 片段的长度有关。原核生物的基因组较小，需要的克隆数也较少；真核生物的基因组较大，克隆数需相应增加，才能包含所有的基因。此外，每一载体 DNA 中所允许插入的外源 DNA 片段的长度较大，则所需总克隆数越少；反之则所需数越多。如果一个基因文库的总克隆数较少，则从中筛选基因虽然比较容易，但给以后的分析造成困难，因为片段的长度增加了。如果要使每一克隆中的 DNA 片段缩短，就须增加克隆数，所以在建立基因文库前应根据研究目的来确定 DNA 片段的长度和克隆的数目。L. 克拉克和 J. 卡邦在 1975 年提出过一个统计学的公式来计算某一基因文库中所应包含的克隆数目。在建立基因文库时，任何一个 DNA 片段都是在随机的基础上被克隆的。基因文库中每一克隆所含外源 DNA 片段的平均长度，可根据该生物基因组大小和所用载体可容纳的外源 DNA 片段的长度决定。

产生 DNA 片段的方法要求切点随机性高，使任一基因都可能被完整地克隆，并且最好在两侧都留有黏性末端以利于 DNA 片段间的连接。机械剪切方法的优点是随机性高，可是所得片段两端没有黏性末端，有时较为不便与载体连接。用限制性核酸内切酶酶解的随机性较差，但是两端有黏性末端，便于和载体相连接。

可用核酸分子杂交的方法从基因组文库中筛选含有目的基因的克隆。可用于构建高等真核生物染色体基因组文库的载体有 λ 噬菌体，柯斯质粒和酵母人工染色体等。将这些载体导入到受体细菌或细胞中，这样每个细胞就包含了一个基因组 DNA 片段与载体重组 DNA 分子，经过繁殖扩增，许多细胞一起包含了该生物的全部基因组序列，这一个集合体即基因组文库。

高等真核生物染色体基因组文库通常是以 λ 噬菌体作为载体构建的，有时也可以柯斯质粒作为载体构建。利用 λ 噬菌体载体构建基因组文库的一般操作程序如下：①选用识别序列均为 4 个核苷酸的两种限制性内切核酸酶，对从某一高等真核生物组织细胞中提取的染色体基因组 DNA 进行部分酶解，得到 10~30 kb 的 DNA 限制性片段，利用凝胶电泳法等从中分离出大小为 20 kb 左右的随机片段群体。②选用适当的限制性内切核酸酶酶解 λ 噬菌体载体 DNA。③经适当处理，将基因组 DNA 限制性片段与

λ 噬菌体载体进行体外重组。④利用体外包装系统将重组体包装成完整的颗粒。⑤以重组噬菌体颗粒侵染大肠杆菌，形成大量噬菌斑，从而形成含有整个 DNA 的重组 DNA 群体，即基因文库。

为了有效地保存基因文库，可通过细菌的繁殖而使包含各个特定 DNA 片段的细菌增多。液体培养不适用于这一目的，因为各个细菌的生存和繁殖能力不同，各个克隆被保存的机会也会因此而不相等。在固体培养基上每一个细菌单独形成一个菌落，各个细菌并不相互干扰和竞争，因而有利于全部克隆的保存。形成的每一个菌落中大约包含 1000 万个细菌，这样一个基因文库中的所有的克隆几乎都扩增了 1000 万倍。把培养皿上的细菌全部洗下加以保存，便可以在需要时从中取得任何一个克隆。

建立和使用基因文库是分离基因，特别是分离高等真核生物基因的有效手段。如果一个哺乳动物的基因组是 3×10^9 碱基对，直接从细胞中提取并分离出某一特定基因的 DNA 片段在技术上是很困难的。但是在基因文库中，不同的 DNA 片段都分别在不同的克隆中扩增了，只要有该基因的探针存在，则从许多克隆中筛选一个所需的克隆是一项比较简单的工作。此外基因文库中被克隆的 DNA 都是基因组中各种随机的顺序片段，某些 DNA 片段还包括基因外部的邻近的甚至互相跨叠的序列，所以基因文库特别有利于研究天然状态下基因的顺序组织。例如曾从人的基因文库中分离得到含有血红蛋白 β 链基因的克隆，从中取得该基因的 DNA 并进行分析，发现人的 δ 和 β 链基因是连锁的，二者之间相隔几千个碱基对，而且在它们内部都有两个内含子。

具备了文库，就可以适当的目的基因片段作探针，利用高密度的噬菌斑或菌落原位杂交技术，从大量的噬菌斑或菌落中筛选出含有目的基因的重组体的噬菌斑或菌落，再经过扩增提取其中的重组体，最后即可获得所需要的目的基因片段。基因文库还可以应用在个体发育的研究中。例如从芽孢杆菌正在形成芽孢的菌体中分离 mRNA，并用同位素标记做成探针，用这些探针可以从芽孢杆菌的基因文库中分离出只在芽孢形成过程中活动的基因，有助于对发育过程中的基因调控进行研究。基因文库也可以应用在高等生物，例如人的基因定位工作中。基因文库在生产实际中也是取得所需要的基因的一种重要方法。

（二）人工化学合成法获取目的基因

如果已知目的基因的核苷酸序列，可以用人工合成的方法获得。一些分子量很小的多肽，也可以根据其氨基酸序列，按照对应的密码子推导出DNA序列（图5-10），然后用化学合成方法合成。对于较大的基因，可以分段合成DNA短片段，再经过DNA连接酶作用依次连接成一个完整的基因。采用人工合成的方式已经得到人胰岛素基因和生长激素释放抑制因子基因等，并在大肠杆菌内成功表达。但是，这种方法的成本很高，尤其

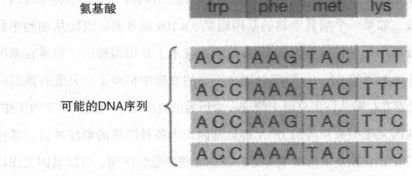

图 5-10　氨基酸序列推测 DNA 序列

是大片段 DNA 的合成。

目前，化学合成基因的思路主要有两条：①全基因合成，一般适于分子较小而不易获得的基因。首先根据双链基因序列，合成长度为 40~60 个碱基的寡核苷酸单链片段，并使每对相邻互补的片段之间有 4~6 个碱基交叉重叠，然后将除基因两个末端外的所有片段磷酸化，在混合复性后加入DNA 连接酶，即可获得较大的基因片段。如果需连接的 DNA 片段较多，可采用分步连接及克隆的方法，最后将较大的片段重组为完整的基因。②基因的半合成，一般适于分子较大的基因。首先合成末端有 10~14 个互补碱基的寡核苷酸单链片段，复性后以重叠区为引物，利用 DNA 聚合酶 I 大

片段或逆转录酶等催化合成反应，即可获得两条完整的互补双键 DNA。

基因的化学合成法主要用于 PCR 扩增引物、核酸测序引物、核酸杂交探针和合成接头等富核苷酸片段的合成。

就化学本质而言，基因是一段具有特定生物功能的核苷酸序列。如果知道了基因的分子结构，就可以进行基因的化学合成。有关 DNA 的化学合成方法主要有磷酸二酯法、磷酸三酯法、亚磷酸三酯法、亚磷酸酰胺法及固相亚磷酸酰胺法。磷酸二酯法是最初发明的化学合成基因的方法，而固相亚磷酸酰胺法是目前绝大部分 DNA 自动合成仪所使用的方法。由于现代科学技术的发展，DNA 的化学合成已经广泛采用 DNA 自动合成仪进行，因此现在仅在少数特殊情况下，采用人工合成。目前，一般 DNA 合成都采用固相亚磷酸酰胺三酯法合成 DNA 片段，此方法具有高效、快速偶联以及起始反应物稳定等优点，已在 DNA 化学合成中广泛使用。DNA 化学合成不同于酶促的 DNA 合成过程从 $5' \rightarrow 3'$ 方向延伸，合成的方向是由待合成引物的 $3'$ – 端向 $5'$ – 端合成的，相邻的核苷酸通过 $3'$，$5'$ 磷酸二酯键连接，具体反应步骤如下：

① 脱保护基（Deblocking）：用三氯乙酸（Trichloroacetic Acid, TCA）脱去预先连结在固相载体 CPG（Controlled Pore Glass）上的核苷酸的保护基团 DMT（二甲氧基三苯甲基），获得游离的 $5'$ – 羟基端，以供下一步缩合反应。

② 活化（Activation）：将亚磷酸酰胺保护的核苷酸单体与四氮唑活化剂混合并进入合成柱，形成亚磷酸酰胺四唑活性中间体（其 $3'$ – 端已被活化，但 $5'$ – 端仍受 DMT 保护），此中间体将与 CPG 上的已脱保护基的核苷酸发生缩合反应。

③ 连接（Coupling）：亚磷酸酰胺四唑活性中间体遇到 CPG 上已脱保护基的核苷酸时，将与其 $5'$ – 羟基发生亲和反应，缩合并脱去四唑，此时合成的寡核苷酸链向前延长一个碱基。

④ 封闭（Capping）：缩合反应后为了防止连在 CPG 上的未参与反应

的 5′ –羟基在随后的循环反应中被延伸，常通过乙酰化来封闭此端羟基，一般乙酰化试剂是用乙酸酐和 N– 甲基咪唑等混合形成的。

⑤ 氧化（Oxidation）：缩合反应时核苷酸单体是通过亚磷酸键与连在 CPG 上的寡核苷酸（oligo）连接，而亚磷酸键不稳定，易被酸、碱水解，此时常用碘的四氢呋喃溶液将亚磷酰转化为磷酸三酯，得到稳定的寡核苷酸。

经过以上五个步骤后，一个脱氧核苷酸就被连到 CPG 的核苷酸上，同样再用三氯乙酸脱去新连上的脱氧核苷酸5′ –羟基上的保护基团 DMT 后，重复以上的活化、连接、封闭、氧化过程即可得到一 DNA 片段粗品。最后对其进行切割、脱保护基（一般对 A、C 碱基采用苯甲酰基保护；G 碱基用异丁酰基保护；T 碱基不必保护；亚磷酸用腈乙基保护）、纯化（常用的有 HAP，PAGE，HPLC，C18，OPC 等方法）、定量等合成后处理即可得到符合实验要求的寡核苷酸片段。

固相合成寡核苷酸是在 DNA 合成仪上进行的，上述方法合成的寡核苷酸在脱去保护基后，目的寡核苷酸纯度是极低的，含有大量的杂质，主要杂质有脱下的保护基与氨形成的苯甲酸氨和异丁酸氨，腈磷基上脱下的腈乙基以及合成时产生的短链等，以至于粗产品中寡核苷酸含量仅为 15% 左右。尽管合成时每一步的效率都在 97%~98%，但累积的效率并不高。以链长 20mer 和 50mer 为例，（97.5%）20 ≈ 60%、（97.5%）50 ≈ 28%，可见在粗产品中目的 Oligo 含量很低，甚至 10% 都不到。这些杂质，尤其是存在于粗产品中的大量盐和短链，不但造成定量不准，而且影响下一步的反应，因此必须对寡核苷酸进行纯化。建议采用聚丙烯酰胺凝胶电泳（PAGE）纯化，该方法纯化的产品纯度高，可用于绝大部分的分子生物学实验，可避免许多意想不到的麻烦。若考虑节约经费，对于要求较低的实验，如简单的 PCR 反应，则采用脱盐纯化即可。寡核苷酸 DNA 是以 OD260 值来计量的。在 1mL 的 1cm 光程标准石英比色皿中，260nm 波长下吸光度为 1 的 Oligo 溶液定义为 1 OD260。虽然对于每种特定的寡核苷酸来说，其碱基的组成不尽相同，但 1 OD260 Oligo DNA 的重量约为 33mg，每个碱基的平均分子量约为 330Da。

（三）利用 PCR 合成 DNA

PCR（Polymerase Chain Reaction，多聚酶链式反应）技术是 1985 年由美国 Cetus 公司开发的专利技术，它能快速、简便地在体外扩增特定的 DNA 片段，具有高度的专一性和灵敏度。PCR 技术是一种在体外对已知基因进行特异性扩增的方法。此法要求对目的基因片段两侧的序列已知，依据已知区域设计特定的 DNA 引物，在热稳定 DNA 聚合酶（如 Taq 酶）催化下，将 DNA 经反复变性、退火和延长进行循环式合成。在很短的时间里，

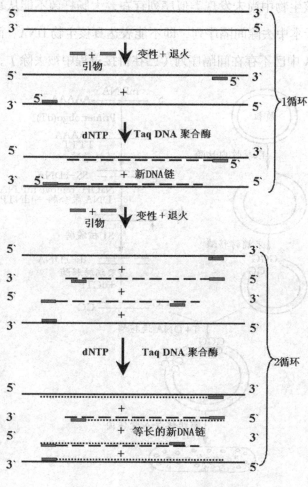

图 5-11 PCR 反应的基本原理

仅有几个拷贝的基因就可以合成数百万个拷贝。图 5-11 简单概括了 PCR 的基本工作原理。根据已知基因的 DNA 序列设计引物，利用基因组 DNA 或 cDNA 为模板，用 PCR 技术可以直接获取目的基因。详见 PCR 技术章节，在此，不再赘述。

（四）cDNA 文库法获取目的基因

虽然可用基因组文库法来获取真核生物的目的基因，但是由于高等真核生物基因组 DNA 文库比其 cDNA 文库大得多，相关工作量同样大得多。更为重要的是，在真核生物基因组中有大量的间隔序列或内含子，但在大肠杆菌等原核生物中尚未发现类似序列存在，大肠杆菌不能从真核生物基因的初级转录本中去除间隔序列，即不能表达真核生物 DNA。而在真核生物成熟 mRNA 中已不存在间隔序列（已在拼接过程中被去除），以真核生

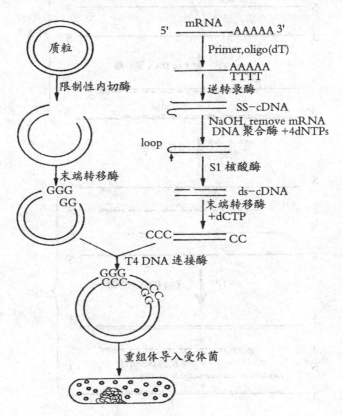

图 5-12　逆转录合成 cDNA 的基本过程

物成熟 mRNA 为模板，逆转录而成的 cDNA 可被大肠杆菌表达。因此，在基因工程中，cDNA 文库法是从真核生物细胞中分离目的基因的常用方法。

以从细胞或组织中提取的总 mRNA 为模板，利用逆转录酶合成与其互补的 cDNA，再复制成双链 cDNA 片段，然后与适当载体连接，转入受体菌扩增后，即可得到 cDNA 文库（cDNA library）（图 5-12）。cDNA 文库应包含某种细胞或组织在特定条件下的全部 cDNA 克隆，因此从中可以筛选我们感兴趣的 cDNA 片段。近年来将反转录反应和 PCR 反应联合应用，利用已知基因的 DNA 序列设计引物，可以从 mRNA 中直接获得某种特定 cDNA，而不用筛选 cDNA 文库。

具有与真核生物成熟 mRNA（信使 RNA）链互补的碱基序列的单链 DNA，即互补 DNA（complementary DNA），或此 DNA 链与具有与之互补的碱基序列的 DNA 链所形成的 DNA 双链。与 RNA 链互补的单链 DNA，以其 RNA 为模板，在适当引物的存在下，由依赖 RNA 的 DNA 聚合酶（逆转录酶）的作用而合成，并且在合成单链 cDNA 后，在用碱处理除去与其对应的 RNA 以后，以单链 cDNA 为模板，由依赖 DNA 的 DNA 聚合酶或依赖 RNA 的 DNA 聚合酶的作用合成双链 cDNA。真核生物的信使 RNA 或其他 RNA 的 cDNA，在遗传工程方面广为应用。在这种情况下，由 mRNA 逆转录合成的 cDNA，与原来基因的 DNA（基因组 DNA，genomic DNA）不同而无内含子；相反地，对应于在原来基因中没有的而在 mRNA 存在的 3′-末端的多 A 序列等的核苷酸序列上，与 exon 序列、先导序列以及后续序列等一起反映出 mRNA 结构。

所谓 cDNA 文库，是指汇集以某生物成熟 mRNA 为模板逆转录而成的 cDNA 序列的重组 DNA 群体。cDNA 文库通常以 λ 噬菌体和质粒作为载体构建。构建 cDNA 文库的一般操作程序如下：

1. **构建 cDNA 文库**　以生物细胞的总 mRNA 为模板，用反转录酶合成互补的双链 cDNA，然后接到载体上，转入到宿主后建立的基因文库就是 cDNA 文库。

（1）mRNA 的提取及其完整性的确定

1）总 RNA 的提取：从细胞中提取 RNA 与提取 DNA 的方法基本相同，可以用 APGC 法或应用试剂盒提取总 RNA。但是，由于 RNA 极易被 RNA 酶降解，因此在分离 RNA 时，抑制 RNA 酶的活性特别重要。常用的 RNA 酶的抑制剂有异硫氰酸胍、盐酸胍、二乙基焦碳酸（DEPC）等。

2）mRNA 的分离：高等真核生物 mRNA 一般为其总 RNA 的 1%~5%，每种特异 mRNA 的量非常少。因此，要提取特异 mRNA，就需要选

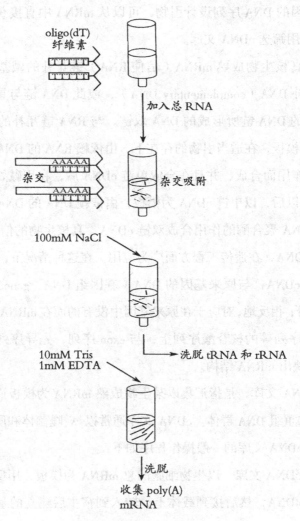

图 5-13　纤维柱分离纯化 mRNA

择特异而高度分化的组织。在这些组织细胞中特异 mRNA 所占的比例较大。真核细胞 mRNA 的 3′ - 端一般带有 poly（A）尾序列，这一重要特性常被用于从总 RNA 中分离带 poly（A）的 mRNA，将总 RNA 通过寡聚（DT）纤维柱分离 mRNA 或利用磁珠法制备纯 mRNA（图 5-13）。在某些情况下，裂解细胞后用蔗糖梯度来制备 mRNA- 核糖体复合物作为提取 mRNA 的替换途径。

3）mRNA 的纯化：①按照大小对总 mRNA 进行分级，主要用琼脂糖凝胶电泳和蔗糖密度梯度离心法进行分级；②多聚核糖体的免疫学纯化法，这是利用抗体来纯化合成目的多肽的方法。

4）mRNA 完整性的确定：确定 mRNA 完整性的方法有三种：①直接检测 mRNA 分子的大小；②测定 mRNA 的转译能力；③检测总 mRNA 指导合成 cDNA 第一链长分子的能力。

5）噬菌体的包装及转染或质粒的转化：形成大量噬菌斑或菌落，从而形成以某生物成熟 mRNA 为模板逆转录而成的 cDNA 序列的重组 DNA 群体即 cDNA 文库。

同样，具备了 cDNA 文库，就可以适当的目的基因片段作探针，利用高密度的噬菌斑或菌落原位杂交技术，从大量的噬菌斑或菌落中筛选出含有目的基因的重组体的噬菌斑或菌落，再经过扩增，提取其中的重组体。最后即可获得所需要的目的基因片段。

目前采用 cDNA 克隆技术已经分离了许多与园艺产品采后生理相关的基因，如在番茄 cDNA 文库中建立了 146 个与成熟相关的基因，得到了与果实硬度有关的 PG 基因，与乙烯生物合成有关的 ACC 合成酶基因、ACC 氧化酶基因等。

（2）cDNA 的合成和克隆

1）cDNA 第一链的合成：用亲和层析法得到纯化 mRNA 后，根据 mRNA 分子的 3′ - 端有 poly（A）尾结构的原理，以 poly（A）mRNA 为模板，用 12~20 个核苷酸长的 oligo（dT）与纯化的 mRNA 混合，oligo（dT）会与

poly（A）结合作为逆转录酶的引物，逆转录反应的产物是一条 RNA–DNA 的杂交链。oligo（dT）结合在 mRNA 的 3′ – 端，因此合成全长的 cDNA 需要反转录酶从 mRNA 分子的一端移动到另一端，有时这种全合成难以达到，尤其是 mRNA 链很长时，为此建立了一种随机引物法合成 cDNA。随机引物是一种长度为 6~10 个核苷酸，由 4 种碱基随机组成的 DNA 片段。与 oligo（dT）仅与 mRNA 的 3′ – 端结合不同，它们可以在 mRNA 的不同位点结合。随机引物法合成的产物也是 RNA–DNA 的杂交体。把 cDNA 克隆到载体中之前，必须把这种杂交体中的 RNA 转变成 DNA 链，即形成双链 DNA 分子。

2）双链 cDNA 的合成：合成 cDNA 第二条链有下列几种方法。

① 自我引导合成：利用 cDNA 第一链的 3′ – 末端常常出现发夹环的特征，这种发夹结构是反转录酶在第一链末端"返折"并且复制第一链的结果，它为合成 cDNA 第二链提供了有用的引物。用这种方法合成的双链 cDNA 在一端有一个发夹环，可以用特异切除单链的 S1 核酸酶切去发夹环部分，最终得到平端双链 cDNA。但是 S1 核酸酶的处理，常常会"修剪"过多的 cDNA 顺序，使 cDNA 丢失了 mRNA 5′ – 端的部分序列。因此现在已较少采用这种方法合成 cDNA 第二条链。

② 置换合成：用大肠杆菌的 RNase H 进行修饰。RNase H 能识别 RNA–DNA 杂交分子并把其中的 RNA 切割成短的片段，这些 RNA 短片段仍与 cDNA 第一链结合，可被新合成的 DNA 所取代。新合成的 DNA 存在切口，用 DNA 连接酶把这些切口连接在一起形成一条完整的 DNA 链。使用 RNase H 法合成 cDNA 第二条链，实际效果要优于 S1 核酸酶法，因为它能获得包含 mRNA 5′ – 端全部或绝大部分的更长顺序 cDNA 分子。

③ 同聚物加尾法：如果连接的两个 DNA 片段没有能互补的黏性末端，可用末端核苷酸转移酶催化脱氧单核苷酸添加 DNA 的 3′ – 末端，例如一股 DNA 的 3′ – 端加上 polyA，另一股 DNA 加上 polyT，这样人工在 DNA 两端做出能互补的共核苷酸多聚物黏性末端，退火后能连接（图 5–14），

这种方法称为同聚物加尾法。当混合物中只有一种 dNTP 时，就可以形成仅由一种核苷酸组成的 3′－尾巴。我们特称这种尾巴为同聚物尾巴（homopolymeric tail）。

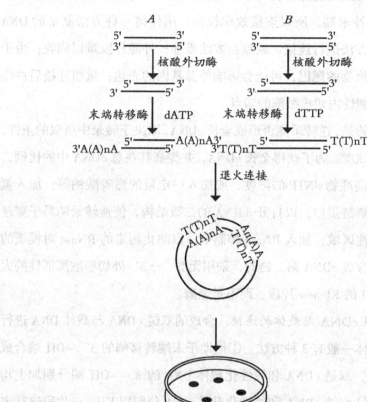

图 5-14　同聚物加尾法

这种方法的核心部分是，利用末端脱氧核苷酸转移酶转移核苷酸的特殊功能。末端脱氧核苷酸转移酶是从动物组织中分离出来的一种异常的 DNA 聚合酶，它能够将核苷酸（通过脱氧核苷三磷酸前体）加到 DNA 分子单链延伸末端的 3′－OH 基团上。由核酸外切酶处理过的 DNA，以及 dATP 和末端脱氧核苷酸转移酶组成的反应混合物中，DNA 分子的 3′－OH 末端将会出现单纯由腺嘌呤核苷酸组成的 DNA 单链延伸。这样的延伸片段，称之为 poly（dA）尾巴。反过来，如果在反应混合物中加入的是 dTTP，那么 DNA 分子的 3′ –OH 末端将会形成 poly（dT）尾巴。因此任何两条 DNA 分子，只要分别获得 poly（dA）和 poly（dT）尾巴，就会彼此连接起来。

同聚物加尾法的优点：首先不易自身环化；因为载体和外源片段的末端是互补的黏性末端，所以连接效率较高；用任何一种方法制备的 DNA 都可以用这种方法进行连接。缺点：方法繁琐；外源片段难以回收；由于添加了许多同聚物的尾巴，可能会影响外源基因的表达；重组连接后往往会产生某种限制性内切核酸酶的切点。

需要指出的是，逆转录能否形成全长 cDNA，取决于转录中所取的条件、模板的结构和纯度。为了获得全长 cDNA，并提高其在总 cDNA 中的比例，需要注意：提高底物 dNTP 的浓度，或加入一定量的焦磷酸钠等；加入氢氧化甲基汞或解链蛋白，以打开 mRNA 的二级结构，使逆转录酶易于穿越 mRNA 的特异性区域；加入 RNase 抑制剂，以防止污染的 RNase 对模板的降解作用；在合成 cDNA 第二链时，采用无 5′ → 3′ 外切核酸酶活性的大肠杆菌聚合酶 I 的 Klenow 片段，而不是全酶。

（3）双链 cDNA 与载体的连接：合成的双链 cDNA 与载体 DNA 进行连接构成重组体一般有 3 种方法：①借助于末端转移酶的 3′ –OH 端合成均聚物的能力，双链 cDNA 和线性化载体 DNA 的 3′ –OH 端分别加上均聚核苷酸链；②双链 cDNA 和线性化载体 DNA 分别用 Klenow 片段进行末端补平，然后用 T4 DNA 连接酶进行齐头连接，形成重组体；③通过黏性末端连接。

下图简单说明基因组文库与 cDNA 文库的区别（图 5-15）

二、选择和修饰克隆载体

载体选择要根据具体的实验需要。用于目的基因的克隆、扩增、序列分析和体外定点突变等，通常选用克隆载体（cloning vector）；为了在宿主细胞中表达外源目的基因，获得大量表达产物而选用表达载体（expression vector）。表达载体除了含有克隆载体中的主要元件以外，还含有表达目的基因所需要的各种元件，例如特殊的启动子、核糖体结合位点和表达标签

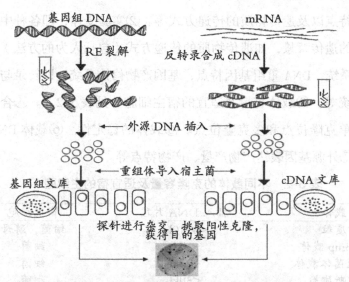

图 5-15 基因组文库与 cDNA 文库的区别

等元件。根据宿主细胞的不同，表达载体可以分为原核细胞表达载体、酵母细胞表达载体、哺乳动物细胞表达载体和昆虫细胞表达载体等，它们分别携带相应宿主细胞表达目的基因所需要的各种元件和筛选标志。克隆载体的选择较容易，只要插入片段的大小适宜，酶切位点相配即可。表达载体的选择则比较复杂，有时需要更换不同的载体以获得最佳表达效率。

无论是克隆载体还是表达载体，有时都需要进行一些必要的改造，或者经过几个中间过渡载体才能获得我们所需要的重组子。

基因载体通常根据待克隆的 DNA 片段长度来选择。在制作原核生物基因文库时，因基因组较小，可把 DNA 片段切得短些，可选用质粒如 pBR322 等作载体。真核生物的基因内部常有称为内含子的非编码区，使一个天然基因的长度比实际编码的部分要长得多，基因文库中待克隆的 DNA 片段便应长些，以保证得到完整的基因。通常采用的载体有经过改建的噬菌体如 λCharon4A（长度 462kb，可克隆外源 DNA 长度 8.2~22.2kb）和柯斯质粒（例如 pHC79，长度 6.4kb，可容纳外源 DNA 长度 37~50kb）等。

选择克隆载体还需要具体分析，如：①实验供体的遗传背景与 DNA 特点，其中包括染色体 DNA 大小，基因大小与结构，碱基组成，目的基因的产物特点以及遗传物质的传递方式等。②实验受体，即各种中间宿主与终宿主的遗传背景，如遗传物质的传递方式（包括人为的方法），DNA限制修饰系统，DNA重组基因特点，基因产物修饰系统，即转录与翻译后的修饰系统等。③载体容量及适宜的宿主细胞（见表5-2）。④合适的克隆位点，单克隆位点和多克隆位点。⑤载体的稳定性。⑥载体DNA制备的难易。⑦外源基因表达产物产量、产物特点等。

表5-2 不同载体的克隆容量及适宜宿的主细胞

载体	插入DNA片段	宿主细胞
质粒	<5~10kb	细菌，酵母
M13mp载体	<4kb	细菌
λ噬菌体载体	<23kb	细菌
柯斯质粒	<50kb	细菌
BAC	~400kb	细菌
YAC	~3 Mb	酵母

三、重组体的构建——目的基因与载体连接

在分别得到含有目的基因的DNA片段以及选择了合适的载体后，下一步工作是进行基因表达载体的构建（目的基因与运载体结合），即DNA的体外重组。这种基因表达载体构建的主要过程包括：目的基因和载体的限制性内切酶酶切的设计和应用，DNA片段的分离、回收和连接。基因表达载体的构建是实施基因工程的第二步，也是基因工程的核心。其构建目的是使目的基因能在受体细胞中稳定存在，并且可以遗传给下一代，同时，使目的基因能够表达和发挥作用。

目的基因与载体DNA片段的连接在本质上是酶促反应，是靠DNA连接酶将两个DNA片段共价连接。含有匹配黏性末端的两个DNA片段相遇时，黏性末端单链间将形成碱基配对，仅在双链DNA上留下缺口。游离的5′末端磷酸基团以及相邻的3′末端羟基基团在DNA连接酶的催化作用下，形成磷酸二酯键封闭缺口，成为一个完整的环状DNA分子。当缺乏合适的黏性末端酶切位点时，也可以采用平端限制性内切酶制备载体和目的基因片段。此外还可以采用人工接头的方法进行连接。

外源 DNA 片段同载体分子连接的方法主要是依赖于核酸内切限制酶和 DNA 连接酶的作用。一般说来在选择外源 DNA 同载体分子连接反应程序时，需要考虑到下列三个因素：①实验步骤要尽可能地简单易行。②连接形成的"接点"序列，应能被一定的核酸内切限制酶重新切割，以便回收插入的外源 DNA 片段。③对转录和转译过程中密码结构的阅读不发生干扰。大多数的核酸内切限制酶能够切割 DNA 分子，形成黏性末端。当载体和外源 DNA 用同样的限制酶，或是用能够产生相同的黏性末端的限制酶切割时，所形成的 DNA 末端就能够彼此退火，并被 T4 连接酶共价地连接起来，形成重组体分子。

将目的基因与运载体结合的过程，实际上是不同来源的 DNA 重新组合的过程。如果以质粒作为运载体，首先要用一定的限制酶切割质粒，使质粒出现一个缺口，露出黏性末端。然后用同一种限制酶切断目的基因，使其产生相同的黏性末端（部分限制性内切酶可切割出平末端，拥有相同效果）。将切下的目的基因的片段插入质粒的切口处，首先碱基互补配对结合，两个黏性末端吻合在一起，碱基之间形成氢键，再加入适量 DNA 连接酶，催化两条 DNA 链之间形成磷酸二酯键，从而将相邻的脱氧核糖核酸连接起来，形成一个重组 DNA 分子。如人的胰岛素基因就是通过这种方法与大肠杆菌中的质粒 DNA 分子结合，形成的重组 DNA 分子（也叫重组质粒）。

将载体质粒 DNA 和外源基因 DNA 在 DNA 连接酶的作用下，双链 DNA 片段相邻的 5′–端磷酸与 3′–端羟基之间形成磷酸二酯键，形成重组质粒，这是分子克隆技术的核心步骤。在连接反应进行之前，质粒和外源基因 DNA 分别用同样的限制性内切酶消化，使它们成为含有同样黏性末端或钝端的线性 DNA，这是连接成功的先决条件。具体连接方式有以下几种。

（一）黏端连接

1. 单一相同黏端连接 由同一限制性内切核酸酶切割的不同 DNA 片段具有完全相同的末端。只要酶切割 DNA 后产生单链突出（5′ 突出及 3′

突出）的黏性末端，同时酶切位点附近的 DNA 序列不影响连接，那么，当这样的两个 DNA 片段一起退火（anneal）时，黏性末端单链间进行碱基配对，然后在 DNA 连接酶催化作用下形成共价结合的重组 DNA 分子（见图 5-16）。

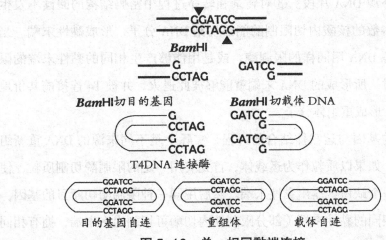

图 5-16　单一相同黏端连接

2. **不同黏端连接**　由两种不同的限制性内切核酸酶切割的 DNA 片段，具有相同类型的黏性末端，即配伍末端，也可以进行黏性末端连接。例如 EcoR I（GATC）和 Bgl II（A ▼ GATCT）切割 DNA 后均可产生 5′ 突出的 GATC 黏性末端，彼此可相互连接（图 5-17）。

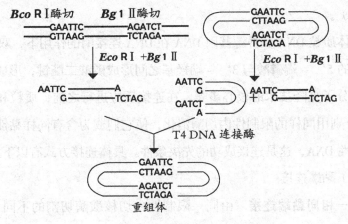

图 5-17　不同黏端连接

3.通过其他措施产生黏端进行连接

（1）人工接头连接：由平端加上新的酶切位点，再用限制酶切除产生黏性末端，而进行黏端连接（见图 5-18）。

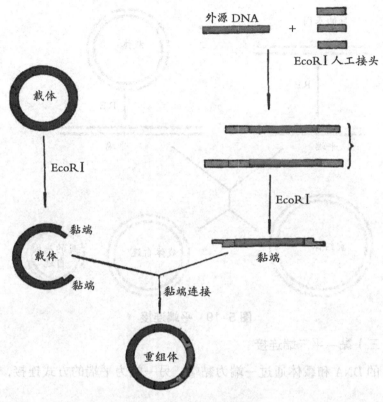

图 5-18 人工接头连接

（2）同聚物加尾连接：在末端转移酶的作用下，在 DNA 片段末端加上同聚物序列制造出黏性末端，再进行黏端连接。

（3）PCR 法：针对目的 DNA 的两段设计一对特异引物，在引物的 5-端加上不同的 RE 位点，以目的 DNA 为模板，扩增得到带有 RE 位点的目的 DNA，再用相应的 RE 切割 PCR 产物，产生黏端，随后便可与带有相同黏端的线性化载体进行有效连接。

（二）平端连接

DNA 连接酶可催化相同和不同限制性内切核酸酶切割的平端之间的连

接。原则上讲，限制酶切割 DNA 后产生的平端也属配伍末端，可彼此相互连接；若产生的黏性末端经特殊酶处理，使单链突出处被补齐或削平，变为平端，也可施行平端连接（见图 5-19）。

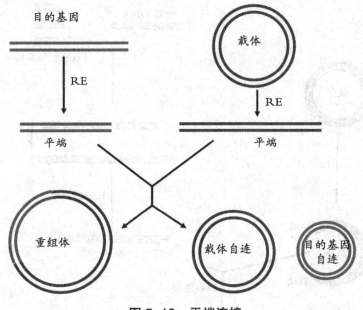

图 5-19　平端连接

（三）黏—平末端连接

目的 DNA 和载体通过一端为黏端、另一端为平端的方式连接，属定向克隆。

四、重组体向宿主细胞的导入

DNA 插入片段和质粒 DNA 在体外连接形成重组质粒，即带有外源 DNA 片段的重组体分子在体外构成之后，需要被导入到细胞内才能进行扩增和表达，并获得大量的纯一的重组体 DNA 分子。这样一种过程习惯上叫做基因的扩增（amplification）。接受重组 DNA 分子的细胞称作受体细胞或宿主细胞。选定的宿主细胞必须具备使外源 DNA 进行复制的能力，而且还应该能够表达由导入的重组体分子所提供的某种表型特征，这样才有利于转化子细胞的选择与鉴定。受体细胞分为原核细胞（如大肠杆菌）和真核细胞（如酵母、哺乳动物细胞及昆虫细胞）。原核细胞既可作为基因复制扩增的场所，也可作为基因表达的场所；真核细胞一般用作基因表达系统。

将外源重组体分子导入受体细胞的途径，包括转化、转染、显微注射和电穿孔等多种不同的方式。一般将重组 DNA 分子导入原核细胞的过程称为转化（transformation），而将重组 DNA 分子导入真核细胞的过程称为转染（transfection）。转化和转染主要适用于细菌一类的原核细胞和酵母这样的低等真核细胞，而显微注射和电穿孔则主要应用于高等动植物的真核细胞。在本章所讨论的用于接受重组体 DNA 导入的宿主细胞，只限于大肠杆菌。因为在所有的关于重组 DNA 的研究工作中，都使用了大肠杆菌 K12 突变体菌株。该菌株由于丧失了限制体系，故不会使导入细胞内的未经修饰的外源 DNA 发生降解作用。对于大肠杆菌宿主，无论是转化还是转导，都是十分有效的导入外源 DNA 的手段。当然，除了大肠杆菌之外，其他的一些细菌，例如枯草芽孢杆菌（B.subtilis），也已经发展成为基因克隆的宿主菌株。

受体细胞是重组基因增殖的场所，对受体细胞也应具有几个要求：①容易接纳重组 DNA 分子；②对载体的复制扩增无严格限制；③不存在特异的内切酶体系降解外源 DNA；④不对外源 DNA 进行修饰；⑤有限制修饰系统、感染寄生和重组基因缺陷，外源 DNA 可存活，且不发生重组；⑥具有一个可供遗传标记检测的遗传背景。由于载体的不同，所具备的筛选标志不同，所用的受体细胞也不同，因此可根据所用的载体选择合适的受体细胞。

未经处理的大肠杆菌很难受纳重组 DNA 分子，但将大肠杆菌用物理或化学方法处理后，细胞对摄取外来 DNA 分子变得敏感了，这种经过处理而容易接受外源 DNA 分子的细胞叫做感受态细胞（competent cell）。在分子克隆中，感受态细胞转化效率的高低是限制克隆成功率的一个重要因素。在基因操作中，转化一词，严格地说是指感受态的大肠杆菌细胞捕获和表达质粒载体 DNA 分子的生命过程（见图 5-20）。而转染一词（transfection），则是专指感受态的大肠杆菌细胞捕获和表达噬菌体 DNA 分子的生命过程。但从本质上讲，两者并没有什么根本的差别。无论转化还是转染，其关键的因素都是用氯化钙处理大肠杆菌细胞，以提高膜的通透性，从而使外源 DNA 分子能够容易地进入细胞内部（见图 5-20）。所以习惯上，人们往往也通称转染为广义的转化。

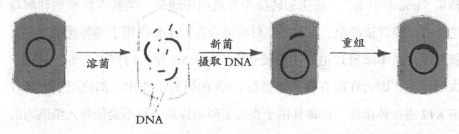

图 5-20　转化过程

将重组 DNA 分子和感受态大肠杆菌细胞相混合，使 DNA 分子进入大肠杆菌细胞中，实现了重组 DNA 分子的转化。用质粒作为载体的重组 DNA 分子可以通过转化引进细胞。用 λ 噬菌体的 DNA 作载体的重组分子直接经转染引入细胞的效率较低；一般需先行离体包装，即把重组 DNA 分子包在噬菌体外壳中，再通过噬菌体感染把重组 DNA 分子引入敏感细菌细胞中。它的效率比转染高出几十到几百倍。细菌转化（或转染）的具体操作程序是：例如用氯化钙制备新鲜的大肠杆菌感受态细胞的简单方案是 Cohen 等（1972）所用方法的变通方案，常用于成批制备感受态细菌，该方案的转化效率足以满足所有在质粒中进行的常规克隆的需要。该方法完全适用于大多数大肠杆菌菌株。该法制备的感受态细胞可贮存于 -70℃，但保存时间过长会使转化效率在一定程度上受到影响。具体过程如下：

① 从于 37℃培养 16~20h 的新鲜平板中挑取一个单菌落（直径 2~3mm），转到一个含有 100ml LB 培养基的 1L 烧瓶中。于 37℃剧烈振摇培养约 3h（旋转摇床，300 转 / 分）。为得到有效转化，活细胞数不应超过 108 个细胞 /ml，可每隔 20~30min 测量 OD600 值来监测培养物的生长情况。

② 在无菌条件下将细菌转移到一个无菌、一次性使用的、用冰预冷的 50m1 离心管中，在冰上放置 10min，使培养物冷却至 0℃。（切记：下述所有步骤均需无菌操作）

③ 于 4℃，以 4000 转 / 分离心 10min，以回收细胞。

④ 倒出培养液，将管倒置 1min 以使最后残留的痕量培养液流尽。

⑤ 以 10mL 用冰预冷的 0.1mol/L $CaCl_2$ 重悬每份沉淀，放置于冰浴上。

⑥ 于 4℃，以 4000 转 / 分离心 10min，以回收细胞。

⑦ 倒出培养液，将管倒置 1min 以使最后残留的痕量培养液流尽。

⑧ 每 50mL 初始培养物用 2m1 用冰预冷的 0.1mol/L $CaCl_2$ 重悬每份细胞沉淀。此时，可将细胞分装成小份，放于 –70℃冻存。在这些条件下，尽管长期保存后转化效率会稍有下降，但细胞仍可保持处于感受态。于 4℃在 $CaCl_2$ 溶液中保存 24~48h，在贮存的最初 12~24h 内，转化效率增加 3~5 倍，然后降低到初始水平。

⑨ 用冷却的无菌吸头从每种感受态细胞悬液中各取 200μL 转移到无菌的微量离心管中，每管加 DNA（体积 <10μL，DNA<50ng），轻轻旋转以混匀内容物，在冰中放置 30min。实验中一定要包括下面的对照：①加入已知量的标准超螺旋质粒 DNA 制品的感受态细胞。②完全不加质粒 DNA 的感受态细菌。

⑩ 将管放到预加温到 42℃的循环水浴中的试管架上，放置 90 秒，不要摇动试管。

⑪ 快速将管转移到冰浴中，使细胞冷却 1~2min。

⑫ 每管加 800μL LB 培养基。用水浴将培养基加温至 37℃，然后将管转移到 37℃摇床上，温浴 45min 使细菌复苏，并且表达质粒编码的抗生素抗性标记基因。如果要求更高的转化效率，在复苏期，应温和地摇动细胞（转速不超过 225 转 / 分）。

⑬ 将 100μL 已转化的感受态细胞转移到含相应抗生素的 LB 琼脂培养基上。用一无菌的弯头玻棒轻轻地将转化的细胞涂到琼脂平板表面。

⑭ 将平板置于室温直至液体被吸收。

⑮ 倒置平皿，于 37℃培养，12~16h 后可出现菌落。观察平板上长出的菌落克隆，以菌落之间能互相分开为好。

目前制备各种细菌感受态的最常用方法是 $CaCl_2$ 法，转化效率一般为 1_{06}~1_{07} 个转化子 /g DNA，是一般的克隆实验中最常用的简便而重复性好的方法。目前已有商品化的细菌感受态细胞出售，但价格较为昂贵。

细菌转化的另一种方法是电穿孔（elctroporation）法。电穿孔法的转化效率可达 1_{09}-1_{010} 个转化子 /g DNA。电穿孔转化技术中与转化效率有关的主要参数是电压、电容、阻抗和脉冲时间等。这些参数因菌种和介质不同而异，已有不少较成熟的条件供参考。酵母细胞的转化多采用电穿孔法。

五、含重组体的细菌菌落的筛选与鉴定

重组体克隆的筛选与鉴定的原因：由体外重组产生的 DNA 分子，通过转化、转染、转导等适当途径引入宿主细胞会得到大量的重组体细胞或噬菌体。然而在这些重组体中，会有多种类型的 DNA 分子，其中包括：不带任何外源 DNA 插入片段，仅是由线性载体分子自身连接形成的环状 DNA 分子；由一个载体分子和一个或数个外源 DNA 片段构成的重组体 DNA 分子；单纯由数个外源 DNA 片段彼此连接形成的多聚 DNA 分子。无论采用何种方法导入重组载体，宿主都不可能百分之百地被转化或感染，必须将真正的转化体或转化细胞筛选出来。在重组 DNA 克隆设计开始时，就应设计出易于筛选重组子的方案。一个设计良好的方案往往可以事半功倍，节省许多人力物力。筛选方法的选择和设计主要依据载体、目的基因和宿主细菌不同的遗传学特性和分子生物学特性来进行。

DNA 重组技术中常用的筛选和鉴定的方法可分为两大类：一类是利用宿主细胞遗传学表型的改变直接进行筛选；另一类是通过分析重组子的结构特征进行鉴定。前者常用抗药性、营养缺陷型显色反应和噬菌斑形成能力等遗传表型来筛选；后者常采用限制性内切酶酶切及电泳、探针杂交和核苷酸序列分析来鉴定目的基因的结构。此处介绍几种常用的鉴定含重组质粒细菌菌落的方法：遗传检测法；物理检测法；依赖于重组子结构特征分析的筛选法。

（一）遗传检测法

遗传检测法可分为根据载体表型特征和根据插入序列的表型特征选择重组子两种方法。

1. 根据载体表型特征选择重组体分子的直接选择法

根据载体分子所提供的表型特征直接选择重组体 DNA 分子的遗传选择法是一种十分有效的方法，当它与微生物学技术相配合时便可用于大量群体的筛选。在基因工程中使用的所有的载体分子，都带有一个可选择的遗传标记或表型特征。质粒以及柯斯载体具有抗药性标记或营养标记，而对于噬菌体来说，噬菌斑的形成则是它们的自我选择特征。

面对由这种混合的 DNA 制剂转化而来的大量的克隆群体，需要采用特殊的方法才能筛选出可能含有目的基因的重组体克隆。

（1）抗生素筛选：大多数克隆载体带有抗生素抗性基因，如抗四环素基因（tetR）、抗氨苄青霉素基因（ampR）等。理论上，只有含有这些重组子的转化细胞才能够在含有相应抗生素的琼脂平皿上生长成菌落。例如质粒载体含有一种或两种抗生素的耐药基因，当把这种质粒转入大肠杆菌后，此菌便获得了抵抗这种抗生素的能力。目前分子克隆所用的克隆载体多含氨苄青霉素的耐药基因，所以涉及最多的是氨苄青霉素筛选。当将氨苄青霉素加入培养基中后，只有含质粒的细菌能够生存，而不含质粒的细菌则死亡（见图 5-21）。但是实际上，自身环化的载体、未酶切完全的载体或非目的基因插入载体形成的重组子也能转化细胞形成假阳性菌落。

（2）营养缺陷型的互补筛选法：营养缺陷型的互补筛选法包括插入互补和插入失活两种。

插入互补是指由于外源基因的插入弥补了宿主菌原来的基因缺陷性状。如把酵母基因组 DNA 随机切割后插入到大肠杆菌的 ColE1 质粒中，然后将重组质粒转化到大肠杆菌 his（组氨酸）突变菌株细胞中，凡含有酵母

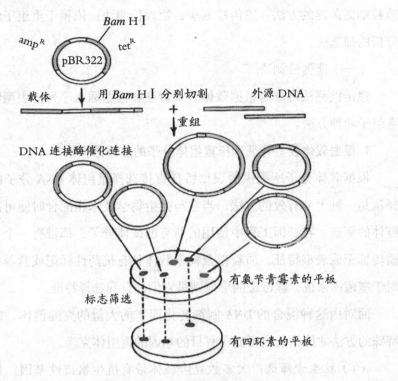

图 5-21　抗生素筛选带有重组载体的克隆

his 基因并获得表达的转化菌就能在不含 his 营养成分的培养基中生长。

　　插入失活是指由于外源基因的插入，使重组子丧失了原来具有的某些特征，如不能合成某种产物，当这种改变有明显的表型变化时，就可以用于鉴别重组子。这里以蓝-白斑筛选法为例加以说明。使用本方法的载体包括 M13 噬菌体、pUC 质粒系列、pGEM 质粒系列等。这些载体的共同特征是载体上携带一段细菌的基因 lacZ。pUCl8/19 以及其他一些载体中含有 β-半乳糖苷酶基因（LacZ）的调控序列及其氨基端 146 个氨基酸的 α-肽编码区，尽管它的 MCS 也位于其中，但由于巧妙的读框设计仍使其保留了 α-肽的功能。如果用这一类质粒转化 β-半乳糖苷酶基因缺失突变菌（gal-），由于质粒表达的 α-肽可以补充菌株缺失的 α-肽，使其产生有活性的 β-半乳糖苷酶分解半乳糖。在加入了 β-半乳糖苷酶基因表达诱导剂 IPTG（异丙基硫代-β-D-半乳糖苷）和 β-半乳糖苷酶底物 X-gal

（5-溴-4-氯-3-吲哚-β-D-半乳糖苷）的培养基上生长的菌落呈现蓝色。这种现象被称为 α-互补效应。外源 DNA 片段克隆到上述的这个区段后，使 LacZ 基因失活，不再产生 α-肽，也不再产生有活性的 β-半乳糖苷酶。在加入 IPTG 和 X-gal 的平板上不再出现蓝色菌落，而是白色菌落（见图 5-22）。这是鉴别质粒载体内有无插入片段的所谓蓝白筛选方法的原理。

通过上述技术手段只能让我们知道所得的质粒或噬菌体等的 DNA 具有重组子的特征，至于目的片段的序列则必须经过 DNA 序列测定予以证实。

2. 根据插入序列的表型特征选择重组体分子的直接选择法　重组 DNA 分子转化到大肠杆菌宿主细胞之后，如果插入在载体分子上的外源基因能够实现其功能的表达，那么分离带有此种基因的克隆，最简便的途径便是根据表型特征的直接选择法。其基本原理是，转化进来的外源 DNA 编码的基因，能够对大肠杆菌寄主菌株所具有的突变发生体内抑制或互补效应，从而使被转化的宿主细胞表现出外源基因编码的表型特征。

（二）物理检测法

常用的重组体分子的物理检测法有凝胶电泳检测法和 R-环检测法两种。

1. 凝胶电泳检测法　带有插入片段的重组体在相对分子质量上会有所增加。分离质粒 DNA 并测定其分子长度是一种直截了当的方法。电泳法筛选比抗药性插入失活平板筛选更进了一步。有些假阳性转化菌落，如自我连接载体、缺失连接载体、未消化载体、两个相互连接的载体以及两个外源片段插入的载体等转化的菌落，用平板筛选法不能鉴别，但可以被电泳法淘汰。

2. R-环检测　R-环是指 RNA 通过取代与其序列一致的 DNA 链而与双链 DNA 杂交，被取代的 DNA 单链与 RNA-DNA 杂交双链所形成的环状结构。在临近双链 DNA 变性温度下和高浓度（70%）的甲酰胺溶液中，即所谓的形成 R-环的条件下，双链的 DNA-RNA 分子要比双链的 DNA-DNA 分子更为稳定。因此，将 RNA 及 DNA 的混合物置于这种退火条件下，RNA 便会同双链 DNA 分子中的互补序列退火形成稳定的 DNA-RNA 杂交

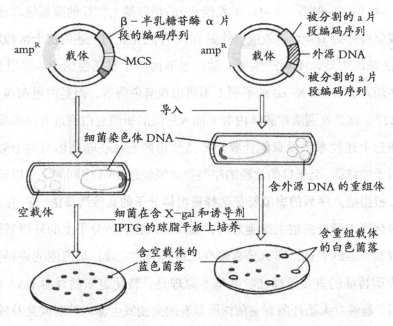

图 5-22 蓝-白斑筛选

分子，而被取代的另一条链处于单链状态。

　　这种由单链 DNA 分子和双链 DNA-RNA 分子形成的"泡状"体，即所谓的 R-环结构。R-环结构一旦形成就十分稳定，而且可以在电子显微镜下观察到。所以，应用 R-环检测法可以鉴定出双链 DNA 中存在的与特定 RNA 分子同源的区域。

　　（三）依赖于重组子结构特征分析的筛选法

　　1. **限制性核酸内切酶酶解分析法**　从转化菌落中初步筛选具有重组子的菌落，提纯重组质粒或重组噬菌体 DNA，用相应的限制性核酸内切酶（一种或两种）酶解、切割重组子释放出的插入片段，对于可能存在双向插入的重组子还可用适当的限制性内切酶消化鉴定插入方向，然后用凝胶电泳检测插入片段和载体的大小，确定是否含有外源基因插入及其插入方向等。

　　2. **Southern 印迹杂交筛选**　为确定 DNA 插入片段的正确性，在限制性内切酶消化重组子、凝胶电泳分离后，通过 Southern 印迹转移将 DNA 移至硝酸纤维膜上，再用放射性同位素或非放射性标记的相应外源 DNA

片段作为探针，进行分子杂交，鉴定重组子中的插入片段是否是所需的靶基因片段。Southern 印迹转移技术详见第四章。

3. 利用 PCR 方法筛选确定重组子　用 PCR 技术对重组子进行分析，不但可以迅速扩增插入片段，而且可以直接进行 DNA 序列分析。因为对于表达型重组子，其插入片段的序列的正确性是非常关键的。PCR 法既适用于筛选含特异目的基因的重组克隆，也适用于从文库中筛选含感兴趣的基因或未知的功能基因的重组克隆。前者采用特异目的基因的引物，后者采用载体上的通用引物。

4. 菌落（或噬菌斑）原位杂交　菌落或噬菌斑原位杂交技术是将转化菌 DNA 转移到硝酸纤维膜上，用放射性同位素或非放射性标记的特异 DNA 或 RNA 探针进行分子杂交，然后挑选阳性克隆（见图 5-23）。这种方法能进行大规模操作，是筛选基因文库的首选方法。

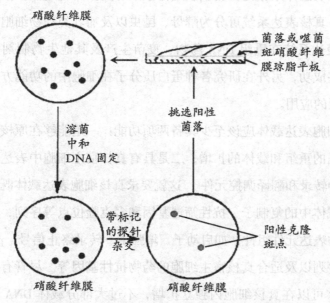

图 5-23　菌落或噬菌斑原位杂交筛选重组体

六、重组体的表达

（一）外源基因在原核细胞中的表达

大肠杆菌是最常用的原核表达体系，其优点是培养简单、迅速，经济而又适合大规模生产。大肠杆菌表达系统的主要缺点是缺乏适当的翻译后加工机制，真核细胞来源的蛋白质在其中不易正确折叠或进行糖基化修饰，表达的蛋白质常常形成不溶性的包含体。

运用大肠杆菌表达蛋白质的表达载体除了一般克隆载体所有的元件以外，还要具有能调控转录、产生大量 mRNA 的强启动子。常用的启动子有 trp-lac 启动子、噬菌体 PL 启动子和 T7 噬菌体启动子等。核糖体结合位点是表达载体中另一必不可少的元件，原核系统中的 RBS 亦称为 SD 序列。多数表达载体中都带有转录终止序列。影响外源基因表达的因素有启动子的强弱、RNA 的翻译效率、密码子的选择、表达产物的大小以及表达产物的稳定性等。

（二）外源基因在真核细胞中的表达

与原核表达体系相比，真核表达体系具有更多的优越性。依据宿主细胞的不同，真核表达系统可分为酵母、昆虫以及哺乳类动物细胞表达系统等。这些表达系统在重组 DNA 药物、疫苗生产及其他生物制剂生产上都获得了一些成功，另外在研究各种蛋白质分子在细胞中的功能方面也得到了非常广泛的应用。

真核细胞表达载体应该至少具备两项功能：一是能够在原核细胞中进行目的基因的重组和载体的扩增；二是具有真核宿主细胞中表达重组基因所需的各种转录和翻译调控元件。这就要求真核细胞表达载体既含有原核生物克隆载体中的复制子、抗性筛选基因和多克隆位点等序列，又要含有真核细胞的表达元件组件，如启动子、增强子、转录终止信号、poly（A）加尾信号序列以及适合真核宿主细胞的药物抗性基因等。尽管有的真核细胞表达载体可以在真核细胞内独立扩增，不过大部分载体 DNA 是先整合到宿主的染色体中，然后随着宿主细胞 DNA 的复制而得以扩增。

蛋白质的表达方式有多种，分为分泌表达、非分泌表达、融合表达和非融合表达等。在实际工作中，要针对相应的外源基因设计相应的表达策略。

第五节　重组 DNA 技术与分子医学

分子生物学是带动生命科学的前沿学科，也是医学向分子水平发展的先导。作为分子生物学中最重要，最有实用价值的多种基因操作技术，已经对于基础医学、临床医学、药学和法医学等带来了革命性的变化。基因操作技术在医学方面的价值主要包括：①提供多种发现疾病相关基因和认识疾病的分子机制的新策略；②高效率、低成本生产人类疾病治疗和预防用的生物活性蛋白质；③建立新的疾病诊断方法——基因诊断方法；④纠正人类基因缺陷的方法——基因治疗；⑤发展出新的法医学鉴定方法。基因诊断和基因治疗在这里仅介绍基因操作技术在疾病分子机制和发展治疗用生物活性蛋白中的应用。

一、疾病相关基因分析

人类携带的各种有害基因可以导致疾病的发生。要确认某一疾病的相关基因，必须进行基因定位（gene mapping）和结构分析。基因定位就是利用不同的方法将各种基因确定到染色体的实际位置上，并分析基因的结构和疾病状态下基因的突变。

（一）功能性克隆

功能克隆（functional cloning）是指从对一种致病基因的功能的理解出发克隆该致病基因。这种方法主要用于某些生物化学机理已经明确，基因表达产物较易得到部分纯化的遗传性疾病，实际上是利用纯化蛋白克隆致病基因。获得部分纯化的蛋白质后可以采用两种方式进行基因的克隆，一是根据已知的部分氨基酸序列合成寡核苷酸作为探针，筛选 cDNA 文库，二是利用特异性抗体筛选表达型 cDNA 文库。

（二）定位克隆

定位克隆（positional cloning）是指从一种致病基因的染色体定位出发逐步缩小范围，最后克隆该基因。实现从染色体定位到基因克隆是 80 年代医学分子生物学的重要进展之一。

系统的定位克隆工作包含遗传学分析和分子生物学分析两部分。遗传学分析方法包括交换分析和连锁不平衡分析以确定致病基因的染色体定位。分子生物学分析包括染色体异常（缺失、易位等）分析和基因文库的筛选与基因克隆。

（三）基因结构和产物功能的分析

如果采用上述策略克隆到一个已知基因，就可以利用对于该基因结构和功能的理解分析其与疾病的关系，确定是否有基因的突变，阐明突变产物的致病机制。

如果获得的克隆是一个未知基因，则可进一步进行下列工作：

1. 克隆和分析全长 cDNA 序列　根据 cDNA 序列推导出该基因编码的蛋白质的氨基酸序列；

2. 克隆和基因组全序列分析　分析存在的内含子、启动子以及其调节位点，推论可能的基因表达调控方式；

3. 确定基因在基因组中的位置和拷贝数　基因在染色体中的定位多采用染色体原位杂交法。由于目前人类基因组计划框架已经完成，因此可以直接从人类基因组数据库中确认其染色体定位。基因拷贝数可以用 Southern 杂交法确定，以已知拷贝数的质粒 DNA 或已知拷贝数的基因组 DNA 作为对照，根据放射性信号的强度可以计算出待测基因的拷贝数。

4. 基因表达谱分析　要确定所克隆的基因的功能，应该确定该基因在不同组织和细胞中的表达状态。最经典和常用的方法是 Northern 分析，另外 DNA 点阵杂交也成为目前确定基因表达谱的首选方法，两者均检测的是 mRNA 的水平。

5. 基因表达产物的功能分析　基因表达产物的功能研究是一个十分困难的课题，可以采用多种策略进行。包括：①找已知功能的同源蛋白或同源结构域，推论功能并用实验验证；②在细胞内表达该基因，观察其对细胞各种功能的影响；③利用反义核酸，RNA 干涉，核酶在细胞水平抑制基因表达，从而分析细胞功能变化，建立基因剔除小鼠，分析该基因产物的功能；④分析与该基因产物相互作用的分子，或者是相互作用的蛋白分子或核酸。

在分子生物学技术不断发展的今天，鉴定与克隆疾病相关基因已经成为医学分子生物学的研究热点和重点，在对单基因决定的遗传性疾病有所认识的基础上，多基因遗传及环境与遗传相互作用所导致的疾病如糖尿病、高血压及肿瘤等亦逐步为人们所重视。这些研究将为认识疾病的发病机理提供极为重要的线索，为诊断和治疗带来革命性的变化。

二、制造生物活性蛋白

基因工程技术的发展在医学上最重要的成就表现为治疗用生物活性蛋白或疫苗的生产和使用（见表 5-3）。基因工程技术在大量生产生物活性蛋白或疫苗方面有着传统的生物提取法无法比拟的优越性。

表 5-3　基因工程技术生产的医药产品

产品	功能
组织胞浆素原激活剂	抗凝
血液因子 VIII	促进凝血
颗粒细胞－巨噬细胞集落刺激因子	刺激白细胞生成
促红细胞生成素	刺激白细胞生成
生长因子（bFGF, EGF）	刺激细胞生长与分化
生长素	治疗侏儒症
胰岛素	治疗糖尿病
干扰素	抗病毒感染及某些肿瘤
白细胞介素	激活、刺激各类白细胞
超氧化物歧化酶	抗组织损伤
单克隆抗体	利用其结合特异性进行诊断试验、肿瘤导向治疗
乙肝疫苗（CHO, 酵母）	预防乙肝
口服重组 B 亚单位菌体霍乱菌苗	预防霍乱

具有特定生物学活性的蛋白质在生物学和医学研究方面具有重要的理论和应用价值，这些蛋白质可以通过克隆其基因使之在宿主细胞中大量表达而获得。这尤其适用于那些来源特别有限的蛋白质。利用基因工程方法表达克隆基因还可以获得自然界本不存在的一些蛋白质。克隆基因可以放在大肠杆菌、枯草杆菌、酵母、昆虫细胞、培养的哺乳类动物细胞或整体

动物中表达。

三、疾病的基因诊断与基因治疗

基因诊断是由于互补的 DNA 单链能够在一定条件下结合成双链，而且这种结合是特异的。因此，当把一段用放射性同位素、荧光分子或者化学催化剂等标记的已知基因的核酸序列作为探针，与变性后的单链基因组 DNA 接触时，如果两者的碱基能够配对，它们即可以互补结合成为双链。据此就可以检出被测 DNA 中含有的基因序列，从而达到检测疾病的目的。如常用等位基因特异性寡核苷酸（ASO）分子杂交技术检测基因点突变（见图 5-24）。

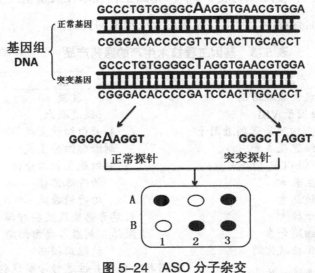

图 5-24　ASO 分子杂交

基因治疗是将健康的外源基因导入靶细胞，补偿或者是纠正因基因缺陷或异常引起的疾病，已达到治疗的目的。换句话说，也就是将外源基因通过 DNA 重组技术将其插入病人的适当的体细胞中，使外源基因制造的产物能治疗某种疾病。从广义上说，基因治疗还可包括从 DNA 水平采取的治疗某些疾病的措施和新技术。例如，用 5- 氮胞苷治疗镰刀细胞贫血和 β - 地中海贫血。

（张建宇）

参考文献

奥斯伯（美）.2008.精编分子生物学实验指南 [M]. 北京：科学出版社．

陈德富 .2010. 现代分子生物学实验原理与技术 [M]. 北京：科学出版社．

李杰，杨茜 .2001. 医学生物学实验指导 [M]. 呼和浩特：内蒙古教育出版社．

李燕，张健 .2009. 细胞与分子生物学常用实验技术 [M]. 西安：第四军医大学出版社．

李雅轩，赵昕 .2006. 遗传学综合实验 [M]. 北京：科学出版社．

穆国俊，杨先泉 .2012. 遗传学实验教程 [M]. 北京：中国农业大学出版社．

屈伸，刘志国 .2008. 分子生物学实验技术 [M]. 北京：化学工业出版社．

魏春红，李毅 .2006. 现代分子生物学实验技术 [M]. 北京：高等教育出版社．

药立波 .2014. 医学分子生物实验技术 [M]. 北京：人民卫生出版社．

钟守琳，蔡斌 .2010. 医学遗传学 [M]. 北京：高等教育出版社．

第六章 细胞培养技术

　　现代生物技术一般认为包括基因工程技术、细胞工程技术、酶工程技术和发酵工程技术，而这些技术的发展几乎都与细胞培养有密切关系。直到 20 世纪中叶，细胞培养技术才逐渐发展起来。如今，细胞培养已成为细胞生物学一个密不可分的组成部分。由于细胞的维持和增殖已成为生物化学、生物物理学、生物学、分子生物学、遗传学和神经科学的重要内容，因此，细胞培养也是细胞生物学延伸至相关学科的一条主要途径。特别是在医药领域的发展，细胞培养更具有特殊的作用和价值。比如基因工程药物或疫苗在研究生产过程中很多是通过细胞培养来实现的。基因工程乙肝疫苗很多是以 CHO 细胞作为载体；细胞工程中更是离不细胞培养，杂交瘤单克隆抗体，完全是通过细胞培养来实现的，即使是现在飞速发展的基因工程抗体也离不开细胞培养。正在备受重视的基因治疗、体细胞治疗也要经过细胞培养过程才能实现，发酵工程和酶工程有的也与细胞培养密切相关。总之，细胞培养在整个生物技术产业的发展中起到了关键的核心作用。

第一节　细胞培养的一般过程

　　细胞培养：是指将活细胞（尤其是分散的细胞）在体外进行培养的方法。整个培养过程如下：

一、准备工作

　　准备工作对开展细胞培养异常重要，应给予足够的重视，准备工作中某一环节的疏忽可导致实验失败或无法进行。准备工作的内容包括器皿的清洗、干燥与消毒，培养基与其他试剂的配制、分装及灭菌，无菌室或超净台的清洁与消毒，培养箱及其他仪器的检查与调试。

二、取材

在无菌环境下从机体取出某种组织细胞（根据实验目的而定），经过一定的处理（如消化分散细胞、分离等）后接种于培养器皿中，这一过程称为取材（细胞株的扩大培养则无取材过程）。机体取出的组织细胞的首次培养称为原代培养。

取材后应立即处理，尽快培养，因故不能马上培养时，可将组织块切成黄豆般大的小块，置4℃的培养液中保存。取组织时应严格保持无菌，同时也要避免接触其他的有害物质。取病理组织和皮肤及消化道上皮细胞时容易带菌，为减少污染可用抗菌素处理。

三、培养

将获得的组织细胞接种于培养瓶或培养皿中的过程称为培养。如系组织块培养，则直接将组织块接入培养器皿底部，几个小时后组织块可贴牢在底部，再加入培养基。如系细胞培养，一般应在接种于培养器皿之前进行细胞计数，按要求以一定的量（以每毫升细胞数表示）接种于培养器皿并直接加入培养基。细胞进入培养器皿后，立即放入培养箱中，使细胞尽早进入生长状态。

正在培养中的细胞应每隔一定时间观察一次，观察的内容包括细胞是否生长良好，形态是否正常，有无污染，培养基的pH是否偏离（由酚红指示剂指示），此外对培养温度和CO_2浓度也要定时检查。

理论上讲各种动物和人体内的所有组织都可以用于培养，实际上幼体组织（尤其是胚胎组织）比成年个体的组织容易培养，分化程度低的组织比分化高的容易培养，肿瘤组织比正常组织容易培养。

原代培养一般有一段潜伏期（数小时到数十天不等），在潜伏期细胞一般不分裂，但可贴壁和游走。过了潜伏期后细胞进入旺盛的分裂生长期。细胞长满瓶底后要进行传代培养，将一瓶中的细胞消化悬浮后分至两到三瓶继续培养。每传代一次称为"一代"。二倍体细胞一般只能传几十代，而转化细胞系或细胞株则可无限地传代下去。

四、冻存及复苏

为了保存细胞，特别是不易获得的突变型细胞或细胞株，要将细胞冻存。冻存的温度一般用液氮的温度 $-196\,℃$，将细胞收集至冻存管中加入含保护剂（一般为二甲亚砜或甘油）的培养基，以一定的冷却速度冻存，最终保存于液氮中。在极低的温度下，细胞保存的时间几乎是无限的。复苏一般采用快融方法，即从液氮中取出冻存管后，立即放入 $37\,℃$ 水中，使之在一分钟内迅速融解。然后将细胞转入培养器皿中进行培养。

冻存过程中保护剂的选用、细胞密度、降温速度及复苏时温度、融化速度等都对细胞活力有影响。

五、常用仪器设备

（一）准备室的设备

单蒸馏水蒸馏器、双蒸馏水蒸馏器、酸缸、烤箱、高压锅、储品柜（未消毒物品与消毒过的物品储存在不同的储品柜中）、包装台。

配液室的设备：扭力天平和电子天平（称量药品）、pH 计（测量培养用液 pH 值）、磁力搅拌器（配置溶液时搅拌溶液）。

（二）培养室的设备

液氮罐、储品柜（存放杂物）、日光灯和紫外灯、空气净化器系统、低温冰箱（$-80\,℃$）、空调、二氧化碳钢瓶、边台（书写实验记录）。必须放在无菌间的设备：离心机（收集细胞）、超净工作台、倒置显微镜、CO_2 培养箱、水浴锅、三氧消毒杀菌机、$4\,℃$ 冰箱（放置血清和培养用液等）。

第二节　环境、培养器皿清洗消毒及使用

细胞培养需要大量消耗性物品，如玻璃器皿、金属器皿、塑料、橡胶制品、纸类等，因此掌握清洗、消毒知识，学会清洗、消毒方法是从事细胞培养工作必需的。

一、清洗

离体条件下，有害物质直接同细胞接触，细胞对任何有害物质十分敏感，极少残留物都可以对细胞产生毒副作用。因此，新的或重新使用的器皿都必须认真清洗，达到不含任何残留物的要求。器械的清洗和消毒：

（一）玻璃器皿的清洗

一般经过浸泡、刷洗、浸酸和清洗四个步骤。

1. **浸泡**　新的或用过的玻璃器皿要先用清水浸泡，软化和溶解附着物。新玻璃器皿使用前得先用自来水简单刷洗，然后用5%盐酸浸泡过夜；用过的玻璃器皿往往附有大量蛋白质和油脂，干涸后不易刷洗掉，故用后应立即浸入清水中备刷洗。

2. **刷洗**　将浸泡后的玻璃器皿放到洗涤剂中，用软毛刷反复刷洗。不要留死角，并防止破坏器皿表面的光洁度。将刷洗干净的玻璃器皿洗净、晾干，备浸酸。

3. **浸酸**　浸酸是将上述器皿浸泡到5%盐酸中，通过酸液的强氧化作用清除器皿表面可能残留的物质。浸酸不应少于六小时，一般过夜或更长。

4. **冲洗**　刷洗和浸酸后的器皿都必须用水充分冲洗，浸酸后器皿是否冲洗得干净，直接影响到细胞培养的成败。手工洗涤浸酸后的器皿，每件器皿至少要反复"注水—倒空"15次以上，最后用重蒸水浸洗2~3次，晾干或烘干后包装备用。

（二）橡胶和塑料物品的清洗

橡胶和塑料制品通常的处理方法是：先用洗涤剂洗刷干净，再分别用自来水和蒸馏水冲干净，再用烤箱烘干，然后根据不同品质进行如下的处理程序：

1. 针式滤器帽不能泡酸液，用NaOH泡6~12h，或者煮沸20min，在包装之前要装好滤膜两张，安装滤膜时注意光面朝上（凹向上），然后将螺旋稍微拧松一些，放入铝盒中在高压锅内30分钟消毒，再烘干备用。注意在超净台内取出使用时应该立即将螺旋旋紧。

2. 胶塞烘干后用 2% 氢氧化钠溶液煮沸 30min（用过的胶塞只要用沸水处理 30 分钟），自来水洗净，烘干。然后再泡入盐酸液 30min，再用自来水，蒸馏水、三蒸水洗净，烘干。最后装入铝盒内高压消毒，烘干备用。

3. 胶帽，离心管帽烘干后只能在 2% 氢氧化钠溶液中浸泡 6~12h（切记时间不能过长），自来水洗净，烘干。然后再泡入盐酸液 30 分钟，再用自来水、蒸馏水、三蒸水洗净，烘干。最后装入铝盒内高压消毒，烘干备用。

4. 胶头可用 75% 酒精浸泡 5min，然后紫外照射后使用即可。

5. 塑料培养瓶，培养板，冻存管。

6. 其他消毒方法：有的物品既不能干燥消毒，又不能蒸气消毒，可用 70% 酒精浸泡消毒。塑料培养皿打开盖子，放在超净台台面上，直接暴露在紫外线下消毒。也可用氧化乙烯消毒塑料制品，消毒后需要用 2~3 周时间洗除残留的氧化乙烯。用 20000~100000rad 的 R 射线消毒塑料制品效果最好。为了防止清洗器材已消毒与未消毒发生混淆，可在纸包装后，用密写墨水作好标记。其法即用沾水笔或毛笔沾以密写墨水，在包装纸上作上记号，平时这种墨水不带痕迹，一经高温，即显现出字迹，从而可以判定它们是否消毒。

注意事项：

1. 严格执行高压锅的操作规程：高压消毒时，先检查锅内是否有蒸馏水，以防高压时烧干，水不能过多因为其将使空气流畅受阻，会降低高压消毒效果。检查安全阀是否通畅，以防高压时爆炸。

2. 安装滤膜时注意光面朝上：注意滤膜光滑一面是正面，要朝上，否则起不到过滤的作用。

3. 注意人体的防护和器皿的完全浸泡：

（1）泡酸时要戴耐酸手套，防止酸液溅起伤害人体。

（2）从酸缸内捞取器皿时防止酸液溅到地面，会腐蚀地面。

（3）器皿浸入酸液中要完全，不能留有气泡，以防止泡酸不彻底。

（三）金属器皿的清洗

金属器皿不能泡酸，可先用洗涤剂刷洗，后用自来水冲干净，然后用75%酒精擦拭，再用自来水，然后用蒸馏水冲洗，再烘干或在空气中晾干。放入铝制盒内包装好在高压锅内15磅高压（30分钟）消毒，再烘干备用。

（四）包装

对细胞培养用品进行消毒前，要进行严密包装，以便于消毒和贮存。

常用的包装材料：牛皮纸、硫酸纸、棉布、铝饭盒、较大培养皿等，近几年用铝箔包装，非常方便，适用。培养皿、注射器、金属器械等用牛皮纸包装后再装入饭盒内，较大的器皿可以进行局部包扎。

二、消毒和灭菌

微生物污染是造成细胞培养失败的主要原因。

（一）物理消毒法

1. **紫外线消毒** 紫外线是一种低能量的电磁辐射，可杀死多种微生物。革兰阴性菌最为敏感，其次是阳性菌，再次为芽孢，真菌孢子的抵抗力最强。紫外线的直接作用是通过破坏微生物的核酸及蛋白质等而使其灭活，间接作用是通过紫外线照射产生的臭氧杀死微生物。直接照射培养室消毒，用法简单，效果好。

紫外灯不仅对皮肤、眼睛有伤害，且对培养细胞与试剂等也产生不良影响，因此，不要开着紫外灯操作。

2. **高温湿热灭菌** 压力蒸汽灭菌是最常用的高温湿热灭菌方法。对生物材料有良好的穿透力，能造成蛋白质变性凝固而使微生物死亡。布类、玻璃器皿、金属器皿、橡胶和某些培养液都可以用这方法灭菌。

不同压力蒸汽所达到的温度不同，不同消毒物品所需的有效消毒压力和时间不同。从压力蒸汽消毒器中取出消毒好的物品（不包括液体），应立即放到60~70℃烤箱内烘干，再贮存备用，否则，潮湿的包装物品表面容易被微生物污染。煮沸消毒也是常用的湿热消毒方法，它具有条件简单、使用方便等特点。

3. **高温干热消毒**　干热灭菌主要是将电热烤箱内的物品加热到 160℃以上，并保持 90~120 分钟，杀死细菌和芽孢，达到灭菌目的。主要用于灭菌玻璃器皿（如体积较大的烧杯、培养瓶）、金属器皿以及不能与蒸汽接触的物品（如粉剂、油剂）。

干热灭菌后要关掉开关并使物品逐渐冷却后再打开，切忌立即打开，以免温度骤变而使箱内的玻璃器皿破裂。干烤箱内物品间要有空隙，物品不要靠近加热装置。

4. **过滤除菌**　是将液体或气体用微孔薄膜过滤，使大于孔径的细菌等微生物颗粒阻留，从而达到除菌目的。在体外培养时，过滤除菌大多用于遇热容易变性而失效的试剂或培养液。目前，实验室大多采用微孔滤膜滤器除菌。关键步骤是安装滤膜及无菌过滤过程。

（二）化学消毒

新洁而灭，其 0.1% 水溶液可对器械、皮肤、操作表面进行擦拭和浸泡消毒。

（三）抗生素消毒

抗生素主要用于消毒培养液，是培养过程中预防微生物污染的重要手段，也是微生物污染不严重时的"急救"方法。不同抗生素杀灭的微生物不同，应根据需要选择。

可用于细胞培养的消毒灭菌方法很多，但每种方法都有一定的适应范围。如常用的过滤除菌系统、紫外照射、电子杀菌灯、乳酸、甲醛熏蒸等手段消毒实验室空气；多用新洁而灭消毒实验室地面；常用干热、湿热消毒剂浸泡、紫外照射等方法消毒培养用器皿；采用高压蒸汽灭菌或过滤除菌方法消毒培养液。另外，对于无菌室和超净工作台的消毒也是细胞工程中不容忽视的。

三、无菌室

无菌室的结构：一般由更衣间、缓冲间、操作间三部分组成。

无菌室的消毒和防污染：通常采用每日（使用前）紫外照射 1~2 小时，

每周甲醛、乳酸、过氧乙酸熏蒸 2 小时和每月新洁而灭擦拭地面和墙壁一次的方式进行消毒。实际工作中,要根据无菌室建筑材料的差异来选择合适的消毒方法。

此外,还应注意防止无菌室的污染。造成无菌室污染的可能包括:送入无菌室的风没有被过滤除菌;进出无菌室时,能使外界空气直接对流进无菌室的操作间等。

四、超净工作台

工作原理:鼓风机驱动空气通过高效过滤器得以净化,净化的空气被徐徐吹过台面空间而将其中的尘埃、细菌甚至病毒颗粒带走,使工作区构成无菌环境。根据气流在超净工作台的流动方向不同,可将超净工作台分为侧流式、直流式和外流式三种类型。

超净台的使用与保养:超净台的平均风速保持在 0.32~0.48 m/s 为宜,过大、过小均不利于保持净化度;使用前最好开启超净台内紫外灯照射 10~30 分钟,然后让超净台预工作 10~15 分钟,以除去臭氧和使工作台面空间呈净化状态;使用完毕后,要用 70% 酒精将台面和台内四周擦拭干净,以保证超净台无菌。还要定期用福尔马林熏蒸超净台。

第三节　细胞培养液

细胞的生长需要一定的营养环境,用于维持细胞生长的营养基质称为培养基,即指所有用于各种目的的体外培养、保存细胞的物质,就其本意上讲为人工模拟体内生长的营养环境,使细胞在体外环境中有生长和繁殖的能力。它是提供细胞营养和促进细胞生长增殖的物质基础。细胞培养基的组成成分主要有:水、氨基酸、维生素、碳水化合物、无机离子及其他一些核酸降解物、激素等。

一、细胞培养基的基本要求

体外培养的细胞直接生活在培养基中,因此培养基应能满足细胞对营养成分、促生长因子、激素、渗透压、pH 等诸多方面的要求。

（一）营养成分

维持细胞生长的营养条件一般包括以下几个方面：

1. 氨基酸 是细胞合成蛋白质的原料。所有细胞都需要 12 种必需氨基酸。此外还需要谷氨酰胺，它在细胞代谢过程中有重要作用，所含的氮是核酸中嘌呤和嘧啶合成的来源，同样也是合成核苷酸所需要的基本物质。体外培养的各种培养基内都含有必需氨基酸。

2. 单糖 培养中的细胞既可以进行有氧氧化也可以进行无氧酵解，六碳糖是主要能源。此外六碳糖也是合成某些氨基酸、脂肪、核酸的原料。细胞对葡萄糖的吸收能力最高，半乳糖最低。体外培养动物细胞时，几乎所有的培养基或培养液中都以葡萄糖作为必含的能源物质。

3. 维生素 辅酶、辅基的主要成分。生物素、叶酸、烟酰胺、泛酸、吡哆醇、核黄素、硫胺素、维生素 B_{12} 都是培养基常有的成分。

4. 无机离子与微量元素 细胞生长除需要钠、钾、钙、镁、氮和磷等基本元素，还需要微量元素，如铁、锌、硒、铜、锰、钼、钒等。

（二）促生长因子及激素

已证实：各种激素、生长因子对于维持细胞的功能、保持细胞的状态（分化或未分化）具有十分重要的作用。有些激素对许多细胞生长有促生长作用，如胰岛素，它能促进细胞利用葡萄糖和氨基酸。有些激素对某一类细胞有明显促进作用，如氢化可的松可促进表皮细胞的生长，泌乳素有促进乳腺上皮细胞生长作用等。

（三）渗透压

细胞必须生活在等渗环境中，大多数培养细胞对渗透压有一定耐受性。人血浆渗透压 290mOsm/kg，可视为培养人体细胞的理想渗透压。鼠细胞渗透压在 320mOsm/kg 左右。对于大多数哺乳动物细胞，渗透压在 260~320mOsm/kg 的范围都适宜。

（四）pH

气体也是细胞生存的必需条件之一，所需气体主要是氧和二氧化碳。

在开放培养时，一般置细胞于95%空气加5%二氧化碳的混合气体环境中培养。二氧化碳既是细胞代谢产物，也是细胞所需成分，它主要与维持培养基的pH有直接关系。合成培养基中使用了$NaHCO_3$-CO_2缓冲系统，并采用开放培养，使细胞代谢产生的CO_2及时溢出培养瓶，再通过稳定调节温箱中CO_2浓度（5%），与培养基中的$NaHCO_3$处于平衡状态。

（五）无毒、无污染

体外生长的细胞对微生物及一些有害有毒物质没有抵抗能力，因此培养基应达到无化学物质污染、无微生物污染（如细菌、真菌、支原体、病毒等）、无其他对细胞产生损伤作用的生物活性物质污染（如抗体、补体）。对于天然培养基，污染主要来源于取材过程及生物材料本身，应当严格选材，严格操作。对于合成培养基，污染主要来源于配制过程，配制所用的水、器皿应十分洁净，配制后应严格过滤除菌。

二、天然细胞培养基

天然培养基是指来自动物体液或利用组织分离提取的一类培养基，如血浆、血清、淋巴液、鸡胚浸出液等。组织培养技术建立早期，体外培养细胞都是利用天然培养基。但是由于天然培养基制作过程复杂、批次差异大，因此逐渐为合成培养基所替代。目前广泛使用的天然培养基是血清，另外各种组织提取液、促进细胞贴壁的胶原类物质对培养某些特殊细胞也是必不可少。

三、合成细胞培养基

合成培养基是根据天然培养基的成分，用化学物质模拟合成、人工设计、配制的培养基。它有一定的配方，是一种理想的培养基。目前合成培养基有10余种，有的培养基仍在不断进行改良。目前合成培养基已成为一种标准化的商品，从最初的基本培养基发展到无血清培养基、无蛋白培养基，并且还在不断发展。合成培养基的出现极大地促进了组织培养技术的普及发展。

（一）基本组分

基本培养基包括四大类物质：无机盐、氨基酸、维生素、碳水化合物。

1. **无机盐** $CaCl_2$、KCl、$MgSO_4$、$NaCl$、$NaHCO_3$、NaH_2PO_4。对调节细胞渗透压、某些酶的活性及溶液的酸碱度都是必需的。

2. **氨基酸** 细胞用以合成蛋白质的必需原料，包括：缬氨酸、亮氨酸、异亮氨酸、苏氨酸、赖氨酸、色氨酸、苯丙氨酸、蛋氨酸、组氨酸、酪氨酸、精氨酸、胱氨酸（L型）。除此之外，还需要谷氨酰胺。值得注意的是：谷氨酰胺在溶液中很不稳定，故 4℃下放置 1 周可分解 50%，使用中最好单独配制，置 –20℃冰箱中保存，用前加入培养液中。

3. **维生素** 在细胞中大多形成酶的辅基或辅酶，对细胞代谢有重大影响。脂溶性维生素（A、D、E、K）常从血清中得到补充。水溶性维生素包括生物素、叶酸、烟酰胺、泛酸、吡哆醇、核黄素、硫胺素和 B_{12}。维生素 C 也是不可缺少的，对具有合成胶原能力的细胞更为重要。

4. **碳水化合物** 是细胞生命的能量来源，有的是合成蛋白质和核酸的成分。主要有葡萄糖、核糖、脱氧核糖和丙酮酸钠等。体外培养动物细胞时，几乎所有培养基或培养液中都以葡萄糖作为必含的能源物质。

5. **葡萄糖和谷氨酰胺的合理使用** 在目前常用的培养基中，葡萄糖和谷氨酰胺是体外培养动物细胞的主要能源，其能量代谢通路与体内完全不同，表现为葡萄糖主要经糖酵解途径为细胞提供能量，谷氨酰胺大部分通过不完全氧化途径，另一小部分通过完全氧化为细胞供能。因此，适当调整细胞内的代谢途径，使之能促进细胞的快速生长和产物合成，同时减少代谢抑制物的生成是行之有效的一种策略。

6. **pH 指示剂** 培养基中一般还要加入酚红，当溶液呈酸性时 pH 小于6.8 呈黄色；当溶液呈碱性时 pH 大于 8.4 呈红色。

7. 在较为复杂的培养液中还包括核酸降解物（如嘌呤和嘧啶两类）以及氧化还原剂（如谷胱甘肽）等。有的培养液还直接采用了三磷酸腺苷和辅酶 A。

（二）常用细胞培养基

1. MEM 细胞培养基系列

2. DMEM 细胞培养基系列

3. RPMI-1640 细胞培养基系列

4. 199 细胞培养基系列

5. 水解乳蛋白细胞培养基

6. 欧氏平衡盐

7. F-10, F-12 细胞培养基系列

8. 其他类型细胞培养基

（三）干粉培养基的配制

配制培养基要注意以下问题：

1. 认真阅读说明书。说明书常注明干粉不包含的成分，常见的有 $NaHCO_3$、谷氨酰胺、丙酮酸钠、HEPES 等。这些成分有些是必须添加的，如 $NaHCO_3$、谷氨酰胺，有些根据实验需要决定。

2. 配制时要保证充分溶解，$NaHCO_3$、谷氨酰胺等物质都要等培养基完全溶解之后才能添加。

3. 配制所用的水应是三蒸水，离子浓度很低。

4. 所用器皿应严格消毒。

5. 配制好的培养基应马上过滤，无菌保存于 4℃。

6. 液体培养基主要是为了科研工作的方便而设计的培养基，它是一种灭菌后保证无菌的溶液，必要时可制成无内毒素等的溶液，可节省科研人员的工作量。

7. 在一个尽可能接近总体积的容器中加入比预期培养基总体积少 5% 的双蒸水。

8. 在室温（20℃到30℃）的水中加入干粉培养基，轻轻搅拌，不要加热。

9. 水洗包装袋的内部，转移全部的痕量干粉到容器内。

10. 加 $NaHCO_3$ 到培养基中。

11. 用双蒸水稀释到想要的体积，搅拌溶解。注意不要过分搅拌。

12. 通过缓慢搅拌加入 1N NaOH 或 1N HCl 调节 pH 值，由于 pH 值在过滤时会上升 0.1 到 0.3，因而调节 pH 值使它比最终想要的 pH 值低 0.2 到

0.3。培养基在过滤前要保持密封。

第四节　细胞培养的基本方法

一、培养细胞的细胞生物学

体外培养的生物成分无外乎两种结构形式：一是小块组织或称为组织块，一般称为外植块；二是将生物组织分散后制成的单个细胞，一般称为分离的细胞或者分散的细胞。

分散的过程通常在培养液或平衡盐溶液中进行，分散的细胞被悬浮于培养液或平衡盐溶液中。单个细胞分散存在于培养液或其他平衡盐溶液中、缓冲溶液中，就称为细胞悬液。

狭义的细胞培养主要是指分离（散）细胞培养，广义的细胞培养的概念还包括单（个）细胞培养。一种是群体培养，将含有一定数量细胞的悬液置于培养瓶中，让细胞贴壁生长，汇合后形成均匀的单细胞层；另一种是克隆培养，将高度稀释的游离细胞悬液加入培养瓶中，各个细胞贴壁后，彼此距离较远，经过生长增殖每一个细胞形成一个细胞集落，称为克隆。一个细胞克隆中的所有细胞均来源于同一个祖先细胞。

二、体外培养细胞的分型

（一）贴附型

大多数培养细胞贴附生长，属于贴壁依赖性细胞，大致分成以下四型：

1. **成纤维细胞型**　胞体呈梭形或不规则三角形，中央有卵圆形核，胞质突起，生长时呈放射状。除真正的成纤维细胞外，凡由中胚层间充质起源的组织，如心肌、平滑肌、成骨细胞、血管内皮等常呈本型状态。培养中细胞的形态与成纤维类似时皆可称之为成纤维细胞。

2. **上皮型细胞**　细胞呈扁平不规则多角形，中央有圆形核，细胞彼此紧密相连成单层膜。生长时呈膜状移动，处于膜边缘的细胞总与膜相连，很少单独行动。起源于内、外胚层的细胞如皮肤表皮及其衍生物、消化管上皮、肝胰、肺泡上皮等皆呈上皮型形态。

3. 游走细胞型

呈散在生长，一般不连成片，胞质常突起，呈活跃游走或变形运动，方向不规则。此型细胞不稳定，有时难以和其他细胞相区别。

4. 多型细胞型 有一些细胞，如神经细胞难以确定其规律和稳定的形态，可统归于此类。

（二）悬浮型

见于少数特殊的细胞，如某些类型的癌细胞及白血病细胞。胞体圆形，不贴于支持物上，呈悬浮生长。这类细胞容易大量繁殖。

三、培养细胞的生长和增殖过程

体内细胞生长在动态平衡环境中，而组织培养细胞的生存环境是培养瓶、皿或其他容器，生存空间和营养是有限的。要经历如下几个时期。

（一）培养细胞生命期

是指细胞在培养中持续增殖和生长的时间。正常细胞培养时，不论细胞的种类和供体的年龄如何，在细胞全生存过程中，大致都经历以下三个阶段：

1. 原代培养期 也称初代培养，即从体内取出组织接种培养到第一次传代阶段，一般持续 1~4 周。此期细胞呈活跃的移动，可见细胞分裂，但不旺盛。初代培养细胞与体内原组织在形态结构和功能活动上相似性大。细胞群是异质的，也即各细胞的遗传性状互不相同，细胞相互依存性强。

2. 传代期 初代培养细胞一经传代后便改称做细胞系（Cell Line）。在全生命期中此期的持续时间最长。在培养条件较好的情况下，细胞增殖旺盛，并能维持二倍体核型，称二倍体细胞系（Diploid Cell Line）。为保持二倍体细胞性质，细胞应在初代培养期或传代早期冻存。当前世界上常用细胞均在十代内冻存。如不冻存，则需反复传代以维持细胞的适宜密度，以利于生存。但这样就有可能导致细胞失掉二倍体性质或发生转化。一般情况下当传代 10~50 次左右，细胞增殖逐渐缓慢，以至完全停止，细胞进入第三期。

3. **衰退期** 此期细胞仍然生存，但增殖很慢或不增殖；细胞形态轮廓增强，最后衰退凋亡。

（二）组织培养细胞一代生存期

所有体外培养细胞，包括初代培养及各种细胞系，当生长达到一定密度后，都需做传代处理。传代的频率或间隔与培养液的性质、接种细胞数量和细胞增殖速度等有关。接种细胞数量大、细胞基数大，相同增殖速度条件下，细胞数量增加与饱和速度相对要快。连续细胞系和肿瘤细胞系比初代培养细胞增殖快，培养液中血清含量多时细胞增殖比少时快。以上情况都会缩短传代时间。

所谓细胞"一代"一词，系仅指从细胞接种到分离再培养时的一段时间，这已成为培养工作中的一种习惯说法，它与细胞倍增一代非同一含义。如某一细胞系为第 153 代细胞，即指该细胞系已传代 153 次。它与细胞世代（Generation）或倍增〔Doubling〕不同；在细胞一代中，细胞能倍增 3~6 次。

细胞传一代后，一般要经过以下三个阶段：

1. **潜伏期（Latent Phase）** 细胞接种培养后，先经过一个在培养液中呈悬浮状态的悬浮期。此时细胞胞质回缩，胞体呈圆球形。接着是细胞附着或贴附于底物表面上，称贴壁，悬浮期结束。各种细胞贴附速度不同，这与细胞的种类、培养基成分和底物的理化性质等密切相关。初代培养细胞贴附慢，可有 10~24 小时或更多；连续细胞系和恶性细胞系快，10~30 分钟即可贴附。

细胞贴附于支持物后，还要经过一个潜伏阶段，才进入生长和增殖期。细胞处在潜伏期时，可有运动活动，基本无增殖，少见分裂相。细胞潜伏期与细胞接种密度、细胞种类和培养基性质等密切相关。初代培养细胞潜伏期长，约 24~96 小时或更长，连续细胞系和肿瘤细胞潜伏期短，仅 6~24 小时；细胞接种密度大时潜伏期短。当细胞分裂相开始出现并逐渐增多时，标志细胞已进入指数增生期。

2. 指数增生期（Logarithmic growth Phase）　这是细胞增殖最旺盛的阶段，细胞分裂相增多。指数增生期细胞分裂相数量可作为判定细胞生长旺盛与否的一个重要标志。一般以细胞分裂指数（Mitotic Index：MI）表示，即细胞群中每 1000 个细胞中的分裂相数。体外培养细胞分裂指数受细胞种类、培养液成分、pH、培养箱温度等多种因素的影响。一般细胞的分裂指数介于 0.1%~0.5%，初代细胞分裂指数低，连续细胞和肿瘤细胞分裂指数可有 3%~5%。pH 和培养液血清含量变动对细胞分裂指数有很大影响。指数增生期是细胞一代中活力最好的时期，因此是进行各种实验最好的和最主要的阶段。在接种细胞数量适宜的情况下，指数增生期持续 3~5 天后，随细胞数量不断增多、生长空间渐趋减少，最后细胞相互接触汇合成片。细胞相互接触后，如培养的是正常细胞，由于细胞的相互接触能抑制细胞的运动，这种现象称接触抑制（Contact Inhibition）。而恶性细胞则无接触抑制现象，因此接触抑制可作为区别正常细胞与癌细胞的标志之一。肿瘤细胞由于无接触抑制能继续移动和增殖，导致细胞向三维空间扩展，使细胞发生堆积（Piled up）。细胞接触汇合成片后，虽发生接触抑制，只要营养充分，细胞仍然能够进行增殖分裂，因此细胞数量仍在增多。但当细胞密度进一步增大，培养液中营养成分减少，代谢产物增多时，细胞因营养的枯竭和代谢物的影响，则发生密度抑制（Density Inhibition），导致细胞分裂停止。因此细胞接触抑制和密度抑制是两个不同的概念，不应混淆。

3. 停滞期（Stagnate Phase）　细胞数量达饱和密度后，细胞停止增殖，进入停滞期。此时细胞数量不再增加，故也称平顶期（Plateau）。停滞期细胞虽不增殖，但仍有代谢活动，继而培养液中营养渐趋耗尽，代谢产物积累、pH 降低。此时需做分离培养即传代，否则细胞会中毒，发生形态改变，重则从底物脱落死亡，故传代应越早越好。传代过晚（已有中毒迹象）会影响下一代细胞的机能状态。

四、原代培养

即第一次培养，是指将培养物放置在体外生长环境中持续培养，中途不分割培养物的培养过程。有几方面含义：①培养物一经接种到培养器皿（瓶）中就不再分割，任其生长繁殖；②原代培养中的"代"并非细胞的"代"数，因为培养过程中细胞经多次分裂已经产生多代子细胞；③原代培养过程中不分割培养物不等于不更换培养液，也不等于不更换培养器皿。

原代培养的基本过程包括取材、培养材料的制备、接种、加培养液、置培养条件下培养等步骤，在所有的操作过程中，都必须保持培养物及生长环境无菌。

多数情况下，分散的细胞若属于贴壁依赖型细胞，就能黏附、铺展于培养器皿和载体表面生长而形成细胞单层，这种培养方式称为单层细胞培养（monolayer culture），又叫贴壁培养（adherent culture）。少数情况下，培养的细胞没有贴壁依赖性，可通过专门设备使细胞始终处于悬浮状态而在体外生长，这种形式称为悬浮培养（suspension culture）。如何让接种的细胞尽快贴壁，是决定培养成功的关键步骤：①取决于适当的生长基质表面；②可降低接种后培养液对细胞的浮力，如先补加少量培养液，待细胞贴壁后再补足营养液继续培养；③注意适当的细胞接种密度，一般 105 个 /mL 左右。

五、传代培养

当原代培养成功以后，随着培养时间的延长和细胞不断分裂，一则细胞之间相互接触而发生接触性抑制，生长速度减慢甚至停止；另一方面也会因营养不足和代谢物积累而不利于生长或发生中毒。此时就需要将培养物分割成小的部分，重新接种到另外的培养器皿（瓶）内，再进行培养。这个过程就称为传代（passage）或者再培养（subculture）。对单层培养而言，80% 汇合或刚汇合的细胞是较理想的传代阶段。

1. 贴壁培养的细胞传代

（1）用无菌的巴氏移液管吸尽原培养皿中的旧培养液以少量 37℃，无 Ca^{2+}、Mg^{2+} 的 HBSS 洗单层贴壁细胞 1 或 2 次，以洗去抑制胰蛋白酶的胎牛血清。

（2）加足量的 37℃胰蛋白酶 /EDTA 溶液，以覆盖住贴壁的细胞。

（3）培养皿置温盘上 1~2min，轻轻叩击平皿底部使细胞游离，于倒置显微镜下观察细胞变圆，并从附着面脱离。

（4）加 2mL 的完全培养液，用移液管吸取细胞悬液吹打平皿底部 2 或 3 次，使底表面上残留的细胞脱落下来。一旦细胞呈单个分散状态，立即加入血清或含血清的培养液，进一步抑制胰酶的消化活性，因为它会对细胞产生损害作用。

（5）在每一个做了标记的新平皿或瓶中加入等体积的细胞悬液，或者用血细胞计数板计数细胞，调节细胞浓度约为 5×10^4 个 / mL，然后将一定量的细胞接种到每一个培养皿或瓶中。

（6）每一瓶中补充 4mL 培养液，然后置于 37℃，5%CO_2 加湿培养箱中孵育。

（7）如有必要，3 或 4 天后，去除旧培养液，添加 37℃的新培养液至亚汇合的培养箱中。

（8）当细胞汇合后，重复 1~7 步骤，进行传代。

2. 悬浮培养的细胞传代

（1）每 2~3 天后细胞生长密集，轻轻地将悬液培养的细胞从孵育箱中取出而不要摇动它，此时细胞沉降在瓶的底部。去掉 1/3 的旧液，加入等量的预热培养液。如果培养液体积小于 15mL，轻轻摇动培养瓶使细胞悬浮，然后水平放入培养箱。

（2）在不需要更换培养液的培养期内，只需摇动培养瓶使细胞悬浮，观察培养液颜色的变化，它直接显示细胞生长代谢状况。

（3）当细胞生长到 2.5×10^4 个 / mL 时进行传代。从培养箱中取出培养瓶，摇动以重悬细胞。将一半的细胞悬液移入一个新培养瓶中，每瓶再补加预热的培养液 7~10mL，然后放入培养箱。

六、细胞的冻存与复苏

（一）细胞的冻存

为了防止因污染或技术原因使长期培养功亏一篑，考虑到培养细胞因传代而迟早会出现变异，有时因寄赠、交换和购买，培养细胞从一个实验室转运到另一个实验室，最佳的策略是进行低温保存。这对于维持一些特殊细胞株的遗传特性极为重要。现简要介绍深低温保存法（–70℃ ~–196℃）的特点。细胞深低温保存的基本原理是：在 –70℃ 以下时，细胞内的酶活性均已停止，即代谢处于完全停止状态，故可以长期保存。

有几种普通培养基用来冻存细胞。对于包含有血清的培养基，成分可能如下：①包含 10% 甘油的完全培养基；②包含 10% 二甲基亚砜（DMSO）的完全培养基；③ 50% 细胞条件培养基和 50% 含有 10% 甘油的新鲜培养基或 50% 细胞条件培养基和 50% 含有 10% 二甲基亚砜的新鲜培养基。

对于无血清培养基，一些普通的培养基成分可能是：50% 细胞条件无血清培养基和 50% 包含有 7.5% 二甲基亚砜的新鲜的无血清培养基，或包含有 7.5% 二甲基亚砜和 10% 细胞培养级 BSA 的新鲜无血清培养基。

1. 悬浮细胞冻存

（1）计数将要冻存的活细胞。细胞应该处于对数生长期。以大约 200~400g 离心 5 分钟沉淀细胞，使用移液管移去上清到最小体积，不要搅乱细胞。

（2）以 1×10^7 个到 5×10^7 个 /mL 细胞密度，在包含有血清的冷冻培养基中再次悬浮细胞，或以 0.5×10^7 个到 1×10^7 个在无血清培养基中，再次悬浮细胞。

（3）分装进冻存管，将冻存管置于湿冰上或放入 4℃ 冰箱中，5 分钟内开始冷冻步骤。

（4）细胞以 1℃/ 分钟进行冷冻，可以通过可编程序的冷冻器进行或者把隔离盒中的冻存管放到 –70℃ 到 –90℃ 的冰箱中，然后转移到液氮中贮存。

2. 贴壁细胞的冻存

（1）用无菌的巴氏移液管吸尽原培养皿中的旧培养液，以少量 37℃ 无 Ca^{2+}、Mg^{2+} 的 HBSS 洗单层贴壁细胞 1 或 2 次，以洗去抑制胰蛋白酶的胎牛血清。

（2）加足量的 37℃胰蛋白酶 /EDTA 溶液，以覆盖住贴壁的细胞。

（3）培养皿置温盘上 1~2min，轻轻叩击平皿底部使细胞游离，于倒置显微镜下观察细胞变圆，并从附着面脱离。

（4）加 2mL 的完全培养液，用移液管吸取细胞悬液吹打平皿底部 2~3 次，使底表面上残留的细胞脱落下来。一旦细胞呈单个分散状态，立即加入血清或含血清的培养液，进一步抑制胰酶的消化活性，因为它会对细胞产生损害作用。将细胞悬液转移至无菌的离心管中，加 2mL 含血清的完全培养液，室温下 300~350g 离心 5min。

（5）去除上清，加 1mL 4℃冻存液，重新悬浮细胞沉淀，再加入 4mL 4℃的冻存液与细胞充分混匀，置冰上。

（6）用血细胞计数板计数细胞。用冻存液稀释细胞至终浓度为 10^6~10^7 个 /mL。

（7）用移液管分别吸取 1mL 细胞悬液至 2mL 冻存管中，拧紧管帽，旋转 –70℃冰箱 1h 或过夜，然后转移到液氮罐冻存。

（二）冻存细胞的复苏

冻存细胞较脆弱，要轻柔操作。冻存细胞要快速融化，并直接加入完全生长培养基中。若细胞对冻存剂（DMSO 或甘油）敏感，离心去除冻存培养基，然后加入完全生长培养基中。

1. 直接铺板方法

（1）取出贮存细胞，37℃水浴中快速融化。

（2）直接用完全生长培养基铺板细胞。1mL 冻存细胞使用 10~20mL 完全生长培养基。进行活细胞计数，细胞接种应该至少为 3×10^5 活细胞 /mL。

（3）培养细胞 12~24 小时，更换新鲜的完全生长培养基，去除冻存剂。

2. 离心方法

（1）取出贮存细胞，37℃水浴中快速融化。

（2）把 1 到 2mL 冻存细胞加入到大约 25mL 完全生长培养基中，轻轻混匀。

（3）以大约 80 g 离心 2~3 分钟。弃去上清。

（4）在完全生长培养基中轻轻再次悬浮细胞，并且进行活细胞计数。

（5）细胞铺板，细胞接种应该至少为 3×10^5 活细胞 /mL。

（三）收到细胞的处理方式

1. 细胞活化　收到细胞株包裹时，请检查细胞株冷冻管是否有解冻情形，若有请立即通知。细胞株请尽速开始培养，或立即冷冻保存（置于 -70℃，隔夜）。

2. 冷冻细胞解冻程序

（1）依据细胞株数据单指定之基础培养基种类、血清种类和其他指定之成分和比例，制备培养基。绝大多数细胞均无法立即适应不同之基础培养基或不同之血清种类，若因实验需要，必须有所不同时，务必以缓慢比例渐次改变培养基组成，确定细胞适应后，方进行所需之实验。

（2）FBS（fetal bovine serum, 胚牛血清），CS（calf serum, 小牛血清）和 HS（horseserum，马血清），对细胞而言差异极大，请务必依据细胞株资料单指定之血清种类培养之。

（3）将培养基置于 37℃水槽中回温，回温后喷以 70 % 酒精并擦拭之，移入无菌操作台内。取出冷冻管，立即放入 37℃水槽中快速解冻，水面高度不可接近或高过冷冻管之盖沿，否则易发生污染。轻摇冷冻管使其在 1 分钟内全部融化后，以 70 % 乙醇擦拭冷冻管外部，移入无菌操作台内。

（4）依据细胞种类和浓度，于无菌操作台内取 10 mL 培养基加至 T25 或 T75 烧瓶中。取出已解冻之细胞悬浮液，缓缓加入 T25 或 T75 烧瓶内之培养基，混合均匀，放入 37℃，5 % CO_2 培养箱培养。

（5）对绝大多数细胞而言，1% 以下之冷冻保护剂 DMSO，不会对细胞之贴附或活化有不良影响，不需立刻由解冻细胞中去除，待第二天确定细胞生长或贴附良好后再去除即可。惟极少数因对 DMSO 敏感或会造成细胞分化之细胞，需立即去除 DMSO，则可将解冻后之细胞悬浮液放入 5 ~10 mL 培养基中，离心 300 g（约 1000 rpm），5 分钟，小心移去上清液，加入适量新鲜培养基，将细胞均匀混合后，转移至培养瓶中，再放入37℃，5% CO_2培养箱培养。

3. 收到T25烧瓶细胞时的处理方式

（1）于寄送过程中，为避免起泡造成细胞脱落死亡，T25烧瓶均加满培养基。请检查烧瓶外观，并于显微镜下观察细胞生长状况和有无污染现象，若有任何问题，不要打开盖子，请立即通知细胞实验室。

（2）将原封之T25烧瓶静置于37℃，5% CO_2培养箱中，使细胞回温至37℃，并让运送过程中少数脱落的细胞可再附着生长。隔天后，于无菌操作箱内取出烧瓶内之培养基（取出之培养基可以再使用），仅留约5~10mL培养基于烧瓶内，依一般培养方式再将细胞置入培养箱中，或细胞已长满盘，则将细胞做传代培养。

第五节 细胞计数及活力测定

一、原理

培养的细胞在一般条件下要求有一定的密度才能生长良好，所以要进行细胞计数。计数结果以每毫升细胞数表示。细胞计数的原理和方法与血细胞计数相同。

在细胞群体中总有一些因各种原因而死亡的细胞，总细胞中活细胞所占的百分比叫做细胞活力，由组织中分离细胞一般也要检查活力，以了解分离的过程对细胞是否有损伤作用。复苏后的细胞也要检查活力，了解冻存和复苏的效果。

用台盼蓝染细胞，死细胞着色，活细胞不着色，从而可以区分死细胞与活细胞。利用细胞内某些酶与特定的试剂发生显色反应，也可测定细胞相对数和相对活力。

二、仪器、用品与试剂

1. 仪器与用品 普通显微镜、血球计数板、试管、吸管、酶标仪（或分光光度计）。

2. **试剂** 0.4%台盼蓝，0.5%四甲基偶氮唑盐（MTT）、酸化异丙醇。

3. **材料** 细胞悬液。

三、操作步骤

（一）细胞计数

1. 用70%乙醇清洗血细胞计数板表面及其盖玻片，自来水轻微润湿盖玻片的边缘，并将它紧贴在计数板的沟槽上，水平盖住银色计数区。

2. 对于单层贴壁生长的细胞，用胰蛋白酶消化法使细胞从壁表面分离下来。

3. 按需要将细胞稀释成均匀的悬液，细胞团块均需分散。

4. 用一支无菌的巴氏滴管取细胞悬液并将其转移至血细胞计数板计数室的边缘，用滴管头滴一滴在计数板盖玻片的下方，使之充盈到第二个计数室。

5. 开始计数前将计数板静置几分钟，吸去多余的液体。用100×显微镜观看到一个大方格状的中心区。用手握式计数器计数四角及中心小方格内的细胞数，其中压上线和压左线的细胞包含在内，重复计数另一小室的细胞。

6. 根据下列公式计算每毫升细胞数：

细胞浓度 / （个 /mL）＝每一个小方格的平均细胞数 × 稀释倍数 × 10^4

（二）细胞活力

1. 将细胞悬液以 0.5mL 加入试管中。

2. 加入 0.5mL 0.4% 台盼蓝染液，染色 2~3 分钟。

3. 吸取少许悬液涂于计数板上，加上盖片。

4. 镜下取几个任意视野分别计死细胞和活细胞数，计细胞活力。计下总细胞数和总活细胞数(未着色细胞)，按下列公式计算活细胞百分数：

活细胞 % ＝ 未着色细胞数 × 100 / 细胞总数

5. 用70%乙醇漂洗盖玻片及血细胞计数板，再以去离子水冲洗，风干存放。

死细胞能被台盼蓝染上色，镜下可见深蓝色的细胞，活细胞不被染色，镜下呈无色透明状。活力测定可以和细胞计数合起来进行，但要考虑到染液对原细胞悬液的加倍稀释作用。

（三）MTT 法测细胞相对数和相对活力

活细胞中的琥珀酸脱氢酶可使 MTT 分解产生蓝色结晶状甲赞颗粒积于细胞内和细胞周围。其量与细胞数成正比，也与细胞活力成正比。

1. 细胞悬液以 1000rpm 离心 10 分钟，弃上清液。

2. 沉淀加入 0.5~1mL MTT，吹打成悬液。

3. 37℃下保温 2 小时。

4. 加入 4~5 mL 酸化异丙醇（定容），混匀。

5. 1000 rpm 离心，取上清液酶标仪或分光光度计 570nm 比色，酸化异丙醇调零点。

注意：MTT 法只能测定细胞相对数和相对活力，不能测定细胞绝对数。

第六节　细胞运输的准备

当单层贴壁细胞生长接近汇合状态，悬浮细胞生长到所需浓度时，用 25cm² 培养瓶进行运输比较容易。首先倒掉瓶中培养液，装满新鲜培养液；悬浮细胞培养瓶则直接加满新鲜培养液。装满培养液可防止运输途中由于瓶子翻转而导致细胞变干。瓶盖要拧紧并用胶带封闭。将培养瓶密封在一个防漏的塑料袋或其他防漏容器内，这样可预防瓶子损坏后液体渗漏。再将这个一级容器放入二级隔离容器内，可避免运输途中温度急剧变化。外包装盒上还应粘贴生物危险标签。一般地，培养物应在当天或过夜就到达目的地。

细胞还可以冷冻运送，从液氮罐中取出细胞冻存管，立即放入装有干冰的绝热容器内，防止细胞在运送过程中融化。

第七节　抗生素在培养基中的应用

　　培养基中的抗生素可消除微生物污染。最常见的污染是细菌、酵母、其他真菌和支原体污染，最普遍的污染途径是操作失误及培养基组分携菌。

　　供参考方法：①用适量无菌溶剂溶解抗生素，制成100倍或更高浓度的储存液。如果它的溶解度较高，用水或PBS溶解即可。如果抗生素不是无菌的，应使用0.2um微孔滤膜。用前需在4℃存放或长期储存。②使用前，立即将抗生素溶液加入到培养基中。

表6-1　常用的抗生素及其微生物靶

抗生素	浓度	微生物靶
两性霉素	2.5ug/mL	酵母、其他真菌
氨苄青霉素	100 ug/mL	G+、G- 细菌
链霉素	100 ug/mL	G+、G- 细菌
四环素	10 ug/mL	G+、G- 细菌、支原体
庆大霉素	50 ug/mL	G+、G- 细菌、支原体
青霉素 G	100IU/mL	G+ 细菌
氯霉素	5 ug/mL	G- 细菌

第八节　常见组织细胞的培养方法

　　体内组织细胞在体外培养时，所需培养环境基本相似，但由于物种、个体遗传背景及所处发育阶段等的不同，各自要求的条件有一定差别，所采取的培养技术措施亦不尽相同，现介绍个别组织细胞培养的要点如下：

一、上皮细胞培养

　　上皮细胞包括腺上皮是很多器官如肝、胰、乳腺等的功能成分，又由于癌起源于上皮组织，故上皮细胞培养特别受到重视。但上皮细胞培养中常混杂有成纤维细胞，培养时生长速度往往超过上皮细胞，并难以纯化，同时上皮细胞难以在体外长期生存，因此纯化和延长生存时间是培养关键。

　　体内上皮细胞生长在胶原构成的基膜，因此培养在有胶原的底物上可能利于生长，另外人或小鼠表皮细胞培养以 3T3 细胞为饲养层（用射线照射后）时，细胞易生长并可发生一定程度的分化现象。降低 pH、Ca^{2+} 含量和温度，向培养基中加入表皮生长因子，均有利于表皮细胞生长。

以表皮细胞为例，用皮肤表皮和真皮分离培养法可获得纯上皮细胞，其法如下：

1. 取材：外科植皮或手术残余皮肤小块，早产流产儿皮肤更好，取角化层薄者，切成 0.5~1cm2 小块。

2. 置 0.02% EDTA 中，室温，5 分钟。

3. 换入 0.25% 胰蛋白酶中，4℃过夜。

4. 分离：取出皮块，用血管钳或镊子将表皮与真皮层分开。

5. 取出表皮，剪成更小的块后，置 0.25% 胰酶中，37℃，30~60 分钟。

6. 反复吹打，制成悬液。

7. 培养：用 80 目不锈钢纱网滤过后，低速离心，吸去上清。

8. 直接加入培养基（Eagle 加 20% 小牛血清）制成细胞悬液，接种入培养瓶，CO_2 温箱培养。

二、内皮细胞培养

内皮细胞易于从大血管分离培养成单层细胞，对于研究内皮细胞再生、肿瘤促血管生长因子等有很大价值。研究人内皮细胞培养以人脐带静脉灌流消化法最为简便，其法如下：

1. 产后新鲜脐带，无菌剪取 10~15cm 长一段，如不能立即培养，可于 12 小时内保存于 4℃。

2. 用三通注射器吸取温 PBS 液注入脐静脉中洗去残血，在入口处用线绳扎紧，以防液体返流。

3. 用血管钳夹紧脐带一端，从另一端向脐静脉中缓缓注入终浓度为 0.1% 的粗制胶原酶，充满血管，消化 3~10 分钟；注入口用线绳扎，以防液体返流。

4. 吸出含有内皮细胞的消化液，于离心管中，注入温 PBS 轻轻反复冲洗后，一并注入离心管中（此步骤可重复）。

5. 离心去上清，加入 RPMI 1640 培养液制成细胞悬液，接种入培养器皿中，置温箱培养。两至三天可见细胞长成单层。

三、神经细胞培养

神经细胞（神经元）不易培养，只有在适宜情况下，如接种在胶原底层上，或加入神经生长因子和胶质细胞因子时，可出现一定程度的分化，出现突起等现象，但很难使之增殖。而神经胶质细胞是神经组织中比较容易培养的成分。

人、鼠等脑组织即可用于神经胶质细胞培养，不仅能获得生长的胶质细胞，也可形成能传代的二倍体细胞系。一般说来，胶质细胞在培养中生长不稳定，不易自发转化，但对外界因素仍保持很好的敏感性，可用 Rous 病毒和 SV4 等诱发转化。

（一）设备

CO_2 培养箱：恒温 5%、10%CO_2 维持培养液中的 pH 值。

倒置显微镜：用于每天观察贴壁细胞生长情况。

解剖显微镜：用于准确地取材。

常温冰箱：–4℃，用于保存各种培养液，解剖液和鼠尾胶。

低温冰箱：–20℃ ~–80℃，用于储存血清酶，贵重物品和试剂。

电热干烤箱：用于消毒玻璃器皿。

高压消毒锅：用于消毒培养皿，手术器械。

过滤器：配制解剖液、培养液，必须过滤后才可使用，以去除细菌。

透压仪，pH 剂，天平等。

（二）培养器皿及手术器械

1. 培养皿：常用 35mm 塑料及玻璃皿，解剖取材用 15~90mm 直径。

2. 培养板：24~40 孔，可用于开放培养。

3. 培养瓶。

4. 吸管 常用 1、5、10mL，均需泡酸、洗涤、灭菌后方可使用。

5. 各类培养液贮存器。

6. 小型手术器械。

（三）准备

1. 配制培养液

（1）解剖液：以无机盐（去除 Ca^{2+}，Mg^{2+}）加葡萄糖配制成 PBS 缓冲液，保持一定的渗透压和 pH 值。

（2）基础培养基（MEM）：主要为多种氨基酸，加入葡萄糖，双蒸馏水溶解。

（3）接种培养液：用于胰酶消化后的细胞分散，做成细胞悬液，其成分为 MEM 含 1% 谷氨酰胺，另加入 10% 马血清，当天配制。

（4）维持培养液：接种后 24h 全部换成此液，后每 2 周换一次，每次换 1/2。其成分为 MEM 中含 5% 马血清，1% 谷氨酰胺及适量的支持性营养物质。

2. 培养基质 常用鼠尾胶、小牛皮胶，多聚赖氨酸，再涂胶。

3. 消毒培养皿的备用

4. 神经细胞分散培养

（1）选材：常用胚胎动物或新生鼠神经组织。鸡胚常用胚龄 6~8d，新生鼠或胎鼠（12~14d）或人胚胎。

（2）取材：脑则取出相应组织，在解剖液中先剪碎，以使胰酶消化。脊髓则固定于琼脂板上，用小刀将其分成背腹两侧，分别培养。

（3）细胞分离与接种：神经组织用 0.125%~0.25% 胰蛋白酶在 37℃ 孵育 30min，移入接种液，停止消化，并洗去胰蛋白酶液，用细口吸管吹打细胞悬液，使其充分分散，如此多次，待沉淀后吸出上层细胞悬液，计数，预置细胞密度，接种于培养皿（1×10^6），做电生理应为 5×10^5 或更低。

（4）抑制胶质细胞生长：培养 3~5d 后，也有人认为培养 7d 后，用阿糖胞苷，或 5-FU 抑制神经胶质细胞的生长。

（5）观察：接种 6~12h，开始贴壁，并有集合现象，细胞生长突起明显，5~7d 胶质细胞增生明显，7~10d 胶质细胞成片于神经细胞下面，形成地毯，2 周时神经细胞生长最丰满，四周晕光明显，一个月后，有些神经细胞开始退化，变形，甚至出现空泡，一般培养 2~4 周最宜。

但神经细胞只能增大，而不能增殖，只能原代，不能传代，不会有细胞周期，而且随培养时间延长，细胞数量在下降，但胶质细胞可以，神经胶质细胞也可以。在培养过程中，早期 9~12d 时，有较多的神经细胞死亡，这是第一次死亡阶段，应注意保持条件恒定。在此之后存活下去的细胞一般突起长而多，且相互形成突触。

（6）常用培养细胞实验有：FCM 的蛋白总量分析；膜片钳与离子通道的分析；免疫组化分析。但免疫组化分析应注意，由于抗体直接作用于活细胞，不易穿透活细胞，故对核内抗原定位时，首先考虑膜对抗体的通透性问题。常用化学试剂以增加其通透性或采用冰冻方法解决。

在免疫组化中，或其他组织学染色中，常用不同的染色方法以区分不同细胞，如半乳糖脑苷脂对小树突胶质细胞标记明显；GFAP 对星形胶质细胞具有特异性染色等。这对研究神经系统中胶质细胞功能具有极大的应用价值。神经胶质细胞以往多被忽视，其在脑血管疾病（如缺血性损伤）、退行性疾病（如 AD、PD）、损伤后胶质细胞的填充等具有不可忽视的作用。它也是神经细胞功能和营养支持的物质基础。

四、肌组织细胞培养

各种肌组织均可用于培养，以心肌和骨骼肌较实用。

（一）骨骼肌细胞培养

1. 出生 1~2 天的乳鼠，引颈处死。

2. 无菌取大腿肌组织，切成 0.3~0.5cm^2 小块后，用不含钙、镁离子的 Hanks 液配的 0.25% 胰蛋白酶消化，无菌纱网或纱布滤过。

3. 计数调整细胞密度。

4. 接种量 2×10^6/ 皿快入培养基培养。

5. 培养基内含 10% 小牛血清，可加 1% 的胎汁以促进分化。

接种在胶原或胶原的底物上能促进细胞分化，明胶配置：用 Hanks 液配成 0.01% 明胶。

该细胞接种率约 50%，细胞生长开始呈纺锤形，培养 50~52h 后出现融合形成肌细胞状多核纤维。数日后融合停止，此时可观察到横纹，一般在融合后 2~3 天内能见到收缩现象。

（二）心肌细胞培养

心肌细胞是最早的培养材料，至今心肌仍不失为好的培养物，最常用的是鸡胚心肌。心肌比较容易培养和生长，可用悬滴培养、组织块培养和消化培养法，均可获良好的效果。取心室肌培养较好，原代培养的鸡胚心肌呈纺锤形，培养成功时，一周后可见节律性收缩现象。

五、巨噬细胞培养

巨噬细胞属免疫细胞，有多种功能，是研究细胞吞噬、细胞免疫和分子免疫学的重要对象。巨噬细胞容易获得，便于培养，并可进行纯化。巨噬细胞属不繁殖细胞群，在条件适宜下可生活 2~3 周，多用做原代培养，难以长期生存。

巨噬细胞也建有无限细胞系，大多来自小鼠，如 P331、S774A.1、RAW309Cr.l 等，均获恶性，培养中呈巨噬细胞形态和吞噬功能，易于传代和瓶壁分离，但难以建株。

培养巨噬细胞可用各种方法和各种来源来获取细胞，以小鼠腹腔取材法最为实用，其法如下：

1. 实验前三天，向小鼠腹腔内注入无菌硫羟乙酸肉汤 lmL（勿注入肠内！），以刺流产生大量的巨噬细胞。

2. 引颈处死小鼠。

3. 手提鼠尾将其全浸入 70% 乙醇中 3~5 秒。

4. 置动物于解剖台，用针头固定四肢，持镊撕开腹部皮肤，但勿伤及腹膜壁，把皮肤拉向上下两侧，暴露出腹膜壁。

5. 用 70% 乙醇擦洗腹膜壁，注射器吸 10mL Eagle 液注入腹腔中，同时用手指从两侧压揉腹膜壁，使液体在腹腔内流动。

6. 用针头轻挑起腹壁并微倾向一侧，使腹腔中液体集中于针头下吸入针管内。

7. 小心拔出针头，把液体注入离心管。

8. 4℃下 250g 离心 10 分钟后，去上清，加 10mL Eagle 培养基。

9. 计数细胞。每只鼠可产生 20~30 × 10^6 个细胞，其中 90% 为巨噬细胞。

10. 以 3 × 10^5 个贴附细胞 / 平方厘米接种。

11. 接种数小时后，除去培养液，可去除其他白细胞，纯化培养细胞，用 Eagle 液冲洗 1~2 次，再加新 Eagle 培养液置 CO_2 温箱中。

六、肿瘤细胞的培养

肿瘤细胞在组织培养中占有核心的位置，首先癌细胞是比较容易培养的细胞。当前建立的细胞系中癌细胞系是最多的。另外肿瘤对人类是威胁最大的疾病。肿瘤细胞培养是研究癌变机理、抗癌药检测、癌分子生物学极其重要的手段。肿瘤细胞培养对阐明和解决癌症将起着不可估量的作用。

（一）组织培养肿瘤细胞生物学特性

肿瘤细胞与体内正常细胞相比，不论在体内或在体外，在形态、生长增殖、遗传性状等方面都有显著的不同。生长在体内的肿瘤细胞和在体外培养的肿瘤细胞，其差异较小，但也并非完全相同。培养中的肿瘤细胞具以下突出特点：

1. **形态和性状** 培养中癌细胞无光学显微镜下特异形态，大多数肿瘤细胞镜下观察比二倍体细胞清晰，核膜、核仁轮廓明显，核糖体颗粒丰富。电镜观察癌细胞表面的微绒毛多而细密，微丝走行不如正常细胞规则，可能与肿瘤细胞具有不定向运动和锚着不依赖性有关。

2. **生长增殖** 肿瘤细胞在体内具有不受控增殖性，在体外培养中仍如此。正常二倍体细胞在体外培养中不加血清不能增殖，是因血清中含有很细胞增殖生长的因子，而癌细胞在低血清中（2% ~5%）仍能生长。已证明肿瘤细胞有自泌或内泌性产生促增殖因子能力。正常细胞发生转化后，出现能在低血清培养基中生长的现象，已成为检测细胞恶变的一个指标。癌细胞或培养中发生恶性转化后的单个细胞培养时，形成集落（克隆）的能力比正常细胞强。另外癌细胞增殖数量增多扩展时，接触抑制消除，细胞能相互重叠向三维空间发展，形成堆积物。

3. 永生性　永生性也称不死性。在体外培养中表现为细胞可无限传代而不凋亡（Apoptosis）。体外培养中的肿瘤细胞系或细胞株都表现有这种性状，体内肿瘤细胞是否如此尚无直接证明。因恶性肿瘤终将杀死宿主并同归于尽，从而难以证明这一性状的存在。体外肿瘤细胞的永生性是否能证明它在体内时同样如此，也尚难肯定。从近年建立细胞系或株的过程说明，如果永生性是体内肿瘤细胞所固有的，肿瘤细胞应易于培养。事实上，多数肿瘤细胞初代培养时并不那么容易。生长增殖并不旺盛；经过纯化成单一化瘤细胞后，大多也增殖若干代后，便出现类似二倍体细胞培养中的停滞期。过此阶段后才获得永生性，顺利传代生长下去。从而说明体外肿瘤细胞的永生性有可能是体外培养后获得的。一些具有永生性而无恶性的细胞系，如 NIH3T3、Rat-1、10T1/2 等细胞证明，永生性和恶性（包括浸润性）是两种性状，受不同基因调控，但却有相关性。可能永生性是细胞恶变的阶段。至少在体外是如此。

4. 浸润性　浸润性是肿瘤细胞的扩张性增殖行为，培养癌细胞仍持有这种性状。在与正常组织混合培养时，能浸润入其他组织细胞中，并有穿透人工膈膜生长的能力。

5. 异质性　所有肿瘤都是由增殖能力、遗传性、起源、周期状态等性状不同的细胞组成。异质性构成同一肿瘤内细胞的活力有差别的瘤组织；处于瘤体周边区的细胞获得血液供应多，增殖旺盛，中心区有的细胞衰老退化，有的处于周期阻滞状态，那些呈活跃增殖状态的细胞称干细胞（Stem Cells），只有这些干细胞才是支持肿瘤生长的成分。肿瘤干细胞培养时易于生长增殖；把干细胞分离出来的培养方法称干细胞培养。

6. 细胞遗传　大多数肿瘤细胞有遗传学改变，如失去二倍体核型、呈异倍体或多倍体等。肿瘤细胞群常由多个细胞群组成，有干细胞系和数个亚系，并不断进行着适应性演变。

（二）培养方法

肿瘤细胞培养成功关键在于：取材、成纤维细胞的排除、选用适宜的培养液和培养底物等几个方面。在具体培养方法方面，肿瘤细胞培养与正常组织细胞培养并无原则差别，初代培养应用组织块和消化培养法均可。

1. 取材　人肿瘤细胞来自外科手术或活检瘤组织。取材部位非常重要，体积较大的肿瘤组织中有退变或坏死区，取材时尽量避免用退变组织，要挑选活力较好的部位。癌性转移淋巴结或胸腹水是好的培养材料。取材后宜尽快进行培养，如因故不能立即培养，可贮存于4℃中，但不宜超过24h。

2. 培养基　肿瘤细胞对培养基的要求不如正常细胞严格，一般常用的RPMI l640、 DMEM、Mc–Coy5A等培养基皆可用于肿瘤细胞培养。肿瘤细胞对血清的需求比正常细胞低，正常细胞培养不加血清不能生长，肿瘤细胞在低血清培养基中也能生长。肿瘤细胞对培养环境适应性较大，是因肿瘤细胞有自泌（Autocrine）性产生促生长物质之故。但这并不说明肿瘤细胞完全不需要这些成分。按不同细胞需要不同的生长因子，肿瘤细胞与正常细胞之间、肿瘤细胞与肿瘤细胞之间对生长因子的需求都存在着差异。但大多数肿瘤细胞培养中仍需要生长因子，有的还需特异性生长因子（如乳腺癌细胞等）。总之培养肿瘤细胞加血清和相关生长因子培养更易成功。

（三）体外培养肿瘤细胞生物学检测

一旦培养的肿瘤细胞生长成形态上单一的细胞群体或细胞系（或株）后，不论用于实验研究还是建立细胞系，都需要做一系列的细胞生物学测定，主要的目的在于求得证明：

所培养的细胞系的确来源于原体内具有恶性的细胞，而非正常细胞或其他细胞。均具有瘤种特异性。阐明一般生物学性状，测定项目数量无明确规定，根据需要而定，以下为常做的项目和要点：

1. 形态观察　主要观察细胞的一般形态，如大体形态、核浆比例、染色质和核仁大小、多少等以及细胞骨架微丝微管的排列状态等。

2. 细胞生长增殖　检测细胞生长曲线、细胞分裂指数、倍增时间、细胞周期时间。

3. 细胞核型分析 检测核型特点，染色体数量、标记染色体的有无、带型等。

4. 凝集试验 检测凝集力。

5. 软琼脂培养 检测集落形成能力。

6. 异体动物接种 向异体动物体内（皮下）接种细胞悬液，观察成瘤能力。

7. 其他 除上述项目外，根据需要还可做同位素标记、组织化学成分分析，荧光显微镜观察等。

在上述肿瘤细胞生物学检测中，最主要的为：异体动物（以用裸鼠为上）接种成瘤、软琼脂培养、核型分析、细胞骨架和电镜观察等几项。

（四）对肿瘤细胞系或细胞株的评价

已建成的各种肿瘤细胞系或细胞株，无疑都是可用的实验对象。近年我国已建成的肿瘤细胞系已非常多，并获得越来越广泛的应用。但根据研究者的经验，在使用这些细胞系时，应持特别审慎的态度，主要是应考虑到这些细胞在长期传代中是否发生遗传性改变。众所周知，长期传代细胞系染色体核型常是不稳定的。另外也可能发生如基因突变、基因易位或缺失等变化。其结果可能导致细胞产生生物学性状上的变动。以近年建成的各种肿瘤细胞系为例，都已传代少则几十，多则百代以上后，才确认建成了细胞系。这种情况下很难保证细胞从初代到建成时的性状仍是一致的。

已如前述，癌细胞在培养中并非能很顺利地传下去，凡已长期传代的细胞系，都已获得不死性。当前尚未完全确证所有癌细胞都具有不死性，因此尚难肯定在长期培养中的癌细胞的生物学性状与在体内时仍完全相同（包括不死性）。据上述对用癌细胞系所获实验结果应尽量做分析性的结论，避免做概括性的与体内等同的结论，外推与体内等同更是不妥的。广泛来说，应用各种较长时间培养的细胞做实验时，都应如此。

（苑红）

参考文献

刁勇,许瑞安主编.2009.细胞生物技术实验指南.第1版.北京:化学工业出版社.

吕冬霞主编.2010.细胞生物学技术.1版.北京:科学出版社.

[美]J.S.博尼费斯农等著,2007.精编细胞生物学实验指南.第1版.章静波等主译.北京:科学出版社.

[美]斯佩克特(Spector,D.L)等著,2001.细胞实验指南.第1版.黄培堂等译.北京:科学出版社.

章静波,黄东阳,方瑾主编.2011.细胞生物学实验技术.第2版.北京:化学工业出版社.

第七章　基因组学技术

第一节　概述

基因组（Genome），是指一个细胞或者生物体所携带的一套完整的单倍体序列，即包括所有的编码区和非编码区的全部基因的总和。基因组包含着的遗传信息决定了生物个体的建立及其生物学特性。

基因组学（Genomics）的概念由美国科学家罗德里克（Thomas Roderick）在 1986 年提出，是指研究并解读基因组 DNA 所有遗传信息的学科，在技术上，包括测序和解读两个相对独立的环节。1990 年，人类基因组计划（Human Genome Project，HGP）的启动，标志着基因组学的诞生，它的顺利完成标志着基因组学走向独立和成熟，它所建立的研究策略和研究技术奠定了基因组学研究的基础。

基因组学已经成为生物医学研究的核心和不可分割的学科，运用基因组学的新技术快速进行疾病基因的克隆及高通量、系统化地揭示疾病的分子机理是基因组学在现代医学研究领域中的核心内容。

随着越来越多的基因组被测序，在 HGP 之后，转录组学迅速受到科学家的青睐，还出现了全基因组范围研究遗传变异的表观基因组学（Epigenomis），利用基因组学研究策略研究环境样品所包含的全部微生物的遗传组成及其群落功能的宏基因组学（Metagenomics），比较细胞内蛋白质丰度和 mRNA 表达水平的翻译组学（Translatomics），以人造基因组序列的设计和组合为核心的合成生物学（Synthetic Biology）。表 7–1 列

出了近年来基因组学研究的主要成果:

表 7-1 近年来基因组学主要的研究成果

时间	主要成果
2007 年 9 月	世界上首个个人全基因组图谱发布
2008 年 4 月	基于第二代测序技术的个人全基因组图谱完成
2008 年 11 月	Nature 杂志发表了第一个亚洲人个人全基因组图谱和第一个非洲人个人全基因组图谱, 以及第一个癌症患者个人全基因组图谱
2008 年 11 月	Nature 发表了第一例急性髓性白血病肿瘤患者的全基因组测序结果
2009 年 8 月	GWAS 方法确定 MYH3 基因是 freeman-sheldon 综合征的致病基因
2010 年 1 月	脑癌细胞系全基因组测序报告公布
2010 年 11 月	亚洲人基因组计划 (炎黄计划) 完成了中国人标准基因组序列图谱的绘制
2012 年 11 月	国际千人基因组计划研究组发布了 1092 人的基因数据, 有助于更广泛地分析与疾病有关的基因变异

第二节 基因组学研究技术

基因组学的主要研究内容有三个方面:一是结构基因组学(structural genomics), 主要任务是基因组作图和大规模测序, 解析基因组 DNA 序列的结构;二是功能基因组学(functional genomics), 是在整体水平上研究整个基因组的表达、基因功能注释、表达调控机制等, 系统地探讨基因的活动规律;三是比较基因组学(comparative genomics), 通过基因组之间的比较与鉴定, 研究生物进化关系和预测新基因。基因组学很多研究技术是在人类基因组计划研究过程中不断建立和完善的, 生物信息学(bioinformatics) 和计算生物学(comparative genomics) 的快速发展, 进一步促进了基因组学研究技术的不断进步。

一、基因组作图

基因组作图的基本过程是:首先将基因组分解成小的容易操作的结构区域, 在长链 DNA 的不同位置寻找特征性的分子标记, 测序完成后再根据分子标记将其组装定位在染色体上, 这种分解、组装、定位的过程就是基因作图。根据采用的方法不同, 可分为两种:

（一）遗传或连锁作图

遗传图（Genetic Map）又称为连锁图（Linkage Map），是通过遗传重组所得到的基因线性排列图，采用遗传学的方法确定基因在染色体上的相对距离。遗传距离常用基因或 DNA 片段在染色体交换过程中的分离频率来表示，单位为厘摩（cM），1cM 代表 1% 的交换率，cM 值越大，表明两者间的遗传距离越远。经典的遗传标记如形态学标记、细胞学标记、生化标记由于只能间接反映基因组信息且标记数量小，自 20 世纪 80 年代开始，逐步被 DNA 标记取代。

1. 第一代 DNA 标记 限制性片段长度多态性（Restriction Fragment Length Polymorphism，RFLP）、随机引物扩增基因组 DNA（Random Amplified Polymorphic DNA，RAPD）、扩增片段长度多态性（Amplified Fragment Length Polymorphism，AFLP）是第一代 DNA 标记方法。

RFLP 是 David Bostein 等在 20 世纪 80 年代提出第一种用于作图的 DNA 标记，它是用限制性内切酶处理后产生长度不同的片段，显示出不同个体同一位点 DNA 组成的差异。但由于其标记密度太稀疏、工作效率低等原因，已逐步被其他分子标记取代。

RAPD 是美国科学家威廉姆斯（Williams）和威尔斯（Welsh）在 1990 年提出的简便的 DNA 多态性技术，是通过分析 DNA 的 PCR 产物的多态性来推测生物体内基因排布与外在性状表现规律的技术，利用一系列引物可以检测整个基因组。本方法不需要设计专门的引物，也无需知道研究对象基因组的序列，仅需要很少的 DNA 样本就可作图，但易受反应条件的影响，重复性差。

AFLP 是荷兰科学家 Zbaeau 和 Vos 在 1993 发明的由 RFLP 和 PCR 相结合检测 DNA 多态性的新方法，其基本原理是限制性内切酶处理基因组 DNA 产生大小不同的片段，对这些片段进行选择性扩增，根据扩增片段长度的不同检测出多态性。AFLP 结合了 RFLP 和 PCR 技术的优点，已发展成为最有效的 DNA 分子标记技术之一。

2. **第二代 DNA 标记** 简单序列长度多态性（Simple Sequence Length Polymorphism，SSLP）属于第二代 DNA 标记，具有染色体位点的特异性，可直接用来进行遗传图谱构建和基因快速定位研究，包括小卫星（minisatellite）和微卫星（microsatellite）。

小卫星序列又称为可变串联重复（Variable Number of Tandem Repeat，VNTR），重复长度为 15–65bp；微卫星序列，又称为短串联重复（Short Tandem Repeat，STR）或简单重复序列（Simple Sequence Repeat，SSR），重复长度为 1–6bp。1991 年，摩尔（Moore）等结合 PCR 技术创立的 SSR，在基因组中分布广、密度高、操作简便、稳定可靠，比 VNTR 应用更普遍，已成为被广泛应用的第二代 DNA 分子标记。

SSR 变异是微小变异，不会导致生物体死亡，根据 SSR 两端为相对保守的单拷贝序列的特性设计引物，PCR 扩增获得包含 SSR 的 DNA 片段，由于核心序列重复数目不同，因而可扩增出不同长度的产物，通过电泳分离显示 SSR 变异产生的 DNA 片段多态性。

1994 年，Zietkiewicz 等对 SSR 技术进行了发展，建立了内部简单重复序列（Inter Simple Sequence Repeat，ISSR）标记技术，ISSR 既保持了 SSR 的优点，又克服了 SSR 标记开发困难的不足。其引物有两种，一种是直接用 SSR 本身作引物，另一种是用在 SSR 的 5′ 端或 3′ 端加上 2~4 个随机选择的核苷酸加锚定的微卫星寡核苷酸作引物。

3. **第三代 DNA 标记** 第三代 DNA 标记有表达序列标签（Expressed Sequence Tag，EST）和单核苷酸多态性（Single Nucleotide Polymorphism，SNP）的标记。

美国生物学家文特尔（Venter）于 1991 年提出了 EST，最早在人类基因组计划中被用于寻找新基因、绘制人类基因组图谱、识别基因组序列编码区。EST 是指在来源于不同组织的 cDNA 文库中随机挑选克隆并进行单边测序，得到的长度为 300~500bp，且只含有基因编码区域的核苷酸片段。EST 的数目表示其代表的基因表达的拷贝数，一个基因的表达次数越多，其相应的 cDNA 克隆越多，通过对 cDNA 克隆的测序分析可以了解基因的表达丰度。它的优越性在于直接与表达基因相关，易于转化成序列标签位点。

SNP 由兰德（Lander）在 1996 年提出，是指在基因组水平上由单个核苷酸的变异所引起的 DNA 序列多态性，是在基因组中分布广泛且稳定的点突变。在特定核苷酸位置上存在两种不同的碱基，其中最少的一种在群体中的频率不小于 1%，其多态性可由单个碱基的转换（transition）或颠换（transversion）所致，多数是由转换所致，且大部分 SNP 都是二等位多态性。与芯片技术的结合，大大促进了 SNP 检测技术的进步，SNP 以 DNA 芯片技术替代经典的凝胶电泳，直接以序列变异为标记，而不再以 DNA 片段长度的变化作为检测手段，更适合于对复杂性状疾病的遗传解剖和基于群体的基因识别等方面的研究，是目前最为理想的 DNA 标记。

（二）物理或分子作图

物理图谱（Physical Map）是利用分子生物学技术，在 DNA 分子水平上描述染色体中界标间顺序和距离的图谱。由于不能直接对基因组 DNA 进行分析检测，所以，将基因组 DNA 切割成相互重叠连接的小片段，经转染后，分析稳定复制的基因片段拷贝，根据重叠序列，按其在原始基因组上的线性顺序进行排序，构建成物理图谱。

物理图谱常用的技术策略包括四种：

1. 限制性作图（Restriction Mapping） 本方法适用于较小的 DNA 分子，其原理是首先采用两种限制性内切酶分别消化处理待分析的 DNA，再用两种酶同时处理 DNA 片段，分析酶切所得的 DNA 片段大小，通过加减法比对分析，确定酶切位点的相对位置。

2. 克隆作图（Clone-Based Mapping） 载体是本方法的必要条件，其原理是利用酵母人工染色体（Yeast Artificial Chromosome，YAC）或细菌人工染色体（Bacterial Artificial Chromosome，BAC）等载体，采用染色体步移法或指纹法，根据克隆的 DNA 片段之间的重叠顺序构建重叠克隆群，绘制物理连锁图。

3. 荧光标记原位杂交作图（Fluorescent In Situ Hybridization，FISH）本方法推动了细胞遗传图的构建，原理是将用荧光素标记的 DNA 探针，直接原位杂交到染色体上，再用荧光素分子偶联的单克隆抗体与探针分子特异性结合，通过分析光信号确定 DNA 序列在染色体或基因组上的位置。

4. 序列标签位点作图（Sequence Tagged Site，STS）本方法是目前构建大基因组物理图谱最有效的方法，STS 是基因组中任何单链拷贝的长度为 100~500bp 的短 DNA 序列，每个 STS 在基因组中有特定而单一的同源位置，如果两个 DNA 片段含有同一种 STS，则这两个片段彼此重叠，两个不同 STS 出现在同一片段的概率取决于它们在基因组中的相对位置。如果 STS 标签在基因组中分布足够密，则所有 DNA 大片段在染色体或基因组上的位置就可以确定。

二、新基因的分离（RACE）

随着生物技术的不断发展，获取新的基因成为分子生物学研究的重要内容。目前筛选获得新基因的方法有很多，但均有不足，如基因组减法技术和 cDNA 文库筛选技术，具有周期长、步骤多等缺点；通过 Genbank 中的 EST 拼接出 cDNA 又有 Genbank 中的 EST 是有限的问题，且有些目的基因丰度很低，获取其全长 cDNA 非常困难。在这种情况下，1988 年，由弗罗曼（Frohman）等发明的 cDNA 末端快速扩增（Rapid Amplification of cDNA Ends，RACE）技术，可以快速获得 cDNA 的 5' 和 3' 端，以其简单、廉价等优势受到越来越多的重视，成为克隆全长 cDNA 序列最常用的手段。

（一）基本原理

经典的 RACE 技术主要通过 RT-PCR 技术由已知部分 cDNA 序列来得到完整的 cDNA 的 5' 和 3' 端，也叫单边 PCR（one-sided PCR）或锚定 PCR（anchored PCR）。是在反转录的同时，在 5' 和 3' 端加上通用接头引物，然后利用通用引物和基因特异引物进行 PCR 反应，从而快速获得目的基因 cDNA 的 5' 端和 3' 端。

1. **3′ –RACE 原理** 利用 mRNA 的 3′ 末端的 poly A 尾巴作为一个引物结合位点，以 Oligo–dT 和一个接头组成的接头引物反转录合成标准第一链 cDNA，然后，用基因特异引物（Gene Specific Primer，GSP）作为上游引物，以含有部分接头序列的通用引物（Universal Amplication Primer，UAP）为下游引物，通过 PCR 获得已知序列和 poly A 尾之间的未知序列，见图 7–1。

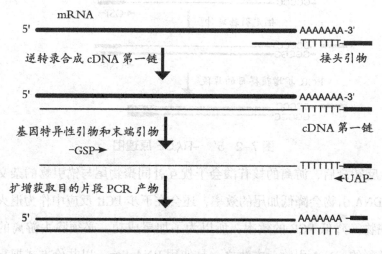

图 7–1 3′ –RACE 原理图

2. **5′ –RACE 原理** 利用 mRNA 的 3′ 末端的 poly A 尾巴作为一个引物结合位点，用一个反向的基因特异引物 GSP 反转录合成标准第一链 cDNA，在反转录达到第一链的 5′ 末端时自动加上一个接头，再利用基因特异引物和通用引物，以第一链 cDNA 为模板，进行 PCR 循环，把目的基因 5′ 末端的 cDNA 片段扩增出来，见图 7–2。

（二）技术要点

1. **反转录** 影响 RACE 结果的关键是 mRNA 反转录合成第一链 cDNA，在进行反转录的过程中，不完全的 cDNA 仍然可以用脱氧核糖核酸末端转移酶（TdT）加尾后进行 PCR 扩增，所以，要使用高质量未被降解的 mRNA，尽可能地避免不完全 cDNA 产生。

2. **加尾反应** 标准的 RACE 要求把第一链 cDNA 用 TdT 加上一个 poly

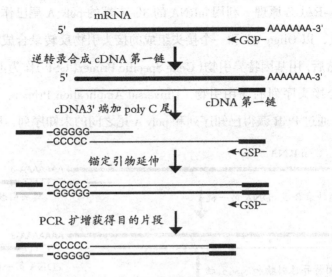

mRNA

逆转录合成 cDNA 第一链

cDNA3′ 端加 poly C 尾

锚定引物延伸

PCR 扩增获得目的片段

图 7-2 5′-RACE 原理图

A 尾。反转录后，游离的核苷酸会干扰互补同聚物尾与锚引物的杂交，过剩的 cDNA 引物会降低加尾的效率，还会在下步 PCR 反应中作为退火和延伸的底物，降低 PCR 的效率，所以为了加尾成功，必须除去游离的核苷酸和过剩的 cDNA 引物。方法之一是使用 RNA ligase 以共价方式把寡核苷酸连在 cDNA 的 5′ 端或直接连接在起始 RNA 群上，以绕过 TdT 介导的 cDNA 加尾。

3. **PCR 扩增**　RACE 技术是为确定未知 cDNA 序列的，在 PCR 中引入的突变要最少，为增加 PCR 反应的产率和特异性，采用热启动 PCR 等新方法，先把不含模板或模板和聚合酶的其他 PCR 成分混合，当混合物温度预热到引物退火温度以上再加入这些组分。

（三）RACE 技术改进

对传统 RACE 技术的改进主要是引物设计及 RT-PCR 技术的改进两个方面，具体方法为：一是利用锁定引物合成第一链 cDNA，即在 oligo（dT）引物的 3′ 端引入两个简并的核苷酸，使引物定位在 poly A 尾的起始点，从而消除了在合成第一条 cDNA 链时 oligo（dT）与 poly A 尾任何部位的结合所带来的影响；二是在 5′ 端加尾时，采用 poly C 代替 poly A；三是提高反转录的温度，选择嗜热 DNA 聚合酶可以消除 5′ 端由于高 GC 含量导致的 mRNA 二级结构对反转录的影响。

Matz 等在 cDNA 合成过程中，利用模板转换效应、PCR 抑制效应和降落 PCR 技术，有效地提高了 cDNA 末端快速扩增的灵敏度，这种经改进的 RACE 称为 SMART RACE。

三、基因组测序技术

测序技术是基因组学研究的基础和核心技术，是对 DNA 分子的核苷酸排列顺序的测定。从 20 世纪 70 年代发明的双脱氧链终止法（又名 Sanger 测序法）到单分子实时测序，测序技术的发展经历了三代，第二代测序技术将生命科学研究带入到了基因组学时代，测序技术的不断进步促进了基因组学研究的发展。

（一）下一代测序技术

第二代和第三代测序技术统称为下一代测序技术（Next Generation Sequencing, NGS），主要特点就是高通量、实时、单分子测序，可以一次就完成几十万到几百万条 DNA 分子的测序。

第二代测序技术的典型代表是 454 测序技术平台的焦磷酸测序技术，其原理为经过一系列的反应，释放出荧光信号，根据捕捉到的荧光信号及其强度，读出相应的碱基及其数量。

第三代测序技术近年来发展最快、最热门、最有发展前景的技术之一是纳米孔测序技术，原理是不同的核苷酸空间构象不同，当它们一个接一个地通过纳米孔时，所引起的电流变化程度也不同，可以实现实时测序。

（二）基因组测序策略

虽然测序技术发展迅速，测序读长和通量有了很大的提高，但目前的技术水平还是不能对基因组直接进行测序，只能先将基因组分解，分别对分解后的小片段进行测序。目前基因组测序主要采用逐步克隆法（Clone by Clone）和全基因组鸟枪法（Whole Genome Shotgun）测序两种策略，且前者有向后者发展的趋势。

1. **逐步克隆法**　本方法在人类基因组计划中发挥了重要作用，它依赖于遗传图谱和物理图谱。首先将基因组分解成小片段，构建 BAC 文库，通过 FISH 或 STS 技术，将克隆在染色体上定位，依此对克隆进行排序，通过简单的组装工作完成全基因组测序。本方法的优点是准确、可靠，但由于构建遗传图谱和物理图谱非常困难，且耗时耗力，有明显的局限性。

2. **全基因组鸟枪法**　也称全基因组"霰弹"法测序，已逐渐成为基因组测序的主导策略，本方法不需要绘制物理图谱，而是将基因组 DNA 打成小片段，随机构建基因组文库，将这些小片段克隆到测序载体中进行测序，根据重叠区整合小片段，利用高性能计算机拼接出基因组 DNA 分子。全基因组鸟枪法的优点是经济、快速、高效，但对拼接方法和高性能计算设备要求非常高。

（三）全基因组测序

全基因组测序技术的出现对医学领域来说是一次革命性的进步，已经成为疾病研究、临床诊断中重要的手段。通过全基因组测序获得碱基全序列，便于进行全面、精确的分析，破解其包含的信息，加深对疾病发生机制的了解，有针对性地制定相应的应对办法，目前，主要应用于癌症、传染性疾病和遗传性疾病的致病机理的研究方面。

全基因组测序的数据分析流程包括质量控制（Quality control）、比对（Mapping）、突变检测（Call variant）、突变注释（Annotation）四个方面。

（四）序列的组装

因为基因组测序是分段进行的，测序完成后需要将这些片段进行组装、拼接，最终获得完整的 DNA 序列，这是完成序列测定的关键步骤，组装主要依靠计算机软件来完成。

1. **碱基读取**　从测序仪上得到的并不是真正的核酸序列，而是荧光信号经处理后产生的带状图或峰图文件，这就需要将碱基识别出来，组成核酸序列，同时评估序列中的碱基可信度，这个识别过程叫做碱基读取（Base Calling）。

不使用荧光染料终止剂，经过四次反应，每次反应加入一种双脱氧核苷酸（ddNTP）作为链终止剂，得到的测序图是带状图；使用不同荧光标记的 ddNTP 作为终止剂，根据荧光区别四种碱基，经过一次反应便可完成测序，这样得到的是峰图文件。峰图文件是目前最常见的测序图。

对测序图的分析和解读依赖于相应的软件，如 ABI 公司的 Sequencing Analysis 和 Sequence Scanner、Chromas、DNAstar 等。1995 年由 Phil Green 实验室开发的 Phred 软件碱基识别精度高、读长长且能给出每个碱基的质量评估值（用 Phred Quality 值来衡量，表征错误率的情况，值越高表明出错的可能性越低），它与组装软件 Phrap 相互配合，堪称是最完美的 Base Calling 软件。

2. **拼接** 序列拼接是根据原始的测序序列（read）还原原始序列的过程，一般包括组装（contig）、构建（scaffold）和补洞（gap）等几个步骤。

Contig 是每个碱基都被准确定义的一段序列，组装基于 read 之间的重叠（overlap），将 read 两两比对，选择高分的两条 read 进行合并，重复这个过程，直到不能合并。顺序和方向都确定的一系列 contig 称为 Scaffold，Scaffold 的拼接主要依靠的是 read 之间的成对关系，但 contig 之间存在着未知缺口序列（gap），这可能是因为缺少测序序列的覆盖或由于重复序列导致的组装 contig 的过程被忽略而造成的，前者可以用两端已知的序列为引物按照基因组步移（Genome walking）的方法补洞，后者可以通过调用 read 的成对关系将 gap 序列补出。

用于序列拼接的主要软件是 Phred-phrap-Consed 系统，Phred（测序器）是一种碱基识别系统（base-caller），同时估计测序错误率，Phrap（组装器）根据 Phred 的结果，从头组装短序列；Phrap 组装的序列由 Consed（校对器）编辑、整合人工校对结果。

3. **拼接过程中重复序列的影响** 重复序列（repeats）对拼接的速度和精度影响很大，一方面引起拼接错误，另一方面也影响序列拼接的完整性，因此如何识别和处理重复序列成为拼接的最主要难题。处理的一般步骤是在拼接前将重复序列屏蔽掉，以提高序列拼接的精确度和降低错误率，拼接完成之后，将 read 再还原回去。

四、基因定位技术

基因定位是用一定的方法将基因确定到染色体的实际位置，是基因分离和基因克隆的基础，常用的方法有荧光标记原位杂交技术和辐射杂种细胞系。

（一）荧光原位杂交技术

荧光原位杂交技术（Fluorescence in Situ Hybridization，FISH）标志着分子细胞遗传学的一个重要阶段的开始。随着物理学、化学技术的不断进步，免疫染色、量子点和微流控芯片等新技术的引入，进一步促进了 FISH 的发展。

荧光原位杂交技术是根据碱基互补配对的原理，用标记有荧光分子的 DNA 或 RNA 序列为探针，在合适的温度和离子强度下，与经过变性的单链核酸序列互补配对，通过带有的荧光基团进行检测；或者用荧光基团对探针进行直接标记并与目标序列结合，最后利用荧光显微镜直接观察目标序列在细胞核、染色体或切片组织中的分布情况。FISH 技术主要分四步：①将染色体、细胞或组织进行固定；②标记探针；③探针与固定材料上的靶序列 DNA 或 RNA 杂交；④检测杂交结果。

该技术可在原位与染色体的互补序列特异性地结合而不破坏染色体的整体形态，可定位基因组中多个同源的位点，结果直观、可靠，但检测步骤复杂，探针大小对结果影响较大，对 2kb 以下的 cDNA 序列很难定位，结果也需经验十分丰富的细胞遗传学家进行分析。经过不断地改进，FISH 技术克服了放射性探针检测周期长且危害人体健康的缺点，在基因定位、染色体识别、物理图谱的构建、进化分析等研究中被广泛应用。

（二）辐射杂种细胞系

辐射杂种细胞（Radiation Hybrid，RH）是在荧光原位杂交技术之后新建立的一种简便易行且相对独立的基因定位技术，是一种体细胞杂交技术。1975 年，高斯（Goss）和哈里斯（Harris）利用 IFGT（Irradiation and Fusion Gene Transfer）方法构建了辐射杂交物理图，Cox 等在此基础上，利用高剂量的 X 射线将染色体打成若干片段，这种细胞与仓鼠细胞可形成杂交克隆。现在，已建立了人 RH 图和各种模式生物的 RH 图，提供了不同模式生物作图之间的比较，成为一种提示不同物种间差异的工具。

1. 基本原理 RH 作图依赖辐射随机引起染色体的断点，不依赖非减数分裂重组得到的断点，它既含有遗传图标记（如 SSLP），又含有物理图标记（如 STS），是整合遗传标记图谱和物理图谱的重要工具，有巨大的 DNA 补充潜力。在 EST 标记时，缺少基因的定位信息，而 RH 系统就成为了 EST 定位的主要方法。

2. RH 的操作程序 RH 的操作程序是：①引物设计及合成；② PCR 反应；③数据分析。下面以 Gene Bridge 4（GB4）嵌板为例来说明 RH 过程。通常 GB4 共 96 管，其中 93 管为杂交克隆，1 管供体总基因组 DNA，1 管受体总基因组 DNA，1 管空白对照。在进行 RH 时，首先设计出尽可能靠近 3′ 末端 Poly A 的位置、扩增效率高且特异性好的引物；分别以供体细胞全基因组 DNA 和受体细胞全基因组 DNA 为模板作 PCR 预扩增，对前者扩增出稳定的特异性条带而后者无条带的，再以相同的 PCR 体系和条件以整个 GB4 嵌板为模板进行扩增；PCR 产物经电泳、染色后，对结果进行统计分析，每个分析重复 2 次；PCR 结果分阳性、阴性和可疑 3 种情况，结果与预扩增一致的为阳性特异带，记为 1，不一致的为阴性，记为 0，相矛盾的记为 2，通常会有 1.2% 的差异率，如果差异大于 5% 需要重复检测。将获得的结果提交到斯坦福人类基因组中心（Stanford Human Genome Center，SHGC）或麻省理工学院基因组研究中心（Whitehead Institute/MIT Center for Genomic Research，WI/MIT），借助 RH 图谱和遗传图谱将基因定位于染色体上。

RH 是人类基因组计划构建转录图中作为 EST（Expressed Sequence Tag）定位的主要方法，虽然定位基因组中多个同源位点很难，但其使用的实验和统计学手段比较成熟，因此简便易行，定位精度高，适合 1~2kb 以下序列的染色体定位，可应用于一些模式生物的基因片段定位、不同来源基因组间的相互比较，从最初仅适用于单条染色体作图，到逐步发展成整个基因组作图的一个有利手段，为比较基因组学研究提供了有力的方法和工具。

五、功能基因组学

（一）概述

目前，越来越多的生物体的全基因组测序陆续完成，但人类对于这些序列在生命活动中的意义和作用还知之甚少，这也促使基因组学的研究内容从序列结构的研究逐渐向基因功能的研究转变和扩展。功能基因组学（functional genomics），也称后基因组学（postgenomics），就是利用结构基因组学提供的信息和产物，对所有基因如何控制各种生命现象的问题作出回答。

结构基因组学通过基因作图、基因测序等手段，研究基因组遗传排列方式，以遗传标记、DNA 序列的形式展现出来的遗传信息，成为功能基因组学研究的基础。功能基因组学是基因组分析的最新阶段，基本策略是将对基因和蛋白质的研究从单一对象研究扩展到以系统的方式对生物体内所有基因和蛋白质进行研究，利用结构基因组学所积累的 DNA 序列数据，应用大通量的实验分析方法，结合统计学和计算机技术，研究基因的表达、调控与功能，基因间、基因与蛋白质之间和蛋白质与底物、蛋白质与蛋白质之间的相互作用以及生物的生长、发育等规律。

（二）功能基因组学研究技术

1. 突变基因检测技术 基因突变（gene mutation）是指基因组 DNA 分子发生的突然的、可遗传的变异现象。从分子水平上看，基因突变是指基因在结构上发生碱基对组成或排列顺序的改变，基因从原来的存在形式突然改变成另一种新的存在形式，替代了原基因并遗传给后代，这个新基因就叫做突变基因。

对基因突变的研究已成为现代医学研究的热点之一，可以分析由于基因突变产生的变异蛋白以及变异蛋白引起菌落形态、抗性等的改变来直接检测；也可以通过分析 DNA 构象或解链特性，或利用 DNA 变性和复性特性间接地来进行突变检测。间接方法是目前检测基因突变的主要方法。

（1）图位克隆：图位克隆（map-based cloning），又称定位克隆（positional cloning），由剑桥大学科尔森（Coulson）等提出。该技术不需要预先知道基因的 DNA 序列，根据目的基因在遗传图谱上的精细定位，构建含有目标基因的重叠群，获得含有目标基因的大片段克隆，再将这些克隆作为探针以同样的方式获得更多相互覆盖的亚克隆，对亚克隆进行测序，对测序结果进行分析来鉴别基因并获得功能信息。分析主要依靠检索 NCBI、DDBJ 和 EMBL 等数据库或根据基因的启动子、终止子、剪接位点、CpG 岛等生物信息学的方法。

图位克隆的一般步骤是：①利用分子标记技术将目的基因在染色体上定位；②目的基因的精细定位和作图，这是图位克隆的限速步骤；③找到与目的基因两侧连锁最紧密的大片段克隆，以此为起点进行染色体步行，逐步接近目的基因；④用含有目的基因的大片段克隆去筛选 cDNA 文库，找出候选基因，对这些候选基因进行分析确定目的基因。

图位克隆需要构建完整的基因组文库，建立饱和的分子标记连锁图，所以对小基因组生物和已建立了高分辨率遗传图谱的生物的实际应用相对容易一些，但对基因组大、标记数目不多的生物效率低且投资大。理论上，图位克隆可以鉴定和克隆所有表型突变基因，模式生物基因组测序的完成，使图位克隆一个这些生物间的目的基因的时间大为缩短，该方法也发展成为分离目的基因的常规方法，不仅适用于单基因克隆，也适用于由多基因控制的数量性状的定位。

（2）单链构象多态性技术：单链构象多态性（Single-Strand Conformation Polymorphism，SSCP）技术是由 Orita 于 1989 年建立的，较早地应用于检测突变基因，操作简单，检出率 80%~100%。

1）基本原理：DNA 的空间构象由其内部碱基配对等分子内相互作用力来维持，当碱基发生变化时，其空间构象会或多或少地发生变化，在电泳时迁移率就会不同，因此，通过凝胶电泳就可将构象有差异的 DNA 分子分开。

2）操作流程：用特异引物 PCR 扩增待测基因片段；将 PCR 产物变性，接着快速复性，使之成为具有二级构象的单链 DNA；将单链 DNA 进行非变性聚丙烯酰胺凝胶电泳；分析电泳结果，由于正常基因和突变基因的迁移率不同，可以确定突变基因。

SSCP 用于 PCR 扩增产物的基因突变，称为 PCR-SSCP，检测灵敏度高，一个碱基的变化也可以检测出来。随后，基于 RNA 具有更为精细的二级和三级结构，其构象对单个碱基的变化很敏感，发展起来了 RNA-SSCP 技术。

（3）直接测序法：直接测序法（Direct Sequencing）不需要将 PCR 产物克隆到测序载体上，而是将扩增后的 DNA 片段直接进行测序分析，测序效率大大提升，可以对不同个体的同一基因进行测序分析，寻找序列中所有的碱基变异，理论上的检出率可达 100%。

采用直接测序时，需先用不对称 PCR 的方法将扩增产物转化为单链测序模板，通常是通过引物浓度的差异来形成单链 DNA，当一侧引物消耗尽后，别一侧引物扩增得到的片段即为单链 DNA，可以用于测序。若将双脱氧终止法与 PCR 直接测序结合起来，用荧光标记的引物引导扩增，在反应体系中加入 ddNTP，就可实现扩增与测序同时进行，而不需分离 DNA 单链。

直接测序法具有以下特点：①模板需要量少；②操作简单、方便、快速；③测序效率高、准确，但测序成本较高。

2. 差异表达基因筛选 生物的生长发育受基因的精确调节，功能基因组学研究的主要内容之一是分析生物在不同发育时期、不同组织、不同生理状态下基因差异的表达状况，以研究生物生长、发育规律，为生命活动提供重要信息。差别杂交和微阵列分析两种方法均可以进行基因差异表达的筛选。

差别杂交（differential hybridization）又叫差别筛选（differential screening），首先分别获得目的基因表达存在差异的两种 cDNA 文库，一种目的基因正常表达，另一种目的基因不表达，然后分别用各自的总 mRNA 为探针去筛选两个文库，就可以找出差异表达的 cDNA 片段。在差异杂交技术的基础上，发展起来一系列新的方法，主要有差异显示、代表性差异分析、基因表达系列分析和抑制性扣除杂交等。

（1）差异显示技术：1992 年，梁（Liang）和帕迪（Pardee）创立了差异显示技术（Differential Display，DD），它是在分子生物学当中最常用的逆转录反应（Reverse Transcription，RT），聚合酶链式反应（Polymerase Chain Reaction，PCR）及聚丙烯酰胺凝胶电泳这 3 种技术的基础上发展起来的。

基本原理：利用 RT、PCR、电泳来比较样品中基因表达的情况。大多数真核生物 mRNA 的 3′ 端具有 poly A 尾，利用 RT 反应将含有 poly T 的引物锚定于 poly A 尾上，产生 cDNA 库。以反转录获得的 cDNA 为模板，利用锚定引物和上游随机引物对 cDNA 库进行 PCR 扩增，通过电泳获得差异表达基因扩增的条带，最后对差异条带进行回收、克隆、鉴定及分析。

DD 的优势在于效率高，可以同时比较分析多个来源不同的样品，操作简单，重现性好，灵敏度高，低丰度的 mRNA 也可检测到，但其主要问题就是假阳性率高且影响因素多。

（2）代表性差异分析：1993 年，在基因组消减杂交方法的基础上，由 Wigler 和 Lisitsyn 提出了一种基因克隆新策略——代表性差异分析（Representional Different Analysis，RDA）。RDA 是基于 PCR 技术的从两个基因组中筛选差异序列的方法。

基本原理：消减杂交通过突变型（驱逐 DNA）与野生型（检测 DNA）基因组 DNA 的变性、复性等过程，使与驱逐 DNA 相同的大部分检测 DNA 通过与驱逐 DNA 完全复性而被去除，而检测 DNA 中特有的 DNA 片段因自身复性而被分离出来。RDA 与消减杂交相比，它是用同一种限制性内切酶，将突变型和野生型的基因组 DNA 分别分解成短片段驱逐 DNA 和检测

DNA，使因为链过长而不能扩增的基因组 DNA 减少了复杂性，由鉴定检测 DNA 和驱逐 DNA 之间序列的不同替代检测两个基因组 DNA 之间内切酶位点的不同，从而使分离那些因突变等原因造成的酶切位点改变的片段变得容易。

在 RDA 基础上加以改进应用于 mRNA 差异分析，即 cDAN-RDA，双链 cDNA 经限制性内切酶消化后，产生平均大小为 256bp 的 DNA 片段，这样，绝大多数基因至少有两个酶切位点，是两端带有可识别和处理的末端片段，可以进行后续的扩增、消减、富集等操作。

虽然 RDA 具有灵敏度高、假阳性低等优点，但也存在一些问题，如每一种限制性内切酶酶切后的 RDA 只能使基因组 DNA 中的 2%~15% 得以分析和筛选，且操作繁琐、实验周期长、成本较高。

（3）基因表达系列分析：1999 年，韦尔库列斯库（Velculescu）提出了用于基因表达模式分析的方法——基因表达系列分析（Serial Analysis of Gene Expression，SAGE），不仅能在较短时间内检测细胞内几乎所有的 mRNA，对这些 mRNA 的表达拷贝数进行定量分析，还可以发现潜在的未知基因。

其原理主要有 3 个方面：①来自转录子 3′ 端特定位置的 10~14bp 的短标签（tag），充分含有识别转录本的信息；②连接多个短标签，形成大量多联体，克隆到生物载体内扩增，测序，得到代表转录本信息的标签序列；③将测序结果与已知的标签数据库进行分析，确定基因的表达丰度，代表转录体的表达水平等。

技术流程：①以细胞的总 mRNA 为模板，以生物素化的 oligo-dT 为引物，反转录合成 cDNA；②用锚定酶（Anchoring Enzyme，AE，能特异识别 4 碱基酶切位点）酶切 cDNA，酶切片段与链亲和素磁珠结合，收集寡聚 dT 与最近的酶切位点之间的片段；③将收集到的酶解片段分成两份，分别与连接子 A、B 连接（连接子为 40bp 核苷酸，含有特定型限制性内切酶酶切位点和 PCR 引物序列）；④用标签酶（Tagging Enzyme，TE，一种ⅡS 型限制性内切酶，在识别位点下游 10-14bp 区域进行酶切）酶切 cDNA 与连接子结合的序列，释放带有连接子的标签；⑤将带有 A、B 连接子的标签用 DNA 连接酶连接，形成标签二聚体（也称双标记探针）；⑥对得到的标签二聚体进行 PCR 扩增并纯化 PCR 产物；⑦用锚定酶切除连接子 A 和 B，将酶切片段连接形成长度在 300-1000bp 不等的串联体；⑧收集串联体并克隆、得到 SAGE 文库、测序；⑨通过软件对标签数据进行处理分析，生成相应的报告和丰度指标，比较 SAGE 文库标签的丰度并分析其意义。

SAGE 以标签来代替转录体进行测序，不必对细胞内的每个转录体进行测序分析，大大提高了工作效率，是一项研究基因表达快捷、有效的技术，可以比较不同组织、不同时空条件下基因表达的差异性，具有灵敏性高、假阳性率低、可重复性强的优点，但因为标签确认困难，需要的样本量大，技术流程复杂、工作量大、成本高等原因，在基因组研究中并没有得到广泛应用。

（4）抑制性扣除杂交技术（SSH）：1996 年，Diatchenco L 等提出了以抑制 PCR 为基础的抑制性扣除杂交技术（Suppression Subtractive Hybridization，SSH），一种比较和分离不同细胞系、不同组织间或同一细胞系、同一组织在不同条件下有差别表达的基因的方法。

基本原理：所谓抑制 PCR，是利用链内退火优于链间退火，比链间退火更稳定的特点，使非目的系列片段两端反向重复系列在退火时产生类似于"锅柄"的结构，无法与引物配对，选择性地抑制了非目的基因片段的扩增。该方法运用了杂交二级动力学原理，即丰度高的单链 cDNA 在退火时产生同源杂交的速度要快于丰度低的单链 cDNA，从而使原来在丰度上有差别的单链 cDNA 相对含量达到基本一致。

其基本过程是：①cDNA 的合成：抽提两种不同细胞的 mRNA 分别作为检测样本（tester）和参照样本（driver），将它们反转录成 cDNA。②酶切 cDNA：将 cDNA 分别用四碱基识别酶（如 Rca Ⅰ 或 Hae Ⅲ）酶切，以产生大小适当的平头末端 cDNA 片段。③接头连接：将 tester cDNA 分成均等的两份，各自接上两种接头。④扣除杂交：SSH 需要进行两次扣除杂交，第一次是将连有接头的 tester cDNA 与过量的 driver cDNA 变性后退火杂交，杂交后有 4 种产物，单链 tester cDNA、自身退火的 tester cDNA 双链、tester 和 diver 的异源双链、driver cDNA，通过第一次杂交，实现了 tester 单链 cDNA 均等化（normalization），即使原来有丰度差别的单链 cDNA 的相对含量达到基本一致。第二次杂交是将第一次杂交产物混合，再加上新的变性 driver 单链，再次退火杂交，此时，只有第一次杂交后经均等化和扣除的单链 tester cDNA 和 driver cDNA 一起形成各种双链分子，这次杂交进一步富集了差异表达基因的 cDNA，产生了一种新的杂交双链，新链两端有两个不同的接头，使其在以后的 PCR 中被有效地扩增。⑤ PCR 扩增：也要进行两次，第一次 PCR，扣除杂交后的产物只有新的杂交双链才能以指数形式扩增，有效地扩增有差别表达的片段；第二次 PCR，进一步扩增有差别表达的序列，增强其特异性扩增，以便于后续的筛选。⑥筛选与鉴定：将上述 PCR 产物转化细菌，经 Xgal–IPTG 显色反应，筛选出具有插入序列的克隆，含插入序列的形成白色的噬菌斑，否则形成蓝色的噬菌斑。再用 Northern 印记杂交技术找出具有差别表达的 cDNA 片段，最后进行测序。

SSH 具有速度快、效率高、假阳性率低等优点，具有较高的特异性，为鉴别、分离新基因提供了一种强有力的手段。但 SSH 需要大量的 mRNA，一般要几微克，若 mRNA 量不足，低丰度的差异表达 cDNA 可能检测不到，且 SSH 所研究的材料差异不宜过大。

（5）微阵列分析：微阵列（microarray assay）技术是近年来发展起来的一种分子生物学研究工具，1995 年由斯凯纳（Schena）等进行了开创性的工作。根据微阵列上遗传信息的载体不同，有 DNA 微阵列、cDNA 微阵列和蛋白质微阵列三种。

基本原理：首先利用光导化学合成、照相平版印刷以及固相表面化学合成等技术，将 DNA 片段（长度在几十到几百个碱基）固定在固相表面组成分子阵列，将来源不同的 DNA 或 cDNA 用放射性同位素或荧光物质进行标记作为探针，两者进行杂交，采用激光共聚焦显微镜对每个杂交点进行扫描，根据探针的位置和序列及杂交信号的强弱确定 DNA 的表达情况。

cDNA 微阵列技术的主要优点是：灵敏度高，mRNA 丰度低至十万分之一仍能被检测出；可使用几种不同颜色的荧光染料标记探针，这样进行一次杂交就可以同时分析不同细胞间基因表达的差异。但是，cDNA 微阵列的主要不足是需要机器人点膜和特殊的信号检测分析系统，成本很高，点在玻璃片上的阵列不能重复使用。

DNA 微阵列或 DNA 芯片几乎可用于所有核苷酸杂交技术的各个方面，而且可以同时比较成千上万个基因的表达状况，在 DNA 序列分析等方面具有相当大的优越性。

六、比较基因组学

（一）概述

比较基因组学（Comparative Genomics）作为一门重要的工具学科，是在基因组图谱和序列分析的基础上，对已知的基因组进行比较，来揭示基因的功能、表达机理，阐明物种进化关系的学科。

传统的 DNA 序列比较，是基于序列与已注释的基因序列的比较而获得相应信息，但并不能进行大规模功能元件的检测，而比较基因组学通过对不同物种的基因组数据进行比较分析，揭示彼此的相似性和差异性，以了解不同物种进化上的差异，综合这些信息能进一步帮助我们了解物种形成的机制、基因或基因组上非编码区的功能，尤其是人类全基因组序列的分析与比较使比较基因组学成为整个生物学领域最新、最重要、进展最快和影响最大的学科之一。

比较基因组学分析主要有三个方面：基因组结构、编码区域和非编码区域。

（二）比较基因组学应用

1. 基因组结构的比较 基因组结构的比较是在基因组测序的基础上，对基因组的核苷酸组成、基因顺序等进行对比，找出其相似性和不同，以提供个体的进化信息并指出个体基因组的独有特性。如果生物之间存在很近的亲缘关系，那么它们的基因组就会表现出共线性，即基因序列的部分或全部保守，基因顺序的变化在一定程度上能反映基因组的进化距离，因此，在 DNA 水平上识别共线性区域，分析不同基因组断点的组成，有助于提供基因组进化的信息。一个物种的基因组编码了成千上万的基因，以 16S RNA 一个序列的差异代表整个生物体的差异来研究物种间的进化关系是不全面的，而在全基因组水平上构建的进化树会更加合理地阐述物种之间的进化关系。

2. **新基因的发现**　比较基因组学的方法是发现新基因的重要手段，比如酵母基因组的大约 60% 的基因是通过序列比较分析得到的。人基因组的基因数目大约 2.5 万个，其中只有一小部分被人们认知，通过比较基因组学可以有效地发现新的基因，如将小鼠的 Syntenic 区域与人基因组比较发现了 H4f5 基因。

电子克隆（in silicon cloning）是利用生物信息学技术，借助电子计算机强大的运算能力，通过表达序列标签（EST）或基因组序列的组装和拼接获得相关序列，进而利用 RT-PCR 快速克隆功能基因的一种方法，它是伴随着基因组计划和 EST 计划发展起来的基因克隆新方法。1991 年，亚当斯（Adams）等首次利用 EST 发现了新基因，使得 EST 在发现新基因、基因组作图和鉴定基因组序列的编码区方面发挥了重要作用。

3. **发现功能性 SNP**　单核苷酸多态性（SNP）是指在基因组水平上由于单个核苷酸位置上存在转换或颠换等变异所引起的 DNA 序列多态性。SNP 在基因组中有较高的密度，为研究个体差异、生物进化提供了非常有力的数据，虽然人体基因组的差异很小，但 SNP 的差异导致表型的差异十分显著。比较基因组学提供了从庞大的基因组中找到功能性的 SNP 的有效手段，SNP 的检测也已实现了自动化，检测效率大大提高，通过比较不同个体和物种的基因组序列，高通量地寻找功能性 SNP。

4. **拷贝数多态性（CNP）**　2004 年，研究发现，表型正常的人群中有些人丢失了大量的基因拷贝，而另一些人则拥有额外、延长的基因拷贝，这种不同个体在某些基因的拷贝数上存在差异的现象就是基因拷贝数多态性（Copy Number Polymorphism，CNP）。由于 CNP，不同个体在疾病、食欲和药效等方面存在差异。以前，人们对基因组内的 CNP 数量和分布知之甚少，随着对"基因拷贝数量多态性"认识的不断深入和全基因组测序、基因芯片技术的发展，这种状况也在逐渐改变，人类对自身的遗传机制将有更深入的认识，这也将有助于人类战胜多种顽症。

5. 基因组中非编码区域的结构与功能研究 基因组间保守的区域并不全是编码蛋白质的基因，很多保守区域并不编码任何蛋白，即所谓的非编码区基因，也称"垃圾 DNA"或"基因荒漠"。非编码区在基因组中占据相当大的比例，对非编码区的研究也成为后基因组时代的巨大挑战。

非编码区包含大量非编码的 DNA 和 RNA，在生命活动中扮演着重要的角色，发挥着重要的作用。研究表明，非编码区具有调控其他基因表达的功能，比如调控元件，具有重要调控功能的非编码序列，非编码区研究的一个重要内容，分析和识别这些调控元件及功能是理解基因组行为和转录调控机制的重要步骤。通过对人、小鼠、青蛙和鱼的 DACH1 基因及其邻近的非编码区进行序列比对，发现了在脊椎动物进化过程中保持稳定的一些基因，还发现部分非编码区 DNA 能提高 100 万个碱基对以外的基因的活性。

对非编码区的研究离不开相关数据库，这些数据库主要有转录因子数据库 TRANSFAC、转录调控区域数据库 TRRD、JAS-PAR 数据库。

七、基因芯片（gene chip）技术

前面已经提到了基因芯片技术，但是作为综合了电子、机械、化学、物理学、计算机等技术的高通量的新型分析技术，目前已成为后基因组时代生命科学研究的强有力的工具之一，有必要对其进行更为详细的阐述。

20 世纪 90 年代，随着基因组学迈进后基因组时代，研究的重点将由发现基因转向探索基因的功能。如何大规模研究基因的功能，特别是基因的相互作用和调控关系，迫切需要一种新的方法能以大规模、高通量的方式进行成千上万个基因在各种生理状态下表达状况的研究，基因芯片技术满足了这种需求。1991 年，美国 Affymetrix 公司生产了世界上第一块寡核苷酸基因芯片。1995 年，美国 Stanford 大学成功研制第一块以玻璃为载体的基因微矩阵芯片，标志着基因芯片技术步入了广泛研究和应用的时期。

（一）基本原理

基因芯片技术主要是基于杂交测序原理研制而成的，是一种使待分析样品与芯片中已知碱基顺序的片段互补杂交，从而确定样品中的核酸序列和性质，并对基因表达量及其特性进行分析的技术。具体来说，首先是将大量的 DNA 探针高密度有序地排列在固相载体上，称之为基因芯片，将标记的样品与固定在芯片上的探针杂交，通过对杂交信号的比对和检测，可获得样品的基因序列和表达水平的信息。由于此技术同时将大量探针固定于支持物上，所以可以一次性对大量样品序列进行检测和分析，而且通过设计不同的探针阵列、使用特定的分析方法可使该技术应用于基因表达谱测定、实变检测、多态性分析、基因组文库作图及杂交测序等。

基因芯片按照探针不同可分为寡核苷酸芯片和 cDNA 芯片；按用途可分为表达谱芯片、诊断芯片、指纹图谱芯片、测序芯片和毒理芯片等；按基因芯片所用的载体材料可分为玻璃芯片、硅芯片、陶瓷芯片。

（二）基因芯片设计与制备

1. 基因芯片的合成　目前将基因片段固定到支持物的方法总体有两种：

（1）原位合成法：主要是光引导原位合成技术，在固体表面直接合成 DNA 探针，每一个探针都是由 A、T、G、C 4 个碱基由下而上堆积而成。在合成碱基单体的 5′-羟基末端连接上一个光敏保护基，利用光照使羟基脱保护，在生长的链上加上一个碱基，这个过程反复进行直至合成完毕。该方法可在成千上万个位点同时进行合成来实现在特定位点合成大量预定寡核苷酸序列或寡肽的目的。

（2）交联法：先采用 PCR 扩增或化学法合成寡聚核苷酸探针序列，

用点样设备将探针固定在固体表面。主要点样方法有两种，一种是直接点样法，用含有多个打印/喷印针的打印/喷印头的点样仪，将探针从多孔板取出，直接打印或喷印于载体上；二是电定位法，将带正电荷的硅芯片氧化制成 1mm×1mm 的阵列，每个阵列含多个微电极，在每个电极上通过氧化硅沉积和蚀刻制备出样品池，将连接链亲和素的琼脂糖覆盖在电极上，在电场作用下生物素标记的探针即可结合在特定电极上。

2. **待测样品标记** 为便于检测杂交信号，待测样品在与芯片探针进行杂交前必须进行标记。放射性同位素、荧光素等均可用作标记物，其中最常用的是荧光素。标记可在 PCR 扩增或逆转录过程中加入荧光标记的 dNTP 来完成。为提高芯片的准确性，在多态性和突变检测型基因芯片中采用多色荧光标记可扩大检测范围。

3. **杂交及杂交信号检测** 基因芯片同靶基因的杂交与一般的分子杂交过程基本相同，将经标记的样品与基因芯片进行杂交，反应的时间、温度以及缓冲液配比等条件由所采用的仪器自动控制，仅需数秒钟，便可完成。杂交完成后，要对基因芯片进行"读片"，用芯片扫描仪采集芯片上的杂交信号，利用相关软件进行定量或定性比较，最终获得待测样品的相应信息。Affymetrix 的基因芯片的分析系统中采用了基因阵列扫描仪和专用的基因芯片工作站，几分钟就可完成一幅包含数万个探针位点的基因芯片图样的分析，采用这种分析手段，在短短的几十分钟至数小时内，就可以完成用传统方法需要数月才能完成的几万乃至几十万次杂交数据的分析。

（三）基因芯片技术的应用

基因芯片技术作为一种多基因分析的技术具有独一无二的优势，可以同时分析成千上万的基因数据，这种高通量模式使得基因研究效率也成千上万倍地突增，在生命科学研究领域中担负着极其重要的使命，自其问世起就得到了广泛的应用，被评为 21 世纪最有发展前途的 20 项高新技术之一。目前主要应用于以下领域：

1. **基因表达分析** 基因芯片技术在分析基因的表达中具有不可比拟的

优势，NIH首脑瓦默斯(Harold Varmus)在美国细胞生物学1998年年会上说：
"在基因芯片的帮助下，我们将能够监测一个细胞乃至整个组织中所有基因的行为"。

基因芯片具有高度的敏感性和特异性，可以在一张芯片上对基因组的全部基因或表达序列标签进行检测，研究众多基因表达与否及其表达丰度，而且能用很少的样品提供有关基因差异表达的信息，这对疾病的诊断、治疗提供了有用的信息。

2. **基因组测序**　基因芯片可以进行高效快速测序，测序原理是杂交测序法。在一块基因芯片表面固定了序列已知的八核苷酸的探针，当溶液中带有荧光标记的核酸序列与基因芯片上对应位置的核酸探针产生互补匹配时，通过确定荧光强度最强的探针位置，获得一组序列完全互补的探针序列，据此可重组出靶基因的序列。

3. **基因型和多态性分析**　不同种群和个体之间，基因型有多种，而这往往与遗传性疾病有着密切的关系，分析这些基因的多态性与生物功能和疾病的关系是研究的方向之一。由于大多数遗传性疾病是由多个基因同时决定的，用传统的方法分析起来很难，而基因芯片可以同时对数千甚至更多个基因进行分析，通过基因芯片 SNP（单核苷酸多态性）定位试验，可以确定基因多态性和疾病的关系、致病的机制和病人对治疗的反应等。对于许多与人类疾病密切相关的致病微生物，也可对其进行基因型和多态性分析。

4. **疾病的诊断与治疗**　从分子生物学的角度看，外源基因的侵入和内源基因的突变引起的基因变化导致了疾病的发生。使用基因芯片技术对基因及其异常表达的分析研究疾病，有助于阐明疾病的发生、发展规律，使疾病的诊断更简便高效。肿瘤是利用基因芯片研究最多的疾病，利用基因芯片技术可随时获取肿瘤细胞生长各期与肿瘤生长相关的基因表达模式，同时还可以比较正常细胞和肿瘤细胞中相关基因表达的变化，发现新的肿瘤相关基因，作为药物筛选的靶标。

5. **药物的研究和开发**　基因芯片可以对生物体的多个参数同时进行研究以发掘药物靶点，同时可以获取大量其他相关信息。基因芯片技术能够直接分析用药前后不同组织、器官基因表达谱的变化，构建基因表达图谱，而不需要对化合物的作用机制充分了解，通过基因表达的增加或减少，分析病理学、生理学的原因，高效率地筛选出新的药物或先导化合物，省略了大量的动物实验，缩短药物筛选周期，从而促进新药的研发。

第三节　基因组学技术发展趋势

目前基因组学的研究已经由单一组学研究向多组学研究，从基础型研究向应用型研究过渡，全景式的相关组学研究更是已经成为现实。人类基因组的研究在一定程度上代表了基因组学的发展方向，从人类基因组计划，到人类单体型图谱研究计划，到国际癌症基因组计划，再到 2007 年启动的人宏基因组研究计划，均是利用基因组学的方法，解读人体基因组，联合人类基因组图谱，进而研究相应基因功能，为进一步将研究成果应用（如临床分子诊断、分子育种等）提供指导，破解人类复杂的疾病之谜。目前的基因组学研究已经在基因组、外显子组、转录组、表观基因组、宏基因组等多水平上展开，也取得了一些可以指导临床应用的成果，如对结直肠癌患者的 KRAS 基因型进行检测，还可根据不同的基因型，选择不同的特效药，从而指导患者接受最佳治疗，实现个体化治疗。

基因组学，与其他"组学"一起，将重塑整个生物医学领域，并已经从实验室走进临床，成为以 5P（Prediction、Prevention、Participation、Personalization、Precision）为特征的 21 世纪医学研究的重要方面。

（李薇）

参考文献：

李晓明，杨莹，彭辉等 .2015. 全基因组测序在医学应用进展 [J]. 基因组学与应用生物学（05）:1071–1075.

刘学军，童继平，李素敏等 .2010.DNA 标记的种类、特点及其研究进展 [J]. 生物技术通报（07）:35-40.

罗建红 .2012. 医学分子细胞生物学 [M]. 北京：科学出版社 .

屈伸 .2008. 分子生物学实验技术 [M]. 北京：化学工业出版社 .

陶彦彬，蒋建雄，易自力等 .2007. 功能基因组学及其研究方法 [J]. 生物技术通报（05）:61-64.

滕牧洲，马文丽 .2014. 走近医学研究领域中的基因芯片技术 [J]. 分子诊断与治疗杂志（06）:361-365.

田李，张颖，赵云峰 .2015. 新一代测序技术的发展和应用 [J]. 生物技术通报（11）:1-6.

吴士良 .2014. 医学生物化学与分子生物学 [M]. 北京：科学出版社 .

杨焕明 .2012. 基因组学方法 [M]. 北京：科学出版社 .

杨金水 .2013. 基因组学 [M]. 北京：高等教育出版社 .

于静静，王磊，刘全俊 .2015. 纳米孔单分子分析技术研究进展 [J]. 材料导报（05）:110-115.

Dewey FE, Grove ME, Pan C, et al.2014. Clinical interpretation and implications of whole-genome sequencing[J].JAMA,311（10）:1035- 1045.

Frazer KA, Elnitski L, Church DM, et al.2003. Cross-species sequence comparisons: a review of methods and available resources[J]. Genome Research,13（1）:1-12.

Genomes Project C, Abecasis GR, Altshuler D, et al. 2010. A map of human genome variation from population-scale sequencing[J]. Nature,467（7319）:1061-1073.

Gerhold D, Rushmore T, Caskey CT. 1999.DNA chips: promising toys have become powerful tools[J]. Trends in Biochemical Sciences,24(5):168-173(166).

Hieter P, Boguski M. 1997.Functional genomics: it's all how you read it[J]. Science,278（5338）:601-602.

Maxam AM, Gilbert W.1992. A new method for sequencing DNA. 1977[J]. Biotechnology,74（2）:560–564.

Mulshine JL. 2013.Advancing patient–centric genomic medicine[J]. Oncology,27（9）:827.

Schaefer BC. 1995.Revolutions in Rapid Amplification of cDNA Ends: New Strategies for Polymerase Chain Reaction Cloning of Full–Length cDNA Ends[J]. Analytical Biochemistry,227（2）:255–273.

Stoddart D, Heron AJ, Klingelhoefer J, et al.2010.Nucleobase recognition in ssDNA at the central constriction of the alpha–hemolysin pore[J]. Nano Letters,10（9）:3633–3637.

Zhou X, Ren L, Meng Q, et al.2010. The next–generation sequencing technology and application[J]. Protein & Cell,1（6）:520–536.

Brown, A.L., Gallieer, G.1972. A new method for sequencing DNA [J]. Biochemistry, M.J.1965 564.

Stchcian, H., 2013. A general peptide nucleic acid procedure [J]. Chakraa...

Maxam A.M., Gilbert W. A new method to read of of Chain chain A...

Sranger.F., Nicelsson, S. Chain Reaction Chanee of the length [M].a Polad [J]. Analytical IS trainen S. 227 (12) ,324-27.

Stodden D.J.Bergo., 37 Chemicaley. N. 2010 . nucleobase Seouification.

第八章　蛋白质组学技术

第一节　概述

随着人类基因组计划的完成和对基因组深入的研究发现单纯依靠基因组信息并不可能完全揭示生命的奥秘，因为蛋白质才是生物功能的体现者。在这种背景下，蛋白质组学应运而生。蛋白质组学是以生物体的全部或部分蛋白为研究对象，研究它们在生命活动过程中的作用与功能。蛋白质组学较之前的基因组学对于生命现象的解释更直接、更准确。蛋白质对生命活动的直接作用比基因复杂得多。对于某一种生物或有机体来说，基因组是唯一的，而蛋白质组随细胞的种类、功能、生理状态、环境条件和病理状态而不断变化。

近几年，蛋白质组学研究技术已被应用到各种生命科学领域，如：细胞生物学、神经生物学等。在研究对象上，覆盖了原核微生物、真核微生物、植物和动物等范围，涉及各种重要的生物学现象，如信号转导、细胞分化、蛋白质折叠等。它将成为寻找疾病分子标记和药物靶标最有效的方法之一，该研究对探讨重大疾病的机理、疾病诊断、疾病防治、新药开发具有重要意义。

一、蛋白质组学

（一）蛋白质组学的概念

蛋白质组学（proteomics）的概念于1994年，由澳大利亚麦考瑞大学威尔金斯（Wilkins）和威廉姆斯（Williams）在意大利西耶那的双向凝胶电泳（two-dimensional electrophoresis，2-DE）会议上首先提出，并于1995年7月见刊于电泳杂志。蛋白质组学是以一个基因组、一个细胞、生物体的全部或部分蛋白为研究对象，研究它们在生命活动过程中的存在形式、作用、功能等，从整体角度分析动态变化的蛋白质组成、表达水平与修饰状态，了解蛋白质之间的相互作用与联系，揭示生命活动规律。

（二）蛋白质组学的分类

蛋白质组学按研究目标可分为两大类，即表达蛋白质组学（expression proteomics）与结构蛋白质组学（structure proteomics）。另外，我国学者李伯良提出了"功能蛋白质组学（Functional Proteomics）"的概念，即把"功能蛋白质组"作为主要研究内容。

1. 表达蛋白质组学　把细胞或组织中的蛋白建立蛋白定量表达图谱，或扫描表达序列标记（Expressed Sequence Tags，EST）图。此法依赖2-D凝胶图和图像分析技术。

2. 结构蛋白质组学　定位蛋白质在亚细胞结构中的位置，通过纯化细胞器或者使用质谱仪鉴定蛋白复合物组成等，从而确定蛋白质的结构或蛋白质-蛋白质之间的相互作用。

（三）蛋白质组学的研究内容

1. 蛋白质的表达模式　在生理、病理或不同发育状态下蛋白质组表达差异蛋白质信息库；蛋白质及其组成质点的分离、分析、鉴定。

2. 蛋白质的功能模式　蛋白质结构分析；蛋白质之间相互作用、翻译后修饰、细胞定位等。

（四）蛋白质组学的应用与发展

目前研究主要有以下几个方面：癌症、器官移植排异、神经性疾病、心血管疾病、糖尿病、肥胖症等人类重大疾病的临床诊断和治疗。蛋白质组技术前景十分诱人，国际上许多大型药物公司正投入大量的人力和物力进行蛋白质组学方面的应用性研究。1996年，澳大利亚建立了世界上第一个蛋白质组研究中心：Australia Proteome Analysis Facility（APAF）。丹麦、加拿大、日本也先后成立了蛋白质组研究中心。2001年4月，在美国成立了国际人类蛋白质组研究组织（Human Proteome Organization, HUPO），随后欧洲、亚太地区都成立了区域性蛋白质组研究组织，试图通过合作的方式，融合各方面的力量，完成人类蛋白质组计划（Human Proteome Project）。国际上蛋白质组研究进展十分迅速，不论基础理论还是技术方法，都在不断进步和完善，多种细胞的蛋白质组数据库已经建立，相应的国际互联网站也层出不穷。

第二节　蛋白质组学相关技术原理

蛋白质组学研究主要依赖4大技术：蛋白质分离技术、蛋白质鉴定技术、蛋白质相互作用分析及生物信息学。

一、蛋白质样品制备技术

蛋白质组研究的第一步是制备蛋白质样品，这是最关键的一步。样品制备步骤主要包含四步，分别为：①破碎组织细胞；②沉淀蛋白；③纯化蛋白；④浓缩定量。通常可以用细胞或组织中的全蛋白组分进行蛋白质的分析，也可以进行样品分级，即采用各种方法将细胞或组织中的全蛋白分成几部分，分别进行蛋白质组的研究。样品主要根据蛋白质的溶解性和蛋白质在细胞中不同的细胞器定位进行预分级，如专门分离出细胞核、核糖体、细菌细胞壁、叶绿体、线粒体等的蛋白质成分。样品预分级不仅可以提高低丰度蛋白质的上样量和检测，还可以针对某一细胞器的蛋白质组进行分析，通过采用亚细胞分级、液相电泳和选择性沉淀等方法对蛋白质样品进行分级处理，可降低样品的复杂性并富集低丰度蛋白质。当前最简单有效的处理是采用分级抽提，按样品溶解度不同进行分离。

（一）样品的类型

①整体样品；②组织样品；③细胞样品；④可溶性样品。

（二）样品制备基本原则

从蛋白质组大规模研究的角度而言，要求样品制备尽可能获得所有的蛋白质，但是由于蛋白质种类多、丰度不一和物化特性多样等，要真正达到全息制备具有相当大的难度，在样品处理中必须遵循一定的原则，选择合理的方式方法。

样品处理主要原则如下：

① 要避免蛋白质丢失，所以样品处理方法尽量简单。

② 选择合适的细胞破碎法，以最小限度地减少蛋白质水解和降解。对于组分比较简单的样品，或者用于分析某一特定的细胞器，通常采用温和的裂解方法，例如渗透裂解、冻融裂解、裂解液裂、酶裂解等方法；难于破碎的细胞，如固体组织内的细胞，或具有坚硬细胞壁的细胞，如酵母细胞，则采用剧烈的蛋白裂解法，例如超声裂解、压力杯、研磨法、机械匀浆、玻璃珠匀浆等方法。

③ 防止蛋白质水解，当进行细胞裂解时，蛋白酶会释放出来，其会导致某些蛋白质降解而使双向电泳图谱的分析复杂化，因此，使用蛋白酶抑制剂防止蛋白裂解，常用的抑制剂有苯甲基磺酰氟（PMSF）、4-（2-氨乙基）苯磺酰氟盐酸盐（AEBSF）、金属蛋白酶抑制剂乙二胺四乙（EDTA）、肽蛋白酶抑制剂、乙二醇双四乙酸（EGTA）、苯丙氨酰氯甲酮（TPCK）、亮抑酶肽（leupetin）、甲苯磺酰赖氨酸甲酮（TLCK）、甲苯磺酰等。

④ 新配制样品裂解液或分装冰冻储存，切勿使样品反复冻融。

⑤ 通过超速离心去除颗粒物，防止杂质堵塞凝胶孔隙。

⑥ 加入尿素后加温不要超过 37 ℃，因提高温度能使尿素转化为异氰酸酯，它能对蛋白质进行修饰。

（三）样品中蛋白质沉淀

蛋白质沉淀可被用来浓缩样品，也能被用来将蛋白质从可能的干扰物中分离。主要的干扰物包括：盐离子、去污剂、核酸、脂类等。干扰物分离后，再将沉淀物溶在样品液中，某些蛋白在沉淀后并不容易重悬，因此，在样品制备中使用沉淀方法有可能改变样品蛋白的成分。常用的沉淀法有：盐析、三氯醋酸沉淀（TCA 沉淀）、丙酮沉淀、在丙酮中用 TCA 沉淀等。

（四）干扰物质去除

样品中非蛋白质的不纯物质可能干扰蛋白质的分离及二维电泳图谱的质量，因此，在样品制备中需考虑清除这些杂质，这些杂质包括：样品制备过程中带来的盐、残留缓冲液和其他带电小分子、内源性的带电小分子（核苷、代谢物、磷脂等）、小离子分子、离子型去污剂、核酸、多聚糖、脂类及酚类化合物。

（五）实验操作举例

1. 超声破碎法提取细胞蛋白质实验步骤

① 取对数生长期的细胞，弃去培养液，PBS 洗三次。

② 加入 PBS，用橡胶刮收集细胞，转入离心管中。

③ 3000rpm/min，离心 5min。

④ 弃上清，PBS 洗 3 次（3000rpm/min，5min）。

⑤ 离心管中加入 1mLPBS，重悬细胞，转入 Eppendorf 管中，3000rpm/min，离心 5min。

⑥ 弃 PBS，加入 5 倍体积的细胞裂解液，混匀，移入 1.5mL 的 Eppendorf 管，冰浴中以最大功率超声破碎细胞（3 次 ×10s）。

⑦ 在 15℃下，12000rpm/min，离心 1h，取上清，用 Bradford 法进行蛋白质定量，分装，-80℃保存备用。

2. 三氯醋酸/丙酮沉淀法提取组织蛋白实验步骤

① 冰上取材，称湿重，置液氮中冻存或直接进行下一步。

② 在液氮中研碎样品或使用机械匀浆器磨碎组织。

③ 将粉末悬浮于含 DTT（0.2% w/v）的 10% 三氯醋酸（w/v）的丙酮溶液中。

④ -20℃下，蛋白沉淀过夜。

⑤ 4℃，12000rpm/min，离心 30min。

⑥ 将沉淀重悬于含 0.2%DTT 的预冷丙酮中。

⑦ –20℃放置 1h。

⑧ 4℃，12000rpm/min，离心 30min。

⑨ 在通风橱中让丙酮充分挥发，得到干燥的沉淀。

⑩ 用裂解液重新溶解沉淀，50–100mg 组织加入裂解液 1mL。

⑪ 15℃,12000rpm/min，离心 1h。

⑫ 用 Bradford 法进行蛋白质定量，分装，–80℃保存备用。

二、蛋白质样品分离技术

蛋白质样品分离技术有亲和层析技术、电泳技术等。下面主要介绍最经典的双向电泳技术。

（一）双向电泳技术的原理

1975 年,意大利生化学家奥法雷尔（O′ Farrell）发明了双向电泳（two–dimensional gel eldctropgoresis，2–DE）技术。该技术应用两个不同分离原理为依据进行分离，即利用蛋白质分子的等电点（PI）和相对分子量的不同进行分离。双向电泳所得结果的斑点序列都与样品中的单一蛋白对应，因此，上千种蛋白质均能被分离开来，并且各种蛋白质的等电点、分子量、含量均可得出。主要应用于蛋白质组分析、疾病标志检测、药物开发、细胞差异性分析、癌症研究、治疗检测等医学领域。

1. 第一向电泳　等电点聚焦（isoelectric focusing，IEF），简称电聚（electrofocusing），出现于 20 世纪 60 年代中期。该技术不仅克服了一般电泳易扩散的缺点，而且具有分辨力高、重复性好、样品容量大、操作简便迅速的优点。在基础医学研究、临床医学研究、生物学研究等诸方面都得到了广泛的应用。蛋白质的等电点聚焦的原理是在凝胶中加入两性电解质，从而构成从正极到负极 pH 逐渐增加的 pH 梯度，处在其中的蛋白分子在电场的作用下运动，最后各自停留在其等电点的位置上，测出蛋白分子聚焦位置的 pH 值，便可以得到它的等电点。该分离技术采用固定 pH 梯度技术（IPG）可以实现等电点只差 0.001pH 单位的蛋白质的分离，由于其高分辨率的特点，等电点聚焦也可用于检测微量的样品。

（1）pH 梯度的形成：等电点聚焦在一个稳定的 pH 梯度条件下进行。pH 梯度的形成有两种方法：①用两种不同的 pH 缓冲液相互扩散，在混合区形成 pH 梯度，这种 pH 梯度不稳定，常用于制备电泳。②利用载体两性电解质在电场作用下形成自然 pH 梯度，这种 pH 梯度比较稳定，常用于蛋白质样品等电点聚焦电泳。常用的载体两性电解质是一系列脂肪族多氨基、多羧基类混合物，分子量在 300~1000 之间，各组分的等电点既有差异又相接近，等电点的范围在 2.5~11 之间。这类载体两性电解质在其等电点处有较强的缓冲能力和良好的导电性，且化学性质呈惰性。在制备聚丙烯酰胺凝胶时，将载体两性电解质混合于凝胶溶液中，不同 pH 范围等电点聚焦凝胶的载体两性电解质的配方见表 8-1。电泳时凝胶板正极的电极液是磷酸，负极是氢氧化钠。正极呈酸性环境，载体两电解质都带正电荷，但由于等电点的不同，其所带正电荷数量就有差异，电泳时负极涌动的速度也就因此不同。同理，负极呈碱性环境，载体两性电解质带有数量不等的负电荷，以不同速度向正极泳动。根据两性电解质的特性，在泳动过程中又不断与溶液交换质子，改变了溶液的 pH。当达到平衡，不再出现质子的交换时，载体两性电解质达到等电点并各处于自己的等电点区域，随着载体两性电解质等电点梯度的形成，也就形成了 pH 梯度。由于聚丙烯酰胺凝胶具有防对流扩散的作用，使 pH 梯度保持稳定不变。

表 8-1　不同 pH 范围等电点聚焦凝胶的载体两性电解质的配方

pH 范围	载体两性电解质 pH 范围	凝胶中的百分比 /%
3.5~10	3.5~10	2.4
4~6	3.5~10	0.4
	4~6	2
	305~10	0.4
6~9	6~8	1
	7~9	1
9~11	3.5~10	0.4
	0.4	2

（2）电泳板式：主要有垂直管式、水平板式和超薄层水平板式三种。垂直管式特点是体系封闭，能够防止药品被氧化。水平板式等电点聚焦电

泳的最大优点是防止由于电极液的电渗作用而引起 pH 梯度的改变。超薄层水平板式具有节省两性电解质试剂、加样数量多、利于比较不同样品的电泳结果、固定、染色和干燥都很方便迅速的优点。

2. 第二向电泳 SDS– 丙烯酰胺凝胶电泳（SDS—PAGE），利用蛋白质相对分子量差异进行分离，可分离相对分子量在 $100 \times 10^3 \sim 150 \times 10^3$ 的蛋白质。

（二）双向电泳技术的样品的制备

双向电泳的样品处理一般遵循以下几个基本原则：

① 应尽可能减少目的蛋白的损失，避免溶解性低的蛋白质在等电聚焦时由于溶解度降低而沉淀析出。可采用合适的盐浓度提高蛋白的溶解度。

② 使蛋白完全变性，包括疏水性蛋白质，变性使样品蛋白质以分离的多肽链形式存在，破坏其与其他生物大分子的相互作用。注意研究蛋白质 – 蛋白质相互作用或者必须保持蛋白质的生物学功能除外。等电点聚焦通常在含有尿素的变性凝胶系统中进行，使用非离子去垢剂也可以提高分辨率。

③ 减少对蛋白附加修饰。防止蛋白质的化学修饰，包括蛋白质降解、蛋白酶或尿素热分解后所引起的修饰等。

（三）固定 pH 梯度的选择和上样

1. pH 梯度的选择 根据蛋白样品的复杂性和研究目的来选择，有宽范围 IPG（3~7 个单位，pH ≤ 10）和窄范围 IPG（1~1.5 个单位）。常用 pH4~6 变性等电点聚焦凝胶配方见表 8–2。

表 8–2 pH4~6 变性等电点聚焦凝胶配方

组分	用量
水	5.4mL
40% 丙烯酰胺溶液	2.0mL
载体两性电解质溶液 pH3.5~10	48 μL
载体两性电解质溶液 pH4~6	240 μL
尿素	6.0g
10% 过硫酸铵	25 μL
TEMED	20 μL

2.蛋白质上样

（1）上样量：对于双向电泳及银染，100μg 是最佳的上样量。如果要微量制备，则需要毫克级的样品，这种样品往往需要进行预分离和亚分离操作。上样的体积也受到限制，最佳上样体积为 20~100μL。过小的体积使蛋白易于在上样处发生沉淀，而体积过大则易于损失，蛋白样品不能充分进入胶条。

（2）上样方式：分为杯上样和再水化。所选胶条是极碱窄范围（9~12），则选用在阳极上的杯上样方式；所选胶条是极酸窄范围（2.5~5），则选用在阴极上的杯上样方式。对于宽 pH 范围的胶条，大部分电泳分析和微量制备电泳都可用胶内再水化的方式上样。

（四）等电点聚焦电泳条件

为促进样品进入胶条，IEF 开始阶段电压不宜高，一般控制在 200V 以内，之后 1h 之内电压也应控制在 500V 以内。聚焦电压和时间往往需要不

表 8-3　固定 pH 梯度等电点聚焦的一般电泳条件

IPG 参数			胶长 18cm、温度 20℃、最大电流 0.05mA、最大电压 8000V	
再水化上样	分析 IEF	再水化： 30V，12~16h 起始 IEF： 200V,1h:500V,1h;1000V,1h 到稳定状态： 30min 内从 1000V 达到 8000V	1~1.5pH 单位	
			IPG5~6	
			IPG4~5.5	
			3pH 单位	聚焦时间 4h
			IPG4~7	
			4pH 单位	
			IPG4~8	
			5~6pH 单位	
			IPG4~9	
			7pH 单位	聚焦时间 3h
			IPG3~10	
			IPG3~10	
			8~9pH 单位	
			IPG3~2	
			IPG4~12	
	制备衡量 IEF	重新溶胀：30V，12~16h IEF 达到稳定态：IEF 聚焦时间再加大约 50%		
杯上样	200V，21h；800V，2h；1000V，2h 到达稳定态时间参考再水化上样			

断地优化才能获得最佳质量和可重复性的结果。最佳的聚焦时间与样品自身特性、上样方式、IPG 的 pH 范围和胶条的长度均有密切的关系。聚焦不够会导致蛋白分辨率低，结果模糊，但超聚焦会导致蛋白图谱扭曲，凝胶碱性末端的水平纹理以及可能的蛋白丢失。聚焦的一般电泳条件参见表 8-3。

（五）实验操作过程

1. 等电点聚焦电泳操作步骤

① 从冰箱中取 -20℃冷冻保存的水化上样缓冲液（Ⅰ）（不含 DTT，不含 Bio-Lyte）一小管（1mL/ 管），置于室温融解。

② 在小管中加入 0.01g DTT，Bio-Lyte 4-6、5-7 各 2.5mL，充分混匀。

③ 从小管中取出 400mL 水化上样缓冲液，加入 100mL 样品，充分混匀。

④ 从冰箱中取 -20℃冷冻保存的 IPG 预制胶条（17cm，pH 4-7），室温中放置 10min。

⑤ 沿着聚焦盘或水化盘中槽的边缘至左而右线性加入样品。在槽两端各 1cm 左右不要加样，中间的样品液一定要连贯。注意：不要产生气泡，否则影响到胶条中蛋白质的分布。

⑥ 当所有的蛋白质样品都已经加入到聚焦盘或水化盘中后，用镊子轻轻地去除预制 IPG 胶条上的保护层。

⑦ 分清胶条的正负极，轻轻地将 IPG 胶条胶面朝下置于聚焦盘或水化盘中样品溶液上，使得胶条的正极（标有 +）对应于聚焦盘的正极。确保胶条与电极紧密接触。不要使样品溶液弄到胶条背面的塑料支撑膜上，因为这些溶液不会被胶条吸收。同样还要注意不使胶条下面的溶液产生气泡。如果已经产生气泡，用镊子轻轻地提起胶条的一端，上下移动胶条，直到气泡被赶到胶条以外。

⑧ 在每根胶条上覆盖 2-3mL 矿物油，防止胶条水化过程中液体蒸发。需缓慢地加入矿物油，沿着胶条，使矿物油一滴一滴慢慢加在塑料支撑膜上。

⑨ 对好正、负极，盖上盖子。设置等电聚焦程序。

⑩ 聚焦结束的胶条，立即进行平衡、第二向 SDS–PAGE 电泳，或者将胶条置于样品水化盘中，–20℃冰箱保存。补充说明：在第二向分离之前，IPG 胶条中的蛋白质需要与 SDS 进行充分结合，这一步称为胶条平衡。一般采用含有 2% SDS 的 Tris 缓冲液（pH8.8）来平衡。考虑到蛋白需要从胶体中游动出来，这一过程太慢的话会使蛋白在很宽的区带上电泳，一般在缓冲液中加入 6mol/L 尿素和 30％甘油，能大大加快蛋白从胶条中游出的速度。

2. SDS–PAGE 电泳操作步骤

① 配制 12% 的丙烯酰胺凝胶两块，将溶液分别注入玻璃板夹层中，上部留 1cm 的空间，用超纯水、乙醇或水饱和正丁醇封面，压平胶面。约 30min 后，胶凝固。

② 待凝胶凝固后，倒去分离胶表面的超纯水、乙醇或水饱和正丁醇。

③ 从 –20℃冰箱中取出的胶条，先于室温放置 10min，使其融解。

④ 配制胶条平衡缓冲液 I。

⑤ 在桌上先放置干的厚滤纸，聚焦好的胶条胶面朝上放在干的厚滤纸上。将另一份厚滤纸用超纯水浸湿，挤去多余水分，然后直接置于胶条上，轻轻吸干胶条上的矿物油及多余样品。这可以减少凝胶染色时出现的纵条纹。

⑥ 将胶条转移至溶涨盘中，每个槽一根胶条，在有胶条的槽中加入 5mL 胶条平衡缓冲液 I。将样品水化盘放在水平摇床上缓慢摇晃 15min。

⑦ 配制胶条平衡缓冲液 II。

⑧ 第一次平衡结束后，彻底倒掉或吸掉样品水化盘中的胶条平衡缓冲液 I。并用滤纸吸取多余的平衡液。再加入胶条平衡缓冲液 II，继续在水平摇床上缓慢摇晃 15 min。

⑨ 用滤纸吸去 SDS–PAGE 聚丙烯酰胺凝胶上方玻璃板间多余的液体。将处理好的第二向凝胶放在桌面上，长玻璃板在下，短玻璃板朝上，凝胶的顶部对着自己。

⑩ 将琼脂糖封胶液进行加热融解。准备电泳缓冲液。

⑪ 第二次平衡结束后，彻底倒掉或吸掉样品水化盘中的胶条平衡缓冲液Ⅱ。并用滤纸吸取多余的平衡液。

⑫ 将IPG胶条从样品水化盘中移出，用镊子夹住胶条的一端使胶面完全浸在1×电泳缓冲液中。然后将胶条胶面朝上放在凝胶的长玻璃板上。其余胶条同样操作。

⑬ 将放有胶条的SDS-PAGE凝胶转移到灌胶架上，短玻璃板一面对着自己。在凝胶的上方加入低熔点琼脂糖封胶液。

⑭ 用镊子、压舌板或是平头的针头，轻轻地将胶条向下推，使之与聚丙烯酰胺凝胶胶面完全接触。

⑮ 放置5min，使低熔点琼脂糖封胶液彻底凝固。在低熔点琼脂糖封胶液完全凝固后，将凝胶转移至电泳槽中。

⑯ 加入电泳缓冲液后，接通电源，起始时用的低电流或低电压，待样品完全走出IPG胶条，浓缩成一条线后，再加大电流（或电压），待溴酚蓝指示剂达到底部边缘时即可停止电泳。

⑰ 电泳结束后，轻轻撬开两层玻璃，取出凝胶，并切角以作记号。

3. 染色　染色方法包括：考马斯亮蓝、银染、荧光染等，其中银染已成为一种检测2-DE的流行方法，可检测到2~5ng的蛋白质。

4. 图像获取、图谱分析　理论上，一块胶上应当能分离出多达15000种蛋白，然而实际检测到不足一半且必须依赖图像采集硬件及图片分析软件。Image Master 2D Elite软件、2D Database软件、Ettan Progenesis软件、ImageScanner™、Typhoon™多色荧光和磷图像扫描仪一同组成了一个系统，它能对2-D凝胶上的信息进行捕获、存储、评估及描述。

三、蛋白质样品鉴定技术

在蛋白质分离后，需要对单一蛋白质进行鉴定，传统的蛋白质鉴定方法有：埃德曼降解法（Edman degradation）、氨基酸分析法等。在过去的几年中，质谱技术得到广泛应用，已成为蛋白质研究中最重要的鉴定技术。它通过测定蛋白质的质量来判别蛋白质的种类。质谱技术的基本原理是样品分子离子化后，根据不同离子间的荷质比（m/e）的差异来分离并确定分子量。常用两种离子化技术为：①介质辅助的激光解吸 / 离子化（matrix-assisted laser desorption/ionization，MALDI）；②电喷雾离子化（electrospray ionization，ESI）。这些技术能快速而极为准确地测定生物大分子的分子量，结合各种新的质谱分析技术，便可以在各种水平上研究蛋白质并且为蛋白质研究开辟了新的道路。

四、蛋白质组生物信息学

蛋白质组数据库是蛋白质组研究水平的标志和基础。瑞士的 SWISS-PROT 拥有目前世界上最大、种类最多的蛋白质组数据库。丹麦、英国、美国等也都建立了各具特色的蛋白质组数据库。生物信息学的发展已给蛋白质组研究提供了更方便有效的计算机分析软件，特别值得注意的是蛋白质质谱鉴定软件和算法发展迅速，如 SWISS-PROT、Rockefeller 大学、UCSF 等都有自主的搜索软件和数据管理系统。最近发展的质谱数据直接搜寻基因组数据库使得质谱数据可直接进行基因注释、判断复杂的拼接方式。基因组学的迅速推进，会给蛋白质组研究提供更多更全的数据库。

（马艳华　李　薇）

参考文献

郭葆玉 . 2009. 基因组学与蛋白质组学实验技术及常见问题对策 [M]. 北京：人民卫生出版社 .

何华勤 . 2011. 简明蛋白质组学 [M]. 北京：中国林业出版社 .

江松敏，李军，孙庆文 . 2010. 蛋白质组学 [M]. 北京：军事医学科学出版社 .

李维平 . 2010. 蛋白质组学 [M]. 北京：中国农业出版社 .

饶子和 . 2012. 蛋白质组学方法 [M]. 北京：科学出版社 .

辛普森 . 2006. 蛋白质与蛋白质组学实验指南 [M]. 河大澄，译 . 北京：化学工业出版社 .

第九章　测序及人工合成技术

第一节　DNA 序列测定

DNA 序列测定是指分析特定 DNA 片段的一级结构，即碱基的排列顺序或核苷酸的排列方式。DNA 的序列分析是进一步研究和改造目的基因的基础，它是现代分子生物学研究中的一项非常重要的技术，应用相当广泛。例如：在基因的分离、定位、基因结构与功能的研究领域、基因表达与调控、基因片段的合成和探针的制备、基因工程中载体的组建、遗传病的诊治、物种基因组进行测序等方面都用到了 DNA 的序列分析。

DNA 测序技术经过 30 多年的发展，经历了第一代、第二代，目前已经发展到了第三代，不仅实现了 DNA 聚合酶自身内在的反应速度，测序速度显著提高，而且精度可达 99%，能直接测 RNA 序列和甲基化的 DNA 序列。DNA 序列测定可分手工测序和自动测序，应用广泛的手工测序主要包括两种，即：桑格（Sanger）等提出的酶法 – 双脱氧链终止法和马克西蒙（Maxam–Gilber）提出的化学降解法。另外，一些新型技术，如杂交测序法、质谱法、单分子测序法、原子探针显微镜测序法、DNA 芯片法等也使得 DNA 测序技术更加先进。自动化测序方便快捷，多种型号的 DNA 测序仪在临床检测实验室中广为应用。

本节主要介绍常见的测序方法，详细介绍普遍应用的 Sanger 双脱氧链终止法、Maxam–Gilber 化学降解法。

一、基因组测序

DNA 测序技术，又叫基因测序技术。测序技术是基因组学研究的基础和核心技术，是对 DNA 分子的核苷酸排列顺序的测定。

（一）第一代测序技术

双脱氧链终止法（the chain termination method）由英国剑桥分子生物学实验室的生物化学家桑格等人于 1977 年发明，该技术的发明标志着第一代测序技术的诞生。除了双脱氧链终止法，第一代测序技术还包括开启了大片段 DNA 序列快速测定先河的化学降解法。

第一代测序法的优势是其准确率和读长，适合对新物种进行基因组长距离的框架构建及测序长度为 kb~Mb 级别的小规模项目，在人类基因组计划的后期发挥了关键作用，第一代测序技术参与并完成的划时代的研究成果见表 9-1。

表 9-1　第一代测序技术参与的研究成果

时间	研究成果
1977 年	X174 噬菌体基因组，也是完成的第一个基因组测序
1990 年	人类基因组计划启动，应用的就是第一代测序技术
1995 年	第一个活的生物流感嗜血细菌的基因组测序完成
1996 年	第一个真核生物酿酒酵母基因组测序完成
1998 年	第一个多细胞真核生物线虫基因组测序完成
2000 年	第一个植物拟南芥基因组测序完成
2001 年	人类基因组序列草图公布
2004 年	人类基因组的常染色质序列完成

1. Sanger 测序法　Sanger 测序法，又称双脱氧链终止法或酶法，是一种基于 DNA 聚合酶合成反应的测序技术。

（1）基本原理：生物体内，在 DNA 聚合酶作用下，以单链 DNA 为模板，以寡聚核苷酸为引物并将测序引物一端进行放射性标记，将脱氧核糖核苷酸（dNTP）底物加到引物的 3′−OH 端，使引物延伸链的延长通过引物的 3′−OH 基，与脱氧核糖核苷酸底物的 5′−磷酸基团，生成磷酸二酯键，通过这种磷酸二酯键的不断形成，新的互补 DNA 得以从 5′→3′ 延伸。在体系中加入 2,3−双脱氧的 A, C, G, T 核苷三磷酸，即称为 ddATP，ddCTP，ddGTP，ddTTP 的底物时，该底物的 5′−磷酸基团是正常的，能够加到正常核苷酸的 3′−OH 基末端，但其自身 3′−OH 基团由于脱氧而不存在，下一个核苷酸不能通过 5′ – 磷酸与之形成磷酸二酯键。在 4 组独立的酶反应体系中，在底物 dNTP 中分别加入 4 种 ddNTP 中的一种，在掺入 ddNTP 的位置链延伸终止。结果会产生 4 组分别终止于模板链的每一个 A、每一个 C、每个 G 和每一个 T 位置上的具有相同 5′ – 引物端和以 ddNMP 残基为 3′ 端结尾的一系列长短不一的混合物。通过高分辨率变性聚丙烯酰胺凝胶电泳，区分长度差一个核苷酸的单链 DNA，从放射自显影胶片上可直接读出 DNA 上的核苷酸顺序。

（2）双脱氧链终止法的反应体系：

1）模板：纯化的单链 DNA 或热变性、碱变性的双链 DNA，注意要保证纯度和浓度，特别是双链 DNA 模板。

2）引物：人工合成的寡核苷酸，长度为 18-22bp。设计引物时需尽量避免 3 个以上相同碱基重复，特别是 G 或 C，Tm 值范围为 55~60℃，减少发夹结构和引物二聚体形成。

3）DNA 聚合酶：选用合适的 DNA 聚合酶对保证测序质量非常重要。常用的几种酶：①大肠杆菌 DNA 聚合酶 I 大片段（Klenow 片段），此酶是最早用于建立桑格测序的酶。②测序酶（sequenase），该酶是一种经过化学修饰的 T7 噬菌体 DNA 聚合酶，其原来具有很强的 3′ → 5′ 外切酶活性，但经化学修饰后大部分被消除。③耐热 DNA 聚合酶，耐热 DNA 聚合酶应用于以桑格双脱氧链终止法，聚合酶链式反应 PCR 常用该酶。

4）放射性标记 dNTP：传统的 DNA 测序方法都采用 α–^{32}P–dNTP 作为放射性标记物，近年来 α–^{35}S–dNTP 被广泛采用，是由于 ^{35}S 产生较弱的 β 射线，放射自显影图谱具有较高的分辨率和较低的本底，测序反应产物可在 –20℃ 保存一周，而分辨率并不下降。

5）ddNTP：^{32}P 标记或 ^{35}S 标记的四种 ddNTP。

6）用于测序的变性凝胶电泳：①胶长 40cm；②厚度均匀；③浓度为 4~8% 聚丙烯酰胺凝胶；④ 7mol/L 尿素。

（3）双脱氧链终止法的操作流程：

① 利用基因工程的方法获取一定数量的单链待测 DNA 模板。

② 在待测 DNA 片段的 3′ 端合成一段互补的寡核苷酸引物。

③ 制胶。

④ 将待测序列的 DNA 模板、引物、DNA 聚合酶、4 种 dNTP、一种带放射性同位素标记的脱氧核糖核酸（如 $\alpha-^{32}P-dATP$）混合。将此反应物分为 4 等份，每份内再加入一定比例的一种 ddNTP，如此形成 A、T、C、G 四个反应体系，最后在各反应体系中加入 DNA 聚合酶催化 DNA 片段合成。

⑤ 模板引物退火，引物与 DNA 单链模板的 3′ 端进行配对。

⑥ 在适当温度条件下延伸互补链，就可得到四组分别以 A、G、C、T、终止的长短不一的互补链的混合物。

⑦ 将制得的四组混合物全部平行地点样于变性聚丙烯酰胺凝胶电泳板上进行电泳，每组一泳道，四条泳道相邻并列，每条泳道上按产物分子量小→大从正极到负极（胶板的下→上）分离开来，依次排列。由于各产物均带有放射性标记，以上结果经放射自显影，从而制得相应的放射性自显影图谱。

⑧ 将电泳凝胶与 X 光胶片压在一起，于低温下自显影数天，即可得到放射自显图谱，通过该图谱即可直接读出核苷酸的排列顺序。

（4）大片段 DNA 的操作策略：

1）随机法（又称鸟枪法）：将长链 DNA 随机断裂成适于测序的片段，主要方法：① 超声波处理；② DNase I 切割；③ 限制酶消化。随后将随机切割出的子片段分别插入到载体的多克隆部位，进行克隆扩增，对不同的片段分别测序，然后将它们重叠排列，便可连出整体 DNA 的全长序列，或将单个片段序列输入计算机处理，可整合出整个 DNA 序列。

2）嵌套缺失法（又称互套缺失法）：该法的基本原理是基因 DNA 链的一端与载体相连固定，另一端在核酸外切酶的作用下随着时间的延长，较匀速地消化变短，这样可人为获得一组长度不等的从一端开始缺失的 DNA 片段。然后从缺失端开始测序，这样每段的基因起始部分的序列总是与前一基因片段序列的后面部分重合，这样彼此套接可以很准确地测出整个基因的 DNA 序列。

3）引物延伸法：该法是一种定向测序法，基本原理是从基因的 3′ 端，依赖特定引物可合成一定长度的互补 DNA 链，用于测序。再根据该序列，设计新的寡核苷酸作为下一延伸段的引物，如此逐步向前推进，最终测得目的基因的全长序列。

2. 化学降解法　与 Sanger 法不同，化学降解法不需要进行酶催化反应，不会由于酶催化反应而带来误差，能够对未经克隆的 DNA 片段直接测序，特别适用于测定 G 和 C 含量较高的 DNA 片段，以及短链的寡核苷酸片段的序列。

（1）基本原理：首先需要对 DNA 进行化学降解，在进行测序前由双链变为单链，对待测 DNA 片段的一端进行放射性标记，然后将标记 DNA 分为 G、A+G、C+T 及 C，共 4 组反应体系，用与碱基发生专一性反应的化学试剂处理反应体系，即不同的化学试剂处理不同反应体系，通过相互独立的化学反应，分别特异性地针对某一种或某一类碱基进行切割，每组中的每个片段都有放射性标记的共同起点，但长度取决于该组反应针对的碱基在原样品 DNA 分子上的位置，从而产生一系列长度不同且一端被标记的 DNA 片段，然后各组反应物通过凝胶电泳进行分离，通过放射自显影检测末端标记的分子，确定各片段末端碱基，并直接读取待测 DNA 片段的核苷酸序列。

（2）化学法测序的基本步骤：①限制酶消化待测 DNA 得到长度为 100-200bp 的一组片段，纯化回收每 1 个片段作为测序材料。②碱性磷酸酶处理消除 5′ 磷酸。③多核苷酸酶催 ^{32}PdNTP 标记（5′ –OH）末端。④使标记片段变性为单链。⑤分成 4-5 个反应体系分别进行化学处理，严格控制反应条件。DNA 链上每 50-100 个碱基只有 1 个被裂解，这样，每个反应中虽然都在同一核苷酸处断裂 DNA 链，但由于碱基位置不同，产生 1 组不同长度的 DNA 片段。其长度可由几个核苷酸到接近待测 DNA 全长。

⑥聚丙烯酰胺凝胶电泳。⑦放射自显影。⑧4个反应管统一阅读，DNA 4个碱基每个位置都有一个相应的片段，待测DNA全部核苷酸序列就可直接读出。

（3）化学测序法的特异切割：在化学降解法中，专门用来对核苷酸作化学修饰并打开碱基环的化学试剂主要有肼（hydrazine）、硫酸二甲酯（dimethylsμLphate）、哌啶、甲酸、联氨等。表9-2列出了化学降解法常用化学试剂。

表9-2　化学降解法测序的常用化学试剂

碱基体系	化学试剂	化学反应	断裂部位
G	硫酸二甲酯	甲基化	G
A + G	哌啶、甲酸	脱嘌呤	G 和 A
C + T	肼、联氨	打开嘧啶环	C 和 T
C	肼 +NaCl	打开胞嘧啶环	C
A + C	NaOH	断裂反应	A 和 C

（二）第二代测序技术

随着人类基因组计划的完成，基于第一代测序方法在原始数据质量和序列读长方面的优势，不会很快消失，将与新的测序方法并存，但由于速度慢、通量低、成本高等原因，已经无法满足大规模基因组测序高自动化、高通量、低成本的要求，这就促使了以高通量为显著特点的第二代测序技术——超大规模多模板平行测序技术的诞生，可以一次就完成几十万到几百万条DNA分子的测序，使得基因组深度测序和转录组测序变得简单了。第二代测序技术的核心思想是边合成边测序（Sequencing by Synthesis），即通过捕捉新合成的末端的标记来确定DNA的序列，现有的技术平台主要包括Roche/454 FLX、Illumina/Solexa Genome Analyzer 和 Applied Biosystems SOLID system。

1. 焦磷酸测序　焦磷酸测序（Pyrosequencing）技术于1987年由454公司发明，它是新一代DNA序列分析技术，是首个实现商业化的第二代测序技术。该技术利用dNTP在DNA聚合反应时释放的焦磷酸基团（PPi）信号进行测序，该技术不需要电泳，也不需要荧光标记，因此无须荧光分子的激发和检测装置。该方法在油溶液包裹的水滴中扩增DNA，即

emulsion PCR。开始时，每一个水滴中仅包含一个包被大量引物的磁珠和一个连接到微珠上的 DNA 模板分子。将扩增的 DNA 产物加载到特制的 PTP 板上，板上有上百万个孔，每个微孔只能容纳一个磁珠。在测序时，向反应体系中循环加入一种 dNTP，如果该 dNTP 与待测模板配对，在 DNA 聚合酶的作用下，dNTP 插入到延伸的 DNA 链时，释放出一个 PPi（焦磷酸分子）；在 ATP 硫酸化酶催化下，PPi 与 5′ –磷酸硫酸（APS）生成一个 ATP 分子；ATP 分子在荧光素酶（Luciferase）的作用下，将荧光素（luciferin）氧化成氧化荧光素（oxy luciferin），同时产生的可见光信号，被 CCD 光学系统捕获，获得一个特异的检测信号，信号强度与相应的碱基数目成正比。通过按顺序分别并循环添加四种 dNTP，读取信号强度和发生时间，实现 DNA 序列测定。剩余的 dNTP 和 ATP 由三磷酸腺苷双磷酸酶降解。总反应体系包括：测序引物、DNA 模板、酶混合物（DNA 聚合酶、ATP 硫酸化酶、荧光素酶、三磷酸腺苷双磷酸酶）和荧光素。上述原理参见图 9–1 所示。

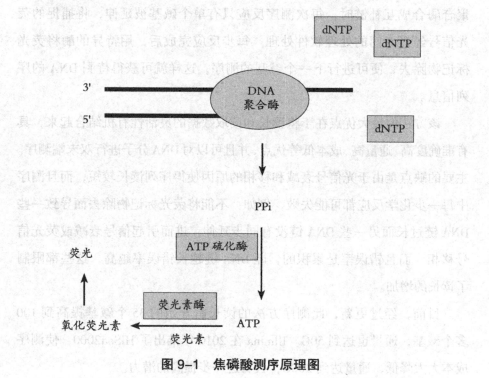

图 9–1　焦磷酸测序原理图

焦磷酸测序技术可以快速、准确地进行短 DNA 序列分析，便于构建标准化操作流程，很适合大样本的快速检测，省时省力、费用低，目前已经逐渐成为实验室非常重要的测序手段，受到越来越多的关注，在遗传学分析、SNP 分析、分子诊断、细菌与病毒分型、药物基因组学等方面都有广泛的用途。但焦磷酸测序技术在原理上存在着缺陷，测序过程中没有终止基团可以停止 DNA 链的延伸，在测定一连串相同碱基区域时，如一连串的 AAAA……，仅依靠光信号的强度来推断其长度，会出现少读或多读一个至几个碱基的情况。

2. 可逆末端终止法——改进的"边合成边测序技术" 在 Sanger 的双脱氧末端终止法测序方法的基础上，经过改进而发展起来的可逆末端终止法（Sequencing by Reversible Terminator），已被用于测序平台 Illumina Genome Analyzer 中。基本原理是用不同的荧光物质分别对四种 dNTP 进行标记，这样每种 dNTP 就会释放出不同的荧光信号，当 DNA 聚合酶合成互补链时，每次测序反应只有单个碱基被延伸，将捕捉的荧光信号经过专门的处理软件处理。每步反应完成后，用特异的酶将荧光标记物除去，便可进行下一个碱基的测序，这样就可获得待测 DNA 的序列信息。

该方法的最大优点在于将读长和读取数据的灵活性有机结合起来，具有准确度高、通量高、成本低等优点，并且可以对 DNA 分子进行双末端测序。主要的缺点是由于光信号衰减和移相的原因使得序列读长较短，而且测序中每一步化学反应都可能失败，例如：不能将荧光标记物除去而导致一些 DNA 链过长而另一些 DNA 链没有同步延伸，进而引起信号衰减或荧光信号移相，而且错误率是累积的，即 DNA 链越长错误率越高，这些都限制了读长的增加。

目前，经过更新，此测序方法的读长由开始的 35 个碱基提高到 100 多个碱基，通量也达到 50G。Illmina 在 2010 年推出了 HiSeq2000，使测序成本大大降低，通量达到 200G，且有进一步提高的潜力。

3. 连接测序 2005 年，Church 实验室提出了连接测序法（Sequencing by Ligation，SBL），利用 DNA 连接酶在连接过程中进行测序，以四色荧光标记寡核苷酸进行连续的连接反应为基础。随后，ABI 公司将该技术发展成商业化的测序技术——SOLiD（Sequencing by Oligonucleotide Ligation and Detection）。

基本原理是以 DNA 连接酶替代 DNA 聚合酶，用部分简并了的寡聚核苷酸替代 dNTP。首先，把待测序列打断成很小的 DNA 片段，在小片段两端加上不同的接头，连接载体，构建 ssDNA 文库；然后 ssDNA 进行 PCR 扩增，并对扩增产物进行 3′ 端修饰，在反应体系中加入连接酶和通用测序引物进行测序，由于每轮反应仅能确定特定位置的碱基，每轮反应结束后测序引物必须向前移动一个碱基，如此循环直到读完所有序列。

连接测序法为两碱基测序（two base encoding），每个位置均被重复扫描两次，由于采用连接酶，保真度和准确度较高，准确度可达 99.94%，每天最多数据产出量可达 20G。

4. 杂交测序技术 杂交测序法（Sequencing by Hybridization，SBH）是在 20 世纪 80 年代末 90 年代初出现的一种新的测序方法，利用 DNA 芯片技术，将一系列已知序列的单链寡核苷酸片段固定在基片上，把待测的 DNA 样品片段变性后与其杂交，根据产生的杂交图谱排列出样品的序列。

SBH 概念的提出是发展 DNA 芯片技术的初衷，其过程是将寡核苷酸探针固定到芯片上，待测样品中带有标记的 DNA 靶标与之配对，当配对的 DNA 有至少 1 个碱基的差异时，就会影响到杂交时的荧光信号强度，根据荧光信号便可知待测的 DNA 序列上相应的碱基特征。在实际操作中，杂交必须保证能够区分完全匹配和不完全匹配的探针，理论上，完全匹配探针的杂交信号比含错配 DNA 的杂交信号要强。

SBH 具有快速、成本低、易于自动化等优点，但最佳杂交条件很难统一，易出现假阳性和假阴性的杂交结果，不能准确地排列重叠序列，所以，该方法不适用于含有许多内部重复和简单序列单元的 DNA。目前该方法主要用于再测序，如 SNP 检测、突变分析、疾病分子诊断、基因分型等。

（三）第三代测序技术

第二代测序技术极大地推动了基因组学的发展，广泛地应用于各研究领域，但它是通过读取碱基连接到 DNA 链上时释放的光学信号间接确定的，对仪器设备要求比较高，且试剂、耗材在测序成本中的比例相当大，读长较短，对后续的序列拼接、组装以及注释等生物信息学分析带来困难。另外，第二代测序技术以 PCR 为基础，扩增后 DNA 片段的数目和扩增前 DNA 片段的数目会有偏差，这对基因表达分析有很大的影响，对大量表达的基因的影响会更大。在此情况下，第三代测序技术应运而生，数据读取速度更快，读长更长，不需要 PCR 扩增，测序成本更低。第三代测序技术的标志是单分子测序和纳米孔技术。

1.**单分子测序** 2008 年，美国科学家 Harris 发明了单分子测序法（Single Molecμle Sequencing, SMS），该方法基于边合成边测序的思想，首先对模板 DNA 进行修饰，测序时，依次加入用不同的荧光素标记的不同的碱基，在 DNA 聚合酶的作用下，核苷酸配对到相应的模板上，激发出荧光，根据采集到的荧光信号确定 DNA 序列。单分子测序法突破了建库扩增的限制，可以直接读取 DNA 序列碱基，这与传统的荧光测序法是不同的，因此测序速度大大提高。

2.**单分子实时测序** 2009 年，Pacific Biosciences（PacBio）公司成功研发单分子实时测序技术（Single-molecμle Real-Time Sequencing, SMRT），该技术有两大特点：一是单分子水平的边合成边测序，二是实时，保证了测序的高精确度和高速度，只要一条 DNA 模板，在碱基合成的过程中就可读出序列。这种技术的核心是零级波导技术（Zero-Mode Waveguides, ZMW），测序前每种 dNTP 都标记不同的荧光物质，且由传统碱基标记改为磷酸基团标记。每个 ZMW 孔内固定有 DNA 聚合酶，由于 ZMW 孔只允许单个核苷酸通过且只有与模板匹配的碱基与聚合酶结合，在荧光检测区被激光束激发出荧光，而其他核苷酸由于停留时间短，不能进入荧光检测区，也就不会干扰 DNA 序列信息的读取。这就好像在 DNA 聚合酶上安装了一个电子眼，直接观察每个合成上是何碱基。

SMRT 完全依靠 DNA 聚合酶，不需要其他化学物质中断聚合反应，是真正的实时测序，荧光基团标记在磷酸基团上，消除了 DNA 合成过程中的空间位阻，测序速度可达每秒 10 个碱基，延长了测序读长，理论上可以达到几千个碱基。如果将 DNA 聚合酶换成 RNA 反转录酶，还可以实现对 RNA 的直接测序。

3. 纳米孔测序　美国科学家 Daniel B. 和 David D. 发明了一种新的测序技术——纳米孔单分子测序技术（Nanopore Sequencing），是近年来发展最快、最热门的技术之一。其测序原理如图 9–2，测序时使用的纳米孔每次只允许一个核苷酸通过，将这种纳米级小孔放在电解液中，很容易就可测定通过纳米孔的电流强度，当 DNA 分子的核苷酸依次通过纳米孔时，通过纳米孔的电流会被阻断而变弱，由于不同核苷酸的空间构象不同，因此阻断电流变弱的程度也不同，检测电流变弱的程度就可判断对应的碱基是什么，从而实现实时测序。这种技术类似电泳，有很好的持续性和准确性，可以在很短的时间内完成基因组测序。

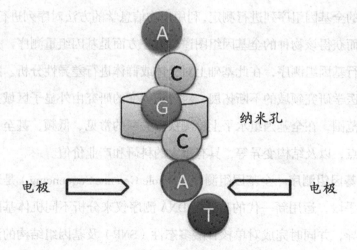

图 9–2　纳米孔测序原理图

（四）高通量测序和全基因组测序

近年来，随着科技的发展以及研究的深入，高通量测序技术以及全基因组深度测序技术越来越受到重视，增加了课题研究的深度以及实验结果的可靠性。

1. 高通量测序技术 高通量测序技术（High-Throughput Sequencing, HTS）又称为下一代测序技术（Next Generation Sequencing, NGS），以能一次并行对几十万到几百万条 DNA 分子进行序列测定等为标志，虽然出现时间不长，但发展很快。高通量测序技术是对传统测序的一次革命性的改变，可以轻松实现一次对几十万到几百万条 DNA 分子进行序列测定，也被称为深度测序（deep sequencing）技术。根据发展历史、影响力、测序原理和技术不同等，主要有以下几种：大规模平行签名测序（Massively Parallel Signature Sequencing, MPSS）、聚合酶克隆（Polony Sequencing）、454 焦磷酸测序（454 pyrosequencing）、Illumina （Solexa） sequencing、ABI SOLiD sequencing、离子半导体测序（Ion semiconductor sequencing）、DNA 纳米球测序（DNA nanoball sequencing）等。

高通量测序在基因组学研究中的应用主要集中于两个方面，一方面是基因组从头测序（denovo sequencing），不需要已知的参考 DNA 序列，可以直接对生物的全基因组序列进行测定，利用生物信息学的方法对序列进行拼接、组装，从而获得该物种的全基因组图谱。另一方面是基因组重测序，是对不同个体进行基因组测序，在此基础上对个体或群体进行差异性分析。随着基因组学在医学研究领域的不断拓展，对致病突变的研究由外显子区域扩大到全基因组范围，在全基因组水平上检测疾病关联的常见、低频，甚至是罕见的突变位点，以及结构变异等，具有重大的科研和产业价值。

2. 全基因组测序 全基因组测序（Whole Genome Sequencing）是通过生物信息学手段，运用新一代的高通量 DNA 测序仪来分析不同机体基因组间的结构差异，并同时完成对单核苷酸多态性（SNP）及基因组结构的注释。

全基因组测序技术的出现对医学领域来说是一次革命性的进步，已经成为疾病研究、临床诊断中重要的手段。通过全基因组测序获得碱基全序列，便于进行全面、精确的分析，破解其包含的信息，加深对疾病发生机制的了解，有针对性地制定相应的应对办法。目前，全基因组测序主要应用于癌症、传染性疾病和遗传性疾病的致病机理的研究方面。通过全基因组测序，可以对癌症中体细胞突变进行鉴定，为癌症的诊断和治疗提供了一种有效的方法，使得癌症的治愈也将成为可能；可以为研究遗传性疾病的发病机制和发现新的突变体提供新的理论依据，对于查找遗传疾病提供新的分子途径，为疾病的预防和治疗提供了新的方向。在疟疾、结核病等传染性流行病学调查和耐药机制的研究中也广泛采用全基因组测序技术，为这些疾病的预防、诊断和治疗提供了新的思路。

全基因组测序的数据分析流程包括质量控制（Quality control）、比对（Mapping）、突变检测（Call variant）、突变注释（Annotation）四个方面。常用的数据分析软件见表 9-3，目前广泛使用的分析流程为"BWA+ GATK + ANNOVAR"。

（1）质量控制：对测序产生的原始数据（Raw data）进行去接头、过滤低质量处理，得到 Clean data 的过程称为质量控制。质量控制能除去大约 5%~15% 部分测序效果较差的序列，提高后续分析的准确性。

表 9-3　全基因组数据分析常用软件

功能	常用软件
质量控制	Trim galore, NGS QC Toolkit, HTQC, NGSQC, Fast QC
比对	BWA, Bowtie, SOAP
检测单个核苷酸变异或插入缺失	GATK, SAMtools, VarScan, SOAPsnp
检测拷贝数变异	SegSeq, CNVnator, ReadDepth, CNAseg
检测结构变异	BreakDancer, LUMPY, CREST, GASV, SVDetect
检测新生突变	RandomForest, DNMFilter, PolyMutt, DeNovoGear
注释	ANNOVAR, GAMES
功能预测	SIFT, Polyphen2_hvar, Polyphen2_hdiv, Mutation Taster, Mutation Assessor, LRT, FATHMM
保守性预测	GERP++, PhyloP, SiPhy, RadialSVM, MetaLR
公共数据库	OMIM, MGI, Cosmic, ClinVar, HGMD
非编码区注释	FunSeq, ENCODE

（2）比对到参考基因组：将质量控制后的 Clean data 比对到参考基因组上，得到每条序列的比对位置、比对质量值等信息。目前最主流的比对软件为 BWA（Burrows-Wheeler Aligner），它能将短序列准确快速地比对到参考基因组上。2013，BWA 发布的新算法 BWA MEM，可以比对 70bp~1Mb 的序列，结果更准确，运行速度也更快。

（3）突变检测：比对好的序列进行去重（Remove duplication）并进行突变的检测。目前主流检测软件为 Genome Analysis Toolkit（GATK），通过两次校正过程以提高突变检测的准确率，准确度非常高，但是速度比较慢。2014 年 3 月，Broad 发布了最新版 GATK（version3.1），在突变检测速度上比原来快 3~5 倍，使全基因组的分析时间从 3 天缩短到 1 天。

（4）注释突变及预测致病基因：每一个全基因组的样品，平均可以检测到大约三百万个突变。需要通过诸如 ANNOVAR 等软件对其进行注释，筛选致病的候选突变并用于后续功能验证，一方面，利用已知突变数据库，去除在数据库中出现频率较高的突变，将剩下的突变注释到基因组上的各个基因区间，获得突变对蛋白质编码的改变情况；另一方面，通过多个疾病数据库将部分已知突变与疾病表型联系起来，并利用预测软件对这些突变进行有害性和保守性预测，最终鉴定导致疾病发生的相关基因及突变。

（五）自动测序

DNA 测序的自动化是在桑格的双脱氧链末端终止法的基础上由美国应用生物系统公司进一步发展起来的激光测序法，其基本原理与末端终止法一样，都是通过 ddNTP 竞争性地终止新合成的 DNA 链。但自动测序克服了放射性核素的污染，操作步骤繁琐、效率低和速度慢等缺点。随着计算机软件技术、仪器制造和分子生物学研究的迅速发展，DNA 自动化测序技术取得了突破性进展，以其简单、安全、精确和快速等优点，已成为今天 DNA 序列分析的主流。

1. DNA 自动测序与手工测序的不同点　①标记物不同：手工测序采用放射性核素标记，而自动测序采用 4 种荧光染料分别标记 ddNTP 或标记引物。②加样方式不同：手工测序的一个样品的 4 个测序反应物分别在不同泳道进行，而自动测序可在一个泳道内同时电泳。③检测手段不同：手工测序采用放射自显影，从 4 种寡聚核苷酸的梯子形图谱中读出 DNA 序列，而自动测序则采用激光扫描器同步扫描，计算机进行阅读和编辑。

2. **基本原理**　自动化测序采用 PCR 测序模式，但只用一条引物，即在反应体系中除了加入正常反应所必需的 4 种 dNTP 外，还加入了一定比例的 4 种荧光染料基团标记的 2′, 3′-ddNTP，DNA 链合成过程中，dNTP 和荧光染料基团标记的 2′, 3′-ddNTP 处于一种竞争状态，结果 DNA 合成反应的产物是一系列长度不等的具有荧光信号的多核苷酸片段。由于这 4 种荧光染料可激发不同颜色的荧光，4 种链终止反应可在同一试管中进行并在同一泳道中判读 4 种碱基，不仅降低了测序泳道间迁移率差异对精确性的影响而且增加了一个电泳样品的数目，能够测定多个样品。最后借助计算机自动处理数据最终得到 DNA 碱基的排列顺序。常用的 DNA 测序仪有 ABI Prism DNA Sequencer 系列的 377、310、3700 和 3730XL 等型号。

第二节　DNA 的化学合成

在生物医学科研领域，DNA 的化学合成广泛用于合成寡核苷酸探针、引物、人工合成基因、反义寡核苷酸等。DNA 的合成方法主要有磷酸三酯法、氢磷酸法、亚磷酸酰胺法等，现在常用的是固相亚磷酸酰胺法，因为它具有快速方便、偶联效率高等优点。

一、固相亚磷酸酰胺三酯法

亚磷酸酰胺三酯法是将 DNA 固定在固相载体上完成 DNA 链合成的，DNA 化学合成不同于酶促的 DNA 合成过程从 5′→3′ 方向延伸。

（一）合成 DNA 的原理

1. **脱保护基**　将预先连接在固相载体 CPG 上的活性基团被保护的核苷酸与三氯乙酸反应，脱去其 5′-OH 的保护基团 DMT，获得游离的 5′-OH。

2. 活化 将质子化的核苷3′–亚磷酸酰胺单体与活化剂四氮唑混合，进入合成柱，形成亚磷酸酰胺四唑活性中间体，其 5′端仍受 DMT 保护，3′端被活化与 CPG 载体上连接碱基的 5′–OH 发生缩合反应。

3. 带帽（capping）反应 缩合反应中会有少量5′–OH 没有参加反应，甲基咪唑或二甲氨基吡啶催化下用乙酸酐乙酰化封闭，使其不能再继续发生反应，这种短片段在纯化时可以分离去除。

4. 氧化 缩合反应时核苷酸单体是通过亚磷酸酯键与连接在 CPG 上的寡糖核苷连接，而亚磷酸酯键不稳定，易被酸、碱水解，此时常用碘的四氢呋喃溶液将亚磷酸酰胺转化为磷酸三酯，得到稳定的寡糖核苷酸。

经过上述几个步骤后，一个脱氧核苷酸就被连接到 CPG 的核苷酸上，再采取上述同样的步骤，即可得到一 DNA 片段样品。

（二）DNA 的化学合成后处理

合成后的寡核苷酸链仍结合在固相载体上，且各种活泼基团也被保护基封闭着，最后要对其进行切割和脱保护基，随后进行纯化和定量。

1. 切割 合成的寡核苷酸链仍共价结合于固相载体上，用浓氨水可将其切割下来。切割后的寡核苷酸具有游离的 3′–OH。

2. 脱保护 切割后的寡核苷酸磷酸基及碱基上仍有一些保护基，这些保护基也必须完全脱去。磷酸基的保护基 β–氰乙基在切割的同时即可脱掉，而碱基上的保护基苯甲酰基和异丁酰基需要在浓氨水中 55℃放置 15h 左右方能脱掉。

3. 纯化 纯化的目的主要是去掉短的寡核苷酸片段、盐及各种保护基等杂质。纯化常用方法有电泳法、高效液相色谱法（HPLC）和高效薄层色谱法等。

4. 定量 Oligo DNA 是以 OD260 值来计量的。在比色皿中,260nm 波长下吸光度为 1 的 1mL Oligo 溶液定义为 1 OD260,1 OD260 Oligo DNA 的重量约等于 33 μg，每个碱基的平均分子量约为 330Da。因此合成的 Oligo DNA 摩尔数可按以下公式近似计算：摩尔数（μmol）=[OD 值 ×33]/[碱基数

×330]

5. **溶解和保存** 真空干燥的 DNA，可以 － 20℃或室温条件下保存，使用时离心，加入足量的超纯水振荡溶解。

（三） 寡核苷酸连接法

化学合成寡聚核苷酸片段的能力一般局限于 150~200bp，而绝大多基因的大小超过了这个范围，因此，需要将寡核苷酸适当连接组装成完整的基因。常用的基因组装方法主要有以下两种：①先将寡聚核苷酸激活，带上必要的 5′ － 磷酸基团，然后与相应的互补寡核苷酸片段退火，形成带有黏性末端的双链寡核苷酸片段，再用 T4 DNA 连接酶将它们彼此连接成一个完整的基团或基团的一个大片段。②将两条具有互补 3′ 末端的长的寡核苷酸片段彼此退火，所产生的单链 DNA 作为模板在大肠杆菌 DNA 聚合酶 Klenow 片段作用下，合成出相应的互补链，所形成的双链 DNA 片段，可经过处理插到适当的载体上。

第三节 蛋白质和多肽的氨基酸序列测定

蛋白质和多肽是由 20 种氨基酸按照一定的顺序通过肽键连接成一长链，然后通过链内、链间的离子键或疏水作用等多种作用力进行折叠卷曲形成一定的构象并发挥其独特作用的。氨基酸的排列顺序即蛋白质的一级结构，一级结构是基础，决定了蛋白质的高级结构及其功能。蛋白质研究、重组蛋白、血液或各种体液的游离氨基酸研究均用到氨基酸序列测定，因此，分析蛋白质的氨基酸序列是进行蛋白质结构功能研究不可缺少的部分。本节主要介绍蛋白质和多肽的 N 端、C 端氨基酸序列分析的原理和方法、进行序列分析前蛋白质和多肽样品的准备。

一、测定蛋白质的一级结构前的准备工作

主要准备工作总结如下：①样品纯度必须在 97% 以上。②测定蛋白质的相对分子质量。③测定蛋白质多肽链种类和数目。④测定蛋白质的氨基

酸组成，并根据分子量计算每种氨基酸的个数。

二、氨基酸组成分析

在蛋白质酶解或测序前，取一定量的蛋白样品进行氨基酸组成分析，根据结果便可推算出蛋白质量的可靠值。

（一）蛋白质或多肽的水解方法

水解是蛋白质氨基酸组成分析的第一步，产物为游离氨基酸，用于后续定性定量分析。根据研究目的、蛋白质种类、样品数量等采取合适的水解方法。常用的水解方法包括：

1. 酸性水解法 HCl 是通用的水解剂。在该条件下，得到的氨基酸不消旋，但天冬酰胺和谷氨酰胺分别被完全水解为天冬氨酸和谷氨酸，色氨酸则被完全破坏，半胱氨酸不能从样品中直接测定，酪氨酸部分被水解液中痕量杂质所破坏，丝氨酸和苏氨酸被部分水解，损失分别为 10% 和 5%。

2. 碱性水解法 碱性水解一般选用 NaOH 和 KOH 作为水解剂。碱水解时，多数氨基酸如丝氨酸、苏氨酸、精氨酸以及半胱氨酸遭到破坏，其他的氨基酸外消旋化，仅色氨酸是稳定的。所以此法仅限于测定色氨酸的含量。

3. 酶水解法 用一组蛋白酶水解肽链，特别适用于对化学水解敏感的氨基酸如天冬酰胺和谷氨酰胺的测定。但反应需要较长的时间，水解的产物为较小的肽段，水解不完全。另外，因为酶本身也是蛋白质，对样品的测定结果可能会有干扰。

4. 微波辐射能水解法 微波是一种高频电磁波，其能量传递是通过分子的极化，微波能量的快速吸收将水解的时间缩短，显著提高了氨基酸组成分析的效率。

5. 膜上蛋白质印迹样品的水解（原位分析） 采用电转移印迹法把样品转移到聚偏氟乙烯（PVDF）膜上，然后在 PVDF 膜上直接进行盐酸水解和氨基酸分析。

（二）特殊氨基酸的保护

不同水解条件下，一些敏感氨基酸如色氨酸和半胱氨酸可能遭水解破坏。因此，水解过程中需要对特殊氨基酸的保护，保证正确测定其含量。

1.色氨酸的保护方法 ①水解酸中加添加剂：例如加入巯基乙酸和 β－巯基乙醇，使色氨酸的回收可达 80%。②有机酸：3mol/L 巯基乙磺酸或 4mol/L 甲磺酸在水解时对色氨酸有一定的保护作用。③酶：利用蛋白酶作为水解剂，条件温和，对天冬酰胺和谷氨酰胺及色氨酸均无破坏作用。④碱：用氢氧化钠和氢氧化钡代替酸水解，可保护色氨酸不被破坏。⑤光谱法：分光光度法与二阶微分光谱法。

2.半胱氨酸的保护方法 ①还原烷化法：产生能抗水解的半胱氨酸衍生物。烷化试剂包括 4－乙烯吡啶和碘代乙酸。②氧化反应：过甲酸氧化反应被用来转化半胱氨酸和胱氨酸成为半胱磺酸再进行测定。

（三）衍生方法及原理

衍生是将氨基酸衍生为有利于测定或分离的化合物。大多数氨基酸不含有芳香环等生色团，无法直接用紫外法检测，需要先将氨基酸衍生为具有较强紫外或荧光吸收的衍生物。从衍生角度看，氨基酸分析可以分为柱后反应法和柱前衍生法两大类。

1.柱后反应法 将游离氨基酸经过色谱柱分离后，各种氨基酸再与显色剂茚三酮、荧光胺、邻苯二甲醛等相互作用。柱后反应比较稳定，对样品预处理要求低，容易定量和自动化操作，但是该法检测灵敏度不高，分析时间长。

2.柱前衍生法 首先氨基酸和化学偶联试剂反应生成氨基酸的衍生物，然后再用色谱柱将各种衍生物分离，直接检测衍生物的光吸收或荧光发射。此法可检测 OPA、PTC－、PTH－、DABS－、Dansyl－ 和 DABTH－ 氨基酸，分析灵敏度高，可利用 HPLC 进行氨基酸分析。

（四）氨基酸定性和定量分析

氨基酸的定性和定量分析一般采用纸层析、薄层层析、离子交换柱层析等方法。采用 HPLC 仪和氨基酸自动分析仪更好。随着仪器的不断改进，一个样品的测定仅需 20min 即可完成。蛋白质中氨基酸的组成一般用每摩尔蛋白质中氨基酸残基的摩尔数表示或每 100g 蛋白质中含氨基酸的克数表示。所以需测定蛋白质的分子量。

（五）测定氨基酸组成的分析方法

几种常见的氨基酸分析方法有：①茚三酮反应；②荧光胺法；③邻苯二甲醛（OPA）法；④磺酰氯二甲胺偶氮苯（Dabsyl-Cl）。

三、蛋白质的末端测定

蛋白质的末端分析的目的是确定其氨基末端残基及羧基末端残基，了解蛋白质分子中肽链的组成情况。末端分析通常采用专一性化学试剂与末端氨基或羧基反应，然后分解出被作用的末端氨基酸加以测定。由于与羧基反应的活化能相当高，所以用于与羧基反应的专一性试剂比较少，而 N 端测定的方法较多。氨肽酶及羧肽酶等外切酶也常有应用。

（一）N- 末端的测定

主要的方法有：①二硝基氟苯法（DNFB 法、Sanger 法）；②二甲氨基萘磺酰氯法（DNS-Cl 法）；③异硫氰酸苯酯法（PITC 法）；④ DABITC 法；⑤氨肽酶法。

（二）C- 末端的测定

C 末端测定方法较少，而且较 N 末端分析误差大。可采用的方法有：①羧肽酶法；②硼氢化锂法（LiBH4 法，还原法）；③肼解法。

（三）封闭 N- 末端的测定

1. **乙酰化 N- 末端** 由于乙酰基与氨基形成的酰胺键比较稳定，在部分酸性水解条件下，有可能产生乙酰基氨基酸，与已知标准化合物对照，也可以应用层析等方法对其加以鉴定。

2. **吡咯烷酮羧酸末端** 牛肝焦谷氨酸氨肽酶能水解出末端的吡咯烷酮羧酸，从而使剩下的有自由氨基端的肽链可以用 Edman 方法递减分析。

3. **甲酰基末端** 甲酰基常以甲酰甲硫氨酸的形式存在于原核体系的初生肽链的端部。甲酰氨键较一般肽键不稳定，所以弱酸条件下在室温处理

48h，可以使甲酰基水解下来。然后可仿照乙酰基的测定方法加以鉴定。

四、亚基拆离、肽链降解和肽段的分离

从蛋白质相对分子质量的测定和 SDS 聚丙烯酰胺凝胶电泳的结果，可以得出蛋白质是否由多个亚基组成，若末端分析只有单一的结果，说明分子由相同亚基组成，无需进行亚基拆开、分离。相反，分子若由两种以上不同亚基组成，首先要将不同亚基之间的连接拆开，并进行分离提纯。提纯后的亚基肽链一般相对分子质量比较大，需要将大的肽链降解成小的肽段，并将肽段提纯，然后才能正式开始顺序测定工作。

（一）亚基拆离和二硫键的断裂

蛋白质由一条以上的肽链组成时，肽链间的结合可能是靠非共价键结合，也可能是靠共价键结合。在进行肽链顺序分析时，首先要将它们分离开来。

若多亚基间以非共价键连接，在温和条件下即可以拆离亚基，如改变溶液 pH，将 pH 降低到 3~4 或升高到 9~10；或者加入变性剂，如 8 mol/L 尿素或 6 mol/L 盐酸胍等。拆离后的亚基可以用凝胶过滤方法进行分离。靠共价键结合的因比较牢固须用特殊的化学作用使其破坏。最常见的是半胱氨酸残基经氧化作用而形成胱氨酸残基，即二硫键结构。主要方法：过甲酸氧化法与还原法。

（二）肽链的部分降解

由于氨基酸顺序测定多数采用 Edman 降解法，它一次能分析肽链长度 10 余个氨基酸残基，所以分离得到的单链如果太长，须将长的肽链断裂成易分析的较短肽链。肽链部分降解的方法要求选择性强、裂解点少、反应率高，一般采用化学裂解和酶解法两种方法。

（三）肽段的分离提纯

肽链经部分裂解得到肽片段必须分离提纯，才能进一步测定其氨基酸顺序。先采用凝胶过滤，得到不同相对分子质量的肽片段组分，同时也脱去了样品中的盐类。然后，肽片段组分可用离子交换层析进一步提纯，也可应用双相高压纸电泳和层析相结合的方法，HPLC 或 FPLC 具有更高的分辨率。

五、肽段的氨基酸顺序测定

目前，进行蛋白质序列测定有两个关键步骤，即：①氨基酸残基一个一个依次从蛋白质和多肽的末端切割下来。可采用化学法或酶法进行裂解。可以从蛋白质和多肽的 N 端进行裂解，也可以从 C 端进行分析。②正确鉴定每次切割下来的氨基酸残基。利用高效液相色谱，对带有生色基团的氨基酸残基进行分离分析。

（一）N 端测序

1. N 端测序原理　①蛋白质和多肽的自由 α - 氨基经与异硫氰酸苯酯（PITC）试剂耦联后，与其紧邻的第二个残基的键合力大大减弱，很容易断裂。②在无水条件下酸裂解，只切下与异硫氰酸苯酯（PITC）试剂耦联的残基。紧邻的第二个氨基酸残基暴露出自由的 α - 氨基，又可与 PITC 进行耦联反应。③噻唑啉酮苯氨—氨基酸（ATZ）ATZ—氨基酸不稳定，在三氟乙酸水溶液（25%）中可转化成稳定的苯异硫尿氨基酸（PTH—氨基酸）。④可以通过薄层层析、气相色谱、高效液相色谱及质谱等各种手段进行分析。近年来由于高效液相色谱技术具有分析速度快、灵敏度高、定性定量准确等诸多优点，并且仪器自身结构也日臻完善，被广泛应用于 PTH—氨基酸的鉴定。通常选用 C–18 反相柱进行分离。

2. N 端测序前样品处理　①采用多种互补有效的手段鉴定样品的纯度，如 SDS–PAGE、反相 HPLC、毛细管电泳、阴离子或阳离子的 FPLC 等。②采用多种有效的脱盐方法如反相 HPLC、凝胶过滤、透析、超滤等，但需注意在进行脱盐过程中除需考虑是否除盐完全外，所用试剂、仪器乃至操作规范也必须是测序级的，应尽量避免引入新的杂质。③疏基修饰。④去除 N 端封闭的基团。

（二）C 端测序

1. C 端测序原理　基于与 N 端 Edman 降解类似的原理，C 端分析采用化学试剂与蛋白质和多肽的 α - 羧基反应，反应后的 C 末端衍生物被切割下来，通过 HPLC 系统进行分离分析。一个完整的 C 端序列分析包括以下几个步骤：①蛋白质和多肽 C 端的自由羧基与乙酸酐反应生成混合酸酐，并进一步环化成噁唑酮，而侧链上的羧基形成的混合酸酐难以成环。C 端的噁唑酮在硫氰四丁铵的作用下，转化为乙内酰硫脲（thiohydantoin，TH）。②侧链羧基形成混合酸酐后，与硫氰哌啶进一步作用形成酰胺，以保护侧链。③由于 C 端环化形成的 TH 衍生物较为稳定而不易被切割，因此产率不高。用溴甲基萘选择性地烷基化修饰硫原子，形成 Alkylated–TH（ATH）衍生物，裂解产率将大大提高。④蛋白质和多肽中的羟基会干扰测序，因此需要修饰。在活化过程中，乙酸酐也会与羟基反应将其乙酰化，但反应不完全，在 N—甲基咪唑（NML）和乙酸酐的共同作用下，Thr 和 Ser 上的羟基基本被乙酰化。⑤ C 端的 ATH 衍生物在酸性条件下与 [NCS]—反应而被裂解生成 ATH—氨基酸，新的 C 端自动形成 TH，而不必重新活化。因此，整个测序过程只需在开始时对 C 端进行一次性活化，并修饰 Asp 和 Glu 侧链羧基以及 Thr 和 Ser 的羟基。实际上，循环反应的只有烷基化和裂解两步。

　　2. C 端测序样品前处理　①采用多种互补有效的手段鉴定样品的纯度，如：SDS–PAGE、反相 HPLC、毛细管电泳、阴离子或阳离子的 FPLC 等。②采用蛋白 A 硅土凝胶过滤柱（Prosorb）装置，ProSorb 的结构及使用方法与蛋白质纯化试剂盒（ProSpin）大致相同，不同的是用滤波器（filter）代替了 ProSpin 中的离心管，fliter 可将样品中的小分子物质随水分一起吸收，以达到脱盐和浓缩样品的目的。③为了使 Lys–ATH 衍生物获得更好的分离效果，需先将蛋白质或多肽中 Lys 的 ε- 氨基与异氰酸苯酯（Phenylisocyanate，PhNCO）反应生成衍生物。

第四节　蛋白质多肽的固相合成

　　多肽是涉及生物体内各种细胞功能的生物活性物质，其对生理过程、病理过程，疾病的发生、发展以及治疗过程都有重要意义。许多肽已被应用于临床，例如神经紧张肽（NT）、内啡肽和脑啡肽的衍生物、促甲状腺素释放激素（TRH）、白蛋白多肽、胸腺肽、血清胸腺因子（FTS）等。

多肽全合成的意义：①验证一个新的多肽结构；②设计新的多肽，用于研究结构与功能的关系；③为多肽生物合成反应机制提供重要信息；④建立模型酶以及合成新的多肽药物等。因此，多肽的全合成不仅具有很重要的理论意义，而且具有重要的应用价值。

一、多肽的固相合成

蛋白质和多肽的合成方法有经典液相合成法与固相多肽合成法，近几十年来，固相法合成多肽更以其省时、省力、省料、便于计算机控制、便于普及推广的突出优势而成为肽合成的常规方法并扩展到核苷酸合成。

（一）多肽的固相合成原理

多肽合成是一个重复添加氨基酸的过程，合成一般从 C 端（羧基端）向 N 端（氨基端）合成。先将所要合成肽链的羟末端氨基酸的羟基以共价键的结构同一个不溶性的高分子树脂相连，然后以此结合在固相载体上的氨基酸作为氨基组份经过脱去氨基保护基并同过量的活化羧基组分反应，接长肽链。重复缩合→洗涤→去保护→中和和洗涤→下一轮缩合的操作，达到所要合成的肽链长度，最后将肽链从树脂上裂解下来，经过纯化等处理，即得所要的多肽。

（二）固相合成的操作流程

1. 树脂的选择　固相法合成多肽的高分子载体主要有三类: 聚苯乙烯－苯二乙烯交联树脂、聚丙烯酰胺、聚乙烯－乙二醇类树脂及衍生物，这些树脂只有导入反应基团，才能直接连上第一个氨基酸。根据所导入反应基团的不同，又把这些树脂及树脂衍生物分为氯甲基树脂、羧基树脂、氨基树脂或酰肼型树脂。

2. 氨基酸的固定　氨基酸的固定主要是通过保护氨基酸的羧基同树脂的反应基团之间形成的共价键来实现的，形成共价键的方法有多种：氯甲基树脂，通常先制得保护氨基酸的四甲铵盐或钠盐、钾盐、铯盐，然后在适当温度下，直接同树脂反应或在合适的有机溶剂如二氧六环、DMF 或 DMSO 中反应；羧基树脂，则通常加入适当的缩合剂如 DCC 或羧基二咪唑，使被保护氨基酸与树脂形成共酯以完成氨基酸的固定；氨基树脂或酰肼型树脂，却是加入适当的缩合剂如 DCC 后，通过保护氨基酸与树脂之间形成的酰胺键来完成氨基酸的固定。

3. **氨基、羧基、侧链的保护及脱除**　要成功合成具有特定的氨基酸顺序的多肽，需要对暂不参与形成酰胺键的氨基和羧基加以保护，同时对氨基酸侧链上的活性基因也要保护，反应完成后再将保护基团除去。与液相合成一样，固相合成中多采用烷氧羰基类型作为 α 氨基的保护基，因为这样不易发生消旋。最早是用苄氧羰基，由于它需要较强的酸解条件才能脱除，所以后来改为叔丁氧羰基（BOC）保护，用三氟乙酸（TFA）脱保护，但不适用含有色氨酸等对酸不稳定的肽类合成。羧基通常用形成酯基的方法进行保护。甲酯和乙酯是逐步合成中保护羧基的常用方法，可通过皂化除去或转变为肼以便用于片段组合；叔丁酯在酸性条件下除去；苄酯常用催化氢化除去。对于合成含有半胱氨酸、组氨酸、精氨酸等带侧链功能基的氨基酸的肽来说，为了避免侧链功能团所带来的副反应，一般也需要用适当的保护基将侧链基团暂时保护起来。保护基的选择既要保证侧链基团不参与形成酰胺的反应，又要保证在肽合成过程中不受破坏，同时又要保证在最后肽链裂解时能被除去。例如：三苯甲基保护半胱氨酸的硫键，用酸或银盐、汞盐除去；组氨酸的咪唑环用 2,2,2- 三氟 –1– 苄氧羰基和 2,2,2-三氟 –1– 叔丁氧羰基乙基保护，可通过催化氢化或冷的三氟乙酸脱去；精氨酸用金刚烷氧羰基（Adoc）保护，用冷的三氟乙酸脱去。

4. **成肽反应**　将两个相应的氨基和羧基被保护的氨基酸放在溶液内并不能形成肽键，需要将羧基活化，变成混合酸酐、活泼酯、酰氯或用强的失去剂（如碳二亚氨）形成对称酸酐等方法来形成酰胺键。通常选用 DCC、HOBT 或 HOBT/DCC 的对称酸酐法、活化酯法应用于成肽反应。

5. **裂解及合成肽链的纯化**　BOC 法用 TFA+HF 裂解和脱侧链保护基；

FMOC 法直接用 TFA，有时根据条件不同，其他碱、光解、氟离子和氢解等脱保护方法也被采用。合成肽链进一步分离与纯化通常采用高效液相色谱、亲和层析、毛细管电泳等方法。

（马艳华）

参考文献

Brown,s.m. 2015.第二代测序信息处理 [M].于军，译.北京：科学出版社.

David P.Clark,Nanette J.Pazdemik. 2009.DNA 重组技术，DNA 体内与体外合成技术，RNA 技术 [M].北京：科学出版社.

M.贾尼特.2012.新一代基因组测序：通往个性化医疗 [M].薛庆忠，译.北京：科学出版社.

李蕾.2008.多肽及其衍生物的化学合成 [M].山东：山东大学出版社.

马文丽，宋艳斌.2012.基因测序实验技术 [M].北京：化学工业出版社.

米切尔森.2008.高通量 DNA 测序和基因组学新型技术 [M].北京：科学出版社.